L'ART

DE

LEVER LES PLANS,

ET NOUVEAU TRAITÉ

DE L'ARPENTAGE ET DU NIVELLEMENT,

Dans lequel on enseigne des Méthodes courtes et faciles pour arpenter
et calculer toutes sortes de surfaces;

SUIVI

D'UN TRAITÉ SUR LES SOLIDES,

ET

D'UN TRAITÉ DU LAVIS;

AVEC 29 PLANCHES.

OUVRAGE MIS A LA PORTÉE DES INSTITUTEURS, DE LEURS ÉLÈVES,
ET DES PROPRIÉTAIRES.

PAR J.-B. TAVIEL DE MASTAING, ARPENTEUR-GÉOGR.

CINQUIÈME ÉDITION,

REVUE ET AUGMENTÉE.

PARIS,

AUDIN, LIBRAIRE, QUAI DES AUGUSTINS, N.o 25;
RORET, LIBRAIRE, RUE HAUTEFEUILLE, AU COIN DE CELLE DU BATTOIR.

DIJON,

NOELLAT PÈRE, PROPRIÉTAIRE-ÉDITEUR;
DOUILLIER, IMPRIMEUR-LIBRAIRE-ÉDITEUR.

1838.

L'ART

DE

LEVER LES PLANS.

COURS POPULAIRE
DES SCIENCES MATHÉMATIQUES,

Comprenant l'Arithmétique, la Géométrie, la Plani-métrie, la Stéréométrie, la Géométrie pratique, l'Arpentage, le Jaugeage, la Mécanique, et l'Architecture civile et navale; par *G.-U.-A. Vieth*, Conseiller de l'Université ducale d'Anhalt-Dessau, et Professeur de mathématiques; avec 25 Planches contenant plus de 250 figures; traduit de l'Allemand par M. *G. Hesse;* augmenté des principes du dessin linéaire, avec figures. Prix broché, 2 fr. 50 cent.

COURS COMPLET
D'AGRICULTURE PRATIQUE.

Agronomie. — Agriculture proprement dite. — Éducation du Bétail. — Economie agricole. — Economie forestière. — Médecine vétérinaire. — Culture des arbres fruitiers, de la Vigne, et des Plantes potagères. — Education des Abeilles. — Economie usuelle, Comptabilité agricole, etc. Par *Burger*, Conseiller d'état, Professeur d'agriculture, membre des Sociétés agricoles de Vienne, Munich, Brünn, Gœrz, Grætz, Klagenfurt, Laibach, Prague, etc.; *Pfeil*, Conseiller de la grand'chambre des eaux et forêts de Prusse, et Professeur forestier; *Rohlwes*, Médecin vétérinaire en Prusse; *Ruffiny*, membre de la Société minéralogique d'Iéna. Traduit de l'allemand par M. *Louis Noirot;* augmenté d'un traité DE LA CULTURE DES MURIERS ET DE L'ÉDUCATION DES VERS A SOIE, par M. *Bonafous*, Directeur du Jardin royal d'agriculture de Turin, membre de la Société royale et centrale d'agriculture de France, de la société d'Agriculture de Lyon, de l'Académie des sciences de Marseille; suivi de la Législation rurale, d'un Dictionnaire des mots techniques, et d'une Table analytique; enrichi d'un grand nombre de figures. **Un gros vol. in-4.º de près de 900 pages**, en caractère compacte, renfermant la matière de 8 volumes in-8.º. PRIX, BROCHÉ, 10 FRANCS.

PRÉFACE.

L'ACCUEIL favorable que le Public continue de faire à cet Ouvrage, nous a engagés à publier cette *cinquième Edition*, qui, étant plus complète, revue et corrigée avec soin par l'Auteur, semble, par-là, mériter plus particulièrement encore les suffrages que le Public a accordés aux précédentes éditions.

Ce livre, dès son principe, ayant été reconnu comme *élémentaire* par le Conseil royal de l'Instruction publique (auquel il avait été soumis), nous croyons devoir citer ici un passage de la lettre écrite à ce sujet à l'Auteur par M. le comte de Corbières, président alors de ce Conseil :

« Il a paru, d'après l'examen qui a été » fait de cet Ouvrage, qu'il pourrait être » utile dans les ÉCOLES PRIMAIRES du premier » degré, pour donner *des Notions assez simples* » *et assez exactes* de GÉOMÉTRIE PRATIQUE. Il

» est sans doute préférable sous ce rap-
» port aux autres ouvrages du même genre
» qui ont paru jusqu'ici....... »

Le Conseil royal termine sa lettre par
des avis tendant à l'amélioration et au complément de cet Ouvrage, de manière à le
rendre plus complet, plus utile encore, et
conséquemment plus propre à remplir l'objet auquel il est destiné. Ce sont ces sages
conseils qui ont servi de base aux additions qui y ont été introduites.

Outre les avis du Conseil royal, l'Auteur
en a reçu d'un grand nombre de Géomètres
distingués, qui l'ont déterminé à soumettre
son ouvrage à de nouvelles méditations : il
en est résulté de nombreuses corrections,
et l'addition de deux nouveaux traités élé-
mentaires, l'un de *Stéréométrie*, et l'autre
du *Lavis des Plans*.

La lettre flatteuse de S. Exc. le Ministre
de l'intérieur à l'Auteur relativement à son
Ouvrage, le jugement favorable rendu, dès
la seconde édition, par le Conseil royal de

l'Instruction publique, chargé d'en faire l'e-
xamen, sont pour lui les preuves les moins
équivoques du mérite et de l'utilité de son
travail.

Le prompt épuisement des quatre premières éditions de cet Ouvrage, regardé dès
le principe comme classique, les nombreuses
améliorations de l'Auteur, les demandes
multipliées qui en sont faites de tous les
points de la France, et même des pays
étrangers, sont des titres plus que suffisans
pour faire espérer que cette *cinquième
Edition* ne sera pas accueillie avec moins
d'empressement que les précédentes.

EXPLICATION DE QUELQUES SIGNES DONT ON FERA USAGE DANS CET OUVRAGE.

Le signe **+** signifie *plus.*

—   *moins.*

×   *multiplié par.*

=   *égal à.*

x   *terme inconnu.*

:   *est à.*

::   *comme.*

Un trait placé entre deux nombres signifie que la quantité supérieure doit être divisée par la quantité inférieure : ainsi $\frac{42}{5}$ indique que 42 doivent être divisés par 5.

OBSERVATIONS.

On a fait toutes les figures proportionnelles : de sorte que l'on pourra acquérir (principalement à l'article *des lignes proportionnelles*), en les mesurant avec le compas, la preuve matérielle des démonstrations.

On a souvent aussi mis en usage les règles de proportion pour donner la solution d'un grand nombre de problèmes, parce que les proportions doivent être considérées comme étant la base de tous les calculs, soit que l'on considère les quantités sous des rapports arithmétiques, soit qu'on les considère sous des rapports géométriques.

Les nombres qu'on trouvera seuls entre deux parenthèses indiquent à quel numéro de ce livre il faut recourir pour connaître le principe de la proposition énoncée.

DIVISION DE L'OUVRAGE.

Nous avons divisé cet ouvrage en sept parties principales.

Dans la *première* nous exposerons *les principes généraux de la Géométrie ;* et, pour le faire avec méthode, nous commencerons par les définitions des termes les plus ordinaires, des noms des principales figures. Nous enseignerons aussi les propriétés les plus essentielles de ces figures, mais seulement en ce qui concerne leur application aux démonstrations renfermées dans cet abrégé.

Dans la *deuxième* nous traiterons *de la Théorie des Plans géométriques, et de l'Application de la Géométrie à l'Arpentage.* Cette partie sera la plus étendue, notre dessein étant *principalement* d'enseigner *la Pratique de l'Arpentage ;* elle comprendra de même les méthodes nécessaires pour rapporter sur le papier les opérations faites sur le terrain, et réciproquement la manière de tracer sur le terrain les figures décrites sur le papier; on y enseignera aussi les méthodes pour réduire proportionnellement les figures.

La *troisième* renfermera *les Principes généraux de la Trigonométrie rectiligne,* et son usage appliqué à la formation de la Carte d'un pays, etc.

La *quatrième* traitera *du Toisé des surfaces planes et de la Division des Terrains.*

1*

Dans la *cinquième* partie nous enseignerons la *Théorie et la Pratique du Nivellement.*

Nous donnerons dans la *sixième* partie des *Notions générales sur les Solides,* dont nous appliquerons les principes seulement aux besoins les plus usuels de la société.

La *septième* partie traitera *du Lavis des Plans,* et nous terminerons cet ouvrage en donnant la *Manière de faire différens Toisés* appliqués aux opérations journalières.

Pour nous conformer au Plan que nous nous sommes proposé de suivre dans cet abrégé, nous exposerons seulement les principes les plus essentiels de la Géométrie.

L'ART

DE

LEVER LES PLANS.

PREMIÈRE PARTIE.

PRINCIPES GÉNÉRAUX DE LA GÉOMÉTRIE.

La Géométrie est une science qui considère l'étendue en général. Nous remarquerons que ce qui est étendu peut l'être en trois sens, séparément ou réunis : 1.º en longueur, *fig.* 1.ʳᵉ; 2.º en longueur et largeur ; 3.º en longueur, largeur, et épaisseur òu profondeur. On a donné le nom de corps ou solide, *fig.* 128, à ce qui réunit ces trois propriétés, que nous nommerons aussi *dimensions*, parce qu'elles déterminent la nature de l'étendue.

1. Le *point* mathématique est ce qui ne contient aucune partie ; mais, pour le concevoir d'une manière en quelque sorte sensible, nous dirons que le point est l'endroit où une ligne en coupe une autre. Les extrémités d'une ligne sont des points.

2. La *ligne* est une longueur sans largeur ni épaisseur ; où autrement, on appelle ligne la trace produite par le mouvement d'un point ; mais dans la pratique on a rendu cette trace

sensible : nous dirons donc que la ligne **AB**, *fig.* 1, est la trace produite par le mouvement du point **A** au point **B**.

3. La *ligne droite*, *fig.* 1, est la plus courte de toutes celles qu'on peut tracer d'un point à un autre. La ligne courbe, *fig.* 2, est celle qui n'a jamais deux élémens ou parties de suite dans la même direction.

4. La *surface* ou *superficie* est une quantité considérée sous ces deux rapports, *longueur* et *largeur*, sans épaisseur, *fig.* 16.

5. La *surface plane* ou droite est celle à laquelle une ligne droite peut s'appliquer en tout sens. On doit concevoir aussi par surface un espace renfermé par plusieurs lignes, mais pas moins de trois. La surface convexe est celle qui approche de la forme d'une calotte.

6. On appelle *angle rectiligne* l'ouverture de deux lignes droites **AB**, **AC**, *fig.* 3, qui se rencontrent en un point **A**, qu'on nomme *sommet;* ses deux lignes **AB**, **AC**, en sont *les côtés*.

7. On indique les angles par trois lettres, et celle du milieu marque le sommet; mais lorsqu'il est isolé, on le désigne ordinairement par une seule lettre. *Exemple :* Pour indiquer les angles supérieurs de la figure 5, il faut dire l'angle **ACB** pour celui qui est à droite, et l'angle **ACD** pour celui qui est à gauche; pour indiquer l'angle de la figure 3, il suffit de dire l'angle **A**.

8. D'après la définition de l'angle (6), il est évident que sa grandeur ne dépend point de

la longueur de ses côtés, mais seulement de l'*écart* ou du plus ou moins d'ouverture des lignes qui le forment. L'angle BDC, *fig.* 4, est plus grand que l'angle BDA ou ADC, parce que les lignes BD et DC sont plus écartées entre elles que la ligne DA ne l'est par rapport aux lignes DB et DC. On pourrait donc prolonger indéfiniment les lignes DB, DA, DC, ou les raccourcir à volonté, sans changer la valeur respective des angles BDA, ADC et BDC.

9. Comme c'est par le cercle qu'on mesure la grandeur des angles, nous allons définir cette figure; ensuite nous traiterons de la mesure des angles, et nous ferons connaître leurs différentes dénominations.

Le *cercle* est une surface plane renfermée par la circonférence ABEDA. Et la circonférence est la ligne qui circonscrit ce même cercle, et dont tous les points sont à égale distance de celui du milieu C, qu'on appelle *centre*. Il est évident que toutes les lignes CA, CD, CB, CE, etc., et toutes celles tirées du point C à la circonférence, sont égales : par conséquent leurs extrémités sont à égale distance du point central C.

10. Le *diamètre* du cercle est une ligne quelconque qui, passant par le centre, touche la circonférence par ses extrémités; DB est le diamètre de la figure 5.

Il est évident que le diamètre partage la circonférence en deux parties égales, comme DAB ou DEB.

11. Les lignes CA, CD, etc., et toutes celles

qu'on tirerait du point C à la circonférence, s'appellent les *rayons* de ce cercle. Ces lignes sont aussi des demi-diamètres.

12. Le demi-cercle est une figure terminée par le diamètre et la demi-circonférence, comme DAB, *fig.* 5.

13. On divise toujours la circonférence en 360 parties égales que l'on nomme des *degrés*. Chaque degré se subdivise en 60 parties égales qu'on appelle *minutes;* chacune de celles-ci, en 60 parties égales que l'on nomme *secondes*. On pourrait encore continuer les subdivisions jusqu'à l'infini, mais celles-ci sont très-suffisantes dans la pratique.

14. Pour rendre plus facile l'explication des principes que nous allons déduire, nous considèrerons tous les angles dans la circonférence, et leur sommet au centre (*). Nous avons tracé la fig. 5 dans une grande dimension, pour qu'on puisse mesurer soi-même les angles avec un rapporteur, et acquérir, par ce moyen, la conviction complète de la démonstration.

15. Lorsqu'une ligne, AC tombant sur une autre DB, *fig.* 5, fait de part et d'autre deux angles égaux, ces lignes AC et DB sont réciproquement *perpendiculaires*, et les deux angles qu'elles forment sont dits *droits :* en effet, si

(*) L'expérience nous fait voir que les commençans prennent souvent une fausse idée de la grandeur des angles en les considérant isolément : c'est pourquoi nous les avons inscrits dans la circonférence, comme en faisant partie, parce qu'un angle n'est réellement qu'une portion de la circonférence, les arcs qui leur servent de mesure étant proportionnels.

la ligne CA penchait plus vers D que vers B, les angles que ces lignes formeraient ne seraient plus droits, mais *obliques,* en raison de l'inclinaison de leurs lignes.

La ligne LC est dite *oblique* à l'égard de la perpendiculaire AC et de la ligne BD; en général, une ligne est dite oblique à une autre quand elle fait avec cette autre ligne un angle obtus ou aigu.

On voit aussi que les lignes qui partent d'un seul point, s'écartant également de la perpendiculaire, sont égales; que plus une ligne s'écarte de sa perpendiculaire, plus elle est longue, et que par conséquent la perpendiculaire est la plus courte de toutes.

Les angles droits formés par les lignes AC et BD valent chacun 90 degrés; et, pris ensemble, ils valent 180 degrés, ou la demi-circonférence DAB.

16. Il y a trois sortes d'angles : l'angle droit, l'angle obtus, et l'angle aigu. Ils sont plus ou moins obtus et plus ou moins aigus, suivant qu'ils approchent ou s'éloignent de l'angle droit. (Cette explication se conçoit à l'aspect de la figure 5.) L'angle GCD est plus obtus que l'angle FCD, et l'angle ACF est plus aigu que l'angle FCB ou GCB.

En général, l'angle droit vaut 90 degrés, l'angle aigu moins de 90 degrés, et l'angle obtus plus de 90 degrés (*).

17. Puisque la circonférence vaut 360 degrés,

(*) Nous indiquerons dans le cours de cet ouvrage la manière de mesurer avec précision les angles, de quelque grandeur qu'ils soient.

tous les angles qu'on pourrait former dans la demi-circonférence, tels que **DCA**, **ACF**, **FCG**, **GCB**, ne peuvent valoir, tous pris en‑semble, que 180 degrés.

De même que si l'on traçait, *fig.* 5, des lignes en tel nombre qu'on le voudrait, du point **C** à la circonférence, tous les angles que ces lignes formeraient entre elles ne vaudraient toujours que 360 degrés.

18. De tout ce qui a été dit ci-dessus nous conclurons qu'*un angle a pour mesure le nombre de degrés et de parties de degré de l'arc compris entre ses côtés, et décrit de son som‑met pris pour centre.*

19. On appelle *complément* ce qui manque à un angle aigu pour égaler un angle droit : ainsi l'angle **FCB** est le complément de l'angle **ACF**, *fig.* 5.

20. Une portion quelconque **AH** de la cir‑conférence se nomme un *arc*.

21. On appelle *supplément* d'un arc ce qui manque à cet arc pour valoir une demi-cir‑conférence. Ainsi l'arc **BGF** est le supplément de l'arc **FHD** ; et, réciproquement, l'arc **FHD** est aussi le supplément de l'arc **BGF**, *fig.* 5.

22. La *corde* d'un cercle (ou d'un arc) est une ligne droite **GB** ou **HD**, etc., tirée d'un point quelconque de la circonférence à un autre point de cette circonférence.

23. Une portion d'un cercle comprise entre un arc et sa corde, se nomme *segment*.

Des cordes égales auront des segmens égaux.

24. Le segment qui est plus grand que la

moitié d'un cercle, par exemple celui **IABI**, se nomme *grand segment.*

25. Celui, au contraire, qui est moins grand que cette moitié, comme **IADI**, est un *petit segment.*

26. Mais lorsque cette corde est un diamètre comme **DB**, les segmens sont égaux, et sont chacun des demi-cercles, et leurs moitiés des quarts de cercle, etc.

27. Si du centre **C** on tire à la circonférence deux rayons, comme **AC** et **CI**, ils divisent le cercle en deux parties, que l'on nomme *secteurs.* Les deux secteurs de la *fig.* 5 sont **ACIDHA** et **ACIBA.**

28. On appelle *tangente* d'un cercle une ligne droite quelconque, comme **DL**, *fig.* 5, qui touche la circonférence de ce cercle en un point.

29. On nomme *sécante* une ligne droite quelconque **CL** qui rencontre le cercle en deux points, et qui est en partie dehors.

30. Deux lignes sont parallèles entre elles lorsqu'elles sont également éloignées l'une de l'autre. Telles sont les lignes **A** et **B**, *fig.* 6, qui ne se rencontreraient jamais en prolongeant leurs extrémités indéfiniment.

Cette dénomination convient également aux lignes courbes. Les deux circonférences **A** et **B**, qui ont leur centre commun en **C**, *fig.* 7, sont parallèles entre elles : elles sont appelées concentriques.

DÉNOMINATION DES PRINCIPALES FIGURES EN USAGE DANS LA PLANIMÉTRIE.

Une figure est un espace terminé de tous les

côtés. Les figures sont terminées par des lignes droites ou courbes. D'après la définition de la ligne (2), on conçoit que sa trace peut parcourir une infinité de directions, et par conséquent former un nombre infini de figures : il n'est donc pas possible d'assigner un nom particulier à chacune d'elles ; c'est pourquoi on les nomme généralement des *polygones*.

31. On entend par polygone (*), *fig.* 25, une figure qui a plusieurs angles et plusieurs côtés.

Les figures sont en général régulières ou irrégulières, semblables ou dissemblables.

Une figure est régulière, *fig.* 16 et 26, lorsqu'elle a tous ses angles et tous ses côtés égaux.

Elle est irrégulière, *fig.* 57, si ses angles et ses côtés sont inégaux.

Les figures semblables, *fig.* 26 et 27, sont celles dont les angles sont égaux chacun à chacun, et les côtés proportionnels.

Les dissemblables sont celles qui n'ont point ces conditions.

Les noms donnés aux figures dérivent du nombre de leurs côtés, et de l'égalité ou de l'inégalité de leurs angles ; la *fig.* 8 est dite *mixtiligne*, et la *fig.* 9, *curviligne*.

Le nom de *polygone* convient à toutes les figures qui .ont plusieurs angles et plusieurs côtés : nous ne ferons connaître ici que les dénominations de celles qui se rencontrent le plus fréquemment .dans la pratique.

(*) Ce mot dérive du grec, et signifie *polys*, plusieurs, et *gonia*, angle.

DES TRIANGLES RECTILIGNES.

Le triangle, *fig.* 10, est un espace renfermé par trois lignes, la première des figures rectilignes, la base de la trigonométrie et des calculs des surfaces.

Les triangles tirent leurs dénominations ou de leurs angles, ou de leurs côtés.

Si l'on dénomme les triangles relativement à leurs angles,

32. On appelle triangle *rectangle, fig.* 10, celui qui a un angle droit (15);

33. Triangle *obtusangle, fig.* 11, celui qui a un angle obtus (16);

34. Triangle *acutangle, fig.* 12, celui dont les trois angles sont aigus (16).

Lorsqu'on désigne un triangle relativement à ses côtés,

On appelle triangle *équilatéral, fig.* 13, celui dont les côtés sont égaux;

Triangle *isoscèle, fig.* 14, celui qui a seulement deux côtés égaux;

Triangle *scalène, fig.* 15, celui dont tous les côtés sont inégaux.

35. On appelle en général *quadrilatère, fig.* 20, toute figure à quatre côtés; mais on a donné des noms particuliers aux quatre suivantes:

36. Le *carré* (qu'on nomme aussi rectangle, parce qu'il a tous ses angles droits et ses côtés égaux) est représenté par la figure 16.

37. Le *carré long, fig.* 17, est un quadrilatère dont les quatre angles sont droits, mais qui n'a que ses côtés opposés d'égaux.

38. Le *rhombe* ou losange, *fig.* 18, est une figure quadrilatérale dont tous les côtés sont égaux, mais dont les angles ne sont pas droits.

39. On appelle *rhomboïde*, *fig.* 19, une figure qui n'a que ses côtés opposés d'égaux, et dont les angles ne sont pas droits.

40. Ces quatre figures prennent aussi le nom de *parallélogrammes*, parce que leurs côtés opposés sont parallèles.

41. Un *trapèze*, *fig.* 20, est un quadrilatère dont deux côtés seulement sont parallèles.

Toutes les autres figures qui ont plus de quatre côtés, peuvent être désignées par le nombre de leurs côtés, et par la dénomination générale de *polygones*.

42. On nomme *hauteur* d'un triangle, d'un parallélogramme, ou d'une figure plane quelconque, une ligne perpendiculaire abaissée d'un des angles de cette figure sur le côté (prolongé s'il est nécessaire) opposé à cet angle. Ce côté est alors appelé la base de cette figure. La ligne BD de la figure 13 en est la *hauteur*, et le côté AC est la base de cette figure. De même, la ligne AF de la figure 19 en est la hauteur, et CD la base.

43. La *diagonale* est une ligne droite tirée d'un des angles d'une figure à celui qui lui est opposé, comme la ligne AD de la figure 17, la ligne CB de la figure 19, etc.

PROPRIÉTÉS DES LIGNES DROITES PARALLÈLES.

44. Lorsqu'une ligne quelconque AB, *fig.* 21, en coupe une autre CD en un point E, les

angles qu'elle forme avec cette ligne, et qui sont opposés à leurs sommets, *sont égaux;* ainsi, les angles AED et BEC sont égaux, et les angles AEC et BED le sont également. Tous ces angles pris ensemble valent 360 degrés. En effet, puisque le point E peut être considéré comme le centre d'une circonférence duquel on peut décrire un cercle, les quatre angles désignés vaudront autant que tous ceux qu'on pourrait former dans la circonférence (17); et ce que nous avons dit relativement à la figure 5, se trouve applicable à celle-ci. On voit de même aussi que les angles AEC et AED valent 180 degrés, ou une demi-circonférence, et que l'angle AED est le *supplément* (21) de AEC, etc.

45. Lorsque deux lignes parallèles AB, CD, sont coupées par une ligne droite EF (*fig.* 22), qu'on nomme alors sécante, elle forme toujours avec ces deux lignes *huit* angles, dont quatre de chaque côté de la sécante.

46. Les angles BGE, FHC, se nomment *alternes-externes,* parce qu'ils sont de différens côtés de la ligne EF, et qu'ils sont tous deux hors des parallèles. Les angles AGH, GHD, s'appellent *alternes-internes*, parce qu'ils sont de différens côtés de la ligne EF, et tous deux entre les parallèles. Les angles BGH, DHG, s'appellent *internes d'un même côté,* parce qu'ils sont entre les mêmes parallèles, et d'un même côté de la sécante EF; enfin les angles BGE, DHF, se nomment *externes d'un même côté,* parce qu'ils sont hors des parallèles, et d'un même côté de la sécante.

1.º Les angles correspondans sont égaux.

2.º Les angles alternes-internes sont égaux.

3.º Les angles alternes-externes sont égaux.

4.º Les angles internes du même côté, réunis, forment deux angles droits. (Ils sont supplémens l'un de l'autre, et valent une demi-circonférence (21).

5.º Les angles externes du même côté, réunis, valent deux angles droits.

L'égalité de ces angles se reconnaît à l'inspection de la fig. 22.

Nous avons emprunté de Bezout la démonstration des angles dont nous avons examiné les propriétés : elle sera suffisante pour l'application que nous pourrons faire de ces principes dans ce traité.

47. Toutes les fois que deux lignes droites, étant coupées par une troisième, auront quelques-unes de ces propriétés, ces lignes seront parallèles; mais, notre but étant de simplifier les démonstrations (sans cependant négliger les principes), voici une méthode plus facile et non moins exacte que la précédente, pour connaître si deux lignes sont parallèles (*). A l'une des extrémités de la ligne CD, *fig.* 22, ou d'un point pris à volonté, K, élevez la perpendiculaire KI (c'est-à-dire une ligne qui ne penche ni vers C ni vers D); faites de même au point M : si les lignes KI et LM sont égales, les lignes AB, CD, seront parallèles.

Il est inutile de prouver que toutes les perpendiculaires renfermées entre deux parallèles sont égales.

(*) Nous avons souvent fait usage de cette méthode sur le terrain : elle est prompte et commode.

PROPRIÉTÉS DES TRIANGLES.

48. Dans tout triangle le plus grand angle est toujours opposé au plus grand côté; et, réciproquement, le plus grand côté est opposé au plus grand angle. L'angle B du triangle ABC, *fig.* 10, qui est le plus grand angle de ce triangle, est opposé au côté AC, qui est aussi le plus grand côté de ce triangle. L'angle A, plus grand que l'angle C, est opposé au côté CB, plus grand que le côté AB. Enfin l'angle C, le plus petit de tous les angles de ce triangle, est opposé au côté AB, qui est aussi le plus petit côté de ce même triangle.

Pour démontrer qu'un plus grand côté est opposé à un plus grand angle, on ne ferait que répéter l'inverse de la proposition précédente.

49. Il suit de ce principe, 1.º que si dans un triangle tous les angles sont inégaux, tous les côtés sont aussi inégaux, *fig.* 15; 2.º que si deux angles d'un triangle sont égaux, ce même triangle a de même deux côtés égaux, *fig.* 14; 3.º que si tous les angles d'un même triangle sont égaux, tous les côtés le sont également, *fig.* 13.

50. Dans quelque triangle que ce soit, deux côtés pris ensemble sont toujours plus grands que le troisième. Cette proposition se démontre facilement par la construction du triangle : car un triangle est un espace renfermé par trois lignes; or, si les lignes AB et CB du triangle ABC, *fig.* 11, n'étaient pas plus grandes, prises ensemble, que la ligne AC, le triangle ne pourrait avoir lieu, puisque les lignes AB et CB, partant des points A et C, ne pouvant se rencontrer, ne fermeraient jamais un espace.

51. *Les trois angles d'un triangle quelconque, étant pris ensemble, valent toujours autant que deux angles droits, c'est-à-dire* **180** *degrés.*

Ce principe est la base de la trigonométrie rectiligne, comme on le verra en son lieu.

Nous passons à la démonstration :

Prolongez indéfiniment le côté **AB** vers **E** (*fig.* 23), et tracez la ligne **BD** parallèle à **AC** : l'angle **CAB** est égal à l'angle **DBE** (45), à cause des parallèles **AC** et **BD**. L'angle **ACB** est égal à l'angle **CBD** : donc les deux angles **BCA** et **ACB** valent ensemble autant que les deux angles **CBD** et **DBE**, c'est-à-dire autant que l'angle **CBE** (il est facile d'obtenir la preuve de cette démonstration, en lisant la valeur des angles cotée sur la *fig.* 23). Mais **CBE** est supplément de **BCA** (21) : donc les deux angles **CAB** et **ACB** forment ensemble le supplément de **BCA** : donc ces trois angles valent ensemble 180 degrés.

52. La démonstration qui précède prouve, 1.º que *l'angle extérieur* **CBE** (de 125 degrés) *vaut la somme des deux intérieurs* **CAB** et **ACB** *qui lui sont opposés;*

2.º *Qu'un triangle rectiligne ne peut avoir qu'un seul angle droit;*

3.º *Qu'il ne peut avoir, à plus forte raison, qu'un seul angle obtus;*

4.º *Qu'il peut avoir tous ses angles aigus;*

5.º *Que, connaissant la somme de deux angles d'un triangle, on connaît le troisième angle,* en retranchant de 180 degrés la somme

des deux angles connus. *Exemple :* Les deux
angles connus du triangle ACB, *fig.* 23, valent
ensemble 125 degrés ; le troisième vaut donc
55 degrés ;

6.° *Que lorsque. deux angles d'un triangle
sont égaux, le troisième angle est nécessairement égal à chacun des deux autres ;*

7.° *Qu'un des trois angles d'un triangle
équilatéral vaut* 60 *degrés,* parce que, les trois
angles étant égaux, leur somme égale 180 degrés, dont le tiers est 60 degrés;

8.° *Que les deux angles aigus d'un triangle rectangle sont réciproquement complémens* (19): car ils ne peuvent valoir que 90 degrés.

PROPRIÉTÉS DES QUADRILATÈRES.

53. En général, les quatre angles d'un quadrilatère quelconque valent toujours 360 degrés, puisqu'il peut être partagé en deux triangles, *fig.* 16 et 20.; et nous avons démontré (51)
que les trois angles d'un triangle valent 180 degrés : alors les angles de deux triangles vaudront, pris ensemble, 360 degrés ; donc la proposition est vraie.

54. Lorsque, dans un quadrilatère quelconque, deux côtés sont égaux et parallèles, les deux
autres côtés ont aussi ces mêmes propriétés ;
leurs angles opposés sont égaux, et la diagonale
tracée d'un de ces angles à celui opposé le partagera en deux triangles égaux, *fig.* 17 et 19.

55. Lorsqu'un quadrilatère a un angle droit,
et que les deux côtés qui forment cet angle sont

égaux, les trois autres angles sont droits, et les quatre côtés sont égaux : c'est alors un carré parfait, *fig.* 16. Il en est de même pour tous les parallélogrammes : s'ils ont un angle droit, leurs côtés étant parallèles, tous leurs angles seront droits, etc.

56. Tous parallélogrammes qui ont même base et même hauteur, *fig.* 24, sont égaux en surface. Cette règle est générale. Nous en donnerons la démonstration dans la quatrième partie de cet ouvrage.

PROPRIÉTÉ DES POLYGONES.

57. *Tous les angles intérieurs d'un polygone valent toujours, pris ensemble, autant de fois 180 degrés qu'il y a (dans cette figure) de côtés moins deux.*

Nous prendrons pour exemple la figure 25 : elle peut être (ainsi que tout polygone quelconque) partagée, par des diagonales menées d'un de ses angles, en autant de triangles moins deux qu'elle a de côtés, comme on le voit en cette figure : donc, pour avoir la somme des angles intérieurs d'un polygone quelconque, il faut prendre 180 degrés autant de fois qu'il y a de côtés moins deux; car il est certain que la somme des angles intérieurs du polygone ABCEDF est la même que celle des triangles AFD, DAB, etc. Mais on a démontré (51) que les angles d'un triangle valent 180 degrés : donc, etc.

Tous les angles de la figure 25, qui a six côtés, valent donc 720 degrés, ou quatre fois 180 degrés; et ceux de la fig. 72, qui a cinq cô-

tés,. valent 540 degrés, ou trois fois 180 degrés.
(La grandeur des angles étant cotée sur cette
dernière figure, on en peut obtenir facilement
la preuve arithmétique).

58. Il suit encore de ce principe, que si l'on
prolonge dans le même sens les côtés d'un polygone qui n'a point d'angles rentrans (*), la
somme de tous les angles extérieurs vaudra 360
degrés, quel que soit le nombre de côtés de
ce polygone. (Voyez la *fig.* 72 : la grandeur des
angles intérieurs et extérieurs de cette figure
étant cotée, on peut soi-même acquérir la preuve
mathématique de ce principe.)

59. *Remarque :* « Dans la fig. 76 *bis*, l'angle
» CED, pour être compris dans la règle géné-
» rale, doit être compté non pas pour la partie
» CED extérieure au polygone, mais pour la
» partie CED composée des angles AEC et BED :
» c'est un angle de plus de 180 degrés, et qu'on
» ne doit pas moins considérer comme angle,
» que tout autre au-dessous de 180 degrés. »
(*Bezout, Géom., t.* 2.)

Nous ajouterons que si aucun obstacle n'em-
pêchait de mesurer les angles des triangles AEC,
AEB, et BED, dont se compose la figure 76, qui est
un pentagone irrégulier, la somme des angles
de ces triangles vaudrait toujours, pris ensemble, autant de fois 180 degrés qu'il y a de côtés
dans cette figure moins deux, ou 540 degrés.

_____

(*) L'angle saillant est celui dont le sommet est hors de la figure.
La figure 25 a tous ses angles saillans. L'angle rentrant est au contraire celui dont le sommet entre dans la figure. L'angle CED de la
figure 76 est rentrant.

Donc le principe énoncé ci-dessus est général, et s'applique à tous les polygones quelconques, sans aucune exception.

60. Si le polygone est irrégulier, comme, par exemple, celui de la figure 26, on peut toujours le considérer comme étant circonscrit dans un cercle qui aurait pour point central **E**, et dont les extrémités de la circonférence seraient les points **ABCDHG**; et, d'après la définition que nous avons donnée des angles et de leur mesure (17), nous dirons que *dans tout polygone régulier, l'angle au centre est toujours égal au quotient de 360 degrés divisés par le nombre des côtés de ce polygone; et que l'angle à la circonférence est égal à la différence de l'angle au centre à deux angles droits ou à 180 degrés.*

Nous allons démontrer ce principe par un exemple : il est évident que tous les angles **AEG**, **GEH**, **HED**, **DEC**, **CEB**, et **BEA**, *fig.* 26, valent ensemble, pris au centre, autant que la circonférence (17), c'est-à-dire 360 degrés. La figure étant régulière, tous les angles sont égaux : donc, si l'on divise 360 degrés par le nombre des côtés de cette figure, le quotient donnera la valeur de chacun des angles de ce polygone. L'angle au centre de l'hexagone régulier (fig. de 6 côtés) vaudra 60 degrés, et l'angle à la circonférence **DHG** (et chacun des autres) vaudra le double de l'angle au centre, ou 120 degrés. L'angle au centre d'un pentagone (fig. de 5 côtés) régulier, vaudra 72 degrés, et l'angle à la circonférence 108 degrés ;

or il en est de même pour tous les autres polygones réguliers.

Nous parlerons des surfaces de ces figures
dans la quatrième partie de cet ouvrage.

Il nous resterait encore à expliquer les différentes propriétés des lignes par rapport au cercle, etc., de la mesure des angles dont le sommet est à la circonférence, et de ceux placés
entre le centre et la circonférence (ces deux espèces d'angles sont en usage en architecture).
Mais, outre que les angles qu'on mesure sur le
terrain ne se trouvent point dans cette hypo-
thèse, et qu'ils rentrent tous dans la règle générale que nous avons indiquée (18), nous n'a-
vons pas prétendu faire un traité complet de
géométrie (*), mais seulement, nous le répé-
tons, exposer les principes généraux de cette
science, qui servent de base à la matière que
nous traitons. Nous terminerons donc ici la
première partie de notre ouvrage, pour passer à
l'application des principes que nous venons d'exposer.

_____

(*) Les personnes qui désireraient faire une étude plus appro-
fondie de cette science, peuvent recourir aux Traités de Géométrie de Bezout, Legendre, Lacroix, Ozanam, Chompré, etc.

SECONDE PARTIE.

PRATIQUE DE L'ARPENTAGE,

ou

L'ART DE LEVER LES PLANS D'APRÈS LES PROCÉDÉS GÉOMÉTRIQUES.

CETTE partie est l'une des plus essentielles de notre ouvrage, puisqu'elle renferme la *pratique de l'arpentage*, ou *l'Art de lever les Plans d'après les procédés géométriques*.

Notre but étant de simplifier les démonstrations, nous indiquerons des méthodes générales, et faciles à mettre en pratique, en rappelant les articles de la première partie qui auront rapport à la matière que nous traiterons.

Cette seconde partie se trouve naturellement divisée en trois articles : le *premier* renfermera la description des instrumens nécessaires à l'arpenteur ; dans le *deuxième* nous donnerons la solution de divers problèmes relatifs à l'arpentage, nous expliquerons la méthode de lever les plans géométriques et la manière de les rapporter sur le papier; dans le *troisième* nous ferons connaître la manière de tracer sur le terrain les figures décrites sur le papier, et celle de réduire proportionnellement les figures quelconques.

ARTICLE PREMIER.

DESCRIPTION DES INSTRUMENS INDISPENSABLES
A L'ARPENTEUR.

Nous ne parlerons ici que des principaux instrumens propres à mesurer les lignes et les angles sur le terrain et sur le papier. Ce sont : *la
chaîne métrique, la boussole, le graphomètre, la planchette*, et *l'équerre*. Ceux dont
on se sert pour rapporter les plans, sont : *le
rapporteur, l'échelle de proportion, le compas de proportion, le compas, la règle*, et
l'équerre.

1. *La chaîne métrique* (ou décamètre)
peut être considérée ·comme une ligne droite
dont la longueur est de dix mètres. Cette chaîne
est divisée, 1.º en dix parties égales, dont chacune
est un *mètre* ; 2.º chaque mètre est subdivisé
en cinq parties égales, qui valent chacune *deux
décimètres.*

2. *La boussole* est une boîte **ABCD**, *fig.* 29,
au fond de laquelle on a décrit un rose des
vents, et une circonférence divisée en 360 parties ou degrés, cotés sur le *limbe* (*), en partant
du point marqué *nord*, allant à l'orient, et faisant le tour du cercle jusqu'au point de 360
degrés.

Au centre de cette circonférence est un petit
pivot de cuivre ou d'acier qui sert à porter une
aiguille d'acier aimantée, posée en équilibre

_____

(*) Le limbe de la boussole est un cercle en laiton sur la largeur
et autour duquel sont cotés les degrés.

afin qu'elle puisse tourner librement; et par-dessus est un verre taillé en rond, pour empêcher que l'air ne donne quelque mouvement à l'aiguille. L'un des pôles de l'aiguille, frotté d'aimant, a la propriété de se diriger constamment vers le nord ou vers la partie septentrionale du globe (*). Parallèlement à la ligne qui passe par les points de 360 et de 180 degrés, on place deux pinnules qui forment ce qu'on appelle la *visière* AB.

3. *Le graphomètre* (**) est l'instrument qui sert à mesurer les angles avec le plus de précision : aussi l'emploie-t-on pour faire la carte d'un pays, ou pour lever des plans d'une grande étendue. C'est un demi-cercle de cuivre DHBD, *fig.* 32, divisé en 180 degrés : la demi-couronne sur laquelle on a marqué les degrés, s'appelle le *limbe* de l'instrument.

Le diamètre DH, qui fait corps avec l'instrument, est ce qu'on appelle la *ligne de foi*. Le diamètre GC, *fig.* 32, est une règle mobile fixée par un écrou au centre A, et qui peut parcourir toutes les divisions du limbe, divisé en 180 degrés. Ces diamètres sont garnis, à leurs extrémités, de pinnules à travers lesquelles on observe les objets. Quelquefois, au lieu de pinnules, chacun de ces diamètres porte une lunette pour observer les objets à de grandes distances. Cet instru-

---

(*) Nous parlerons de la déclinaison de l'aiguille aimantée, lorsque nous enseignerons la manière d'orienter un plan.

(**) Le *quart de cercle*, qu'on employait autrefois aux mêmes usages que le graphomètre, est le quart d'une circonférence divisé en 90 degrés.

ment est fixé sur un pied, et, au moyen d'une vis de pression, il peut être incliné dans tous les sens.

Aux extrémités **G, C,** du diamètre mobile, on a fait des divisions qui, selon la manière dont elles correspondent avec celles du limbe, font connaître les parties de degré de 10 en 10 ou de 5 en 5 minutes, etc.

4. *La planchette*, *fig.* 30, n'est autre chose qu'une planche d'une forme carrée, longue à peu près de 50 centimètres, et portée sur un pied comme le graphomètre et la boussole. On emploie cet instrument aux mêmes usages que le graphomètre. Il est fort commode, en ce que par son moyen on construit les plans sans calculer les angles, qu'on obtient seulement par l'observation des rayons visuels, comme nous le ferons voir en son lieu. La figure 31 représente *une alidade*, qui est une règle de cuivre garnie de deux pinnules pour observer les objets, et le long de laquelle on trace au crayon, sur le papier collé sur la planchette, les directions nécessaires à la formation des plans.

5. *L'équerre*, *fig.* 34; ou le bâton d'arpenteur, est un cercle en cuivre divisé en 4 parties égales, ou quelquefois en 8 parties, pour obtenir sur le terrain des angles de 90 et de 45 degrés. Par exemple, l'angle **CAD** est de 45 degrés, et l'angle **CAB** de 90 degrés. Cet instrument est d'un grand usage dans la pratique.

M. Allent, chef de bataillon au génie, propose, dans son *Essai sur les reconnaissances militaires*, d'adapter deux miroirs à cet instrument pour accélérer les opérations; mais nous ne parlerons ici que de *l'équerre ordinaire.* 2*

6. *Le rapporteur, fig.* 28, est un demi-cercle de cuivre ou de corne. Les divisions marquées sur cet instrument sont absolument semblables à celles du graphomètre. Il sert à rapporter sur le papier les angles mesurés avec le graphomètre ou la boussole. On en fait de différentes grandeurs. Ceux qui ont de plus grands diamètres sont préférables, parce qu'on peut évaluer avec plus de précision les parties du degré.

7. *L'échelle,* dont on se sert pour rapporter les plans, est une ligne droite quelconque AB, *fig.* 35 et 36, divisée en parties égales, et qui est en proportion avec une autre ligne à laquelle elle est comparée. Chacune des parties de cette ligne peut être plus ou moins grande, et en tel nombre qu'on le voudra; mais la division la plus commode et celle adoptée presque généralement est celle qu'on appelle *décimale.*

Nous prendrons pour exemple l'une des échelles du cadastre de la France. Elle est représentée par la figure 35. Son rapport est de 1 *mètre à* 2500 *mètres,* c'est-à-dire qu'un mètre sur le papier représente 2500 mètres sur le terrain. D'après ce rapport, un mètre pris sur l'échelle, *fig.* 35, sera $\frac{1}{2500}$ d'un mètre : alors, si l'on veut trouver la longueur proportionnelle de 100 mètres, il faut ajouter deux zéros au numérateur de la fraction $\frac{1}{2500}$ et l'on aura $\frac{100}{2500}$ qui donnera pour quotient $0^m,04$ (*). La lon-

---

(*) Quatre centimètres valant 100 mètres, ou à la proportion suivante :
     4 cent. : 100 mèt. :: 100 cent. : 2500 mèt.

Le produit des extrêmes 4 × 2500 est égal au produit des moyens 100 × 100

gueur de cette ligne étant trouvée, elle doit servir de base pour la construction de l'échelle : donc il sera toujours facile de faire une échelle de proportion dans un rapport donné.

Quoique, d'après cette explication, on puisse être à même de déterminer la longueur proportionnelle d'une échelle de plan, cependant nous allons, pour la satisfaction du lecteur, donner un second exemple.

On propose de faire une échelle de plan dans le rapport de 1 *mètre* à 1250, qui est encore une des échelles dont on se sert au cadastre. Considérant l'unité principale comme le numérateur, et le nombre 1250 comme le dénominateur d'une fraction, on a la fraction $\frac{1}{1250}$. Puisqu'il s'agit de déterminer la longueur proportionnelle de 100 mètres, on ajoutera deux zéros au numérateur, et, le dénominateur restant le même, on aura la nouvelle fraction $\frac{100}{1250}$ (cent fois plus forte que la première); puis, divisant le numérateur par le dénominateur, on a 0,08 (la fraction étant réduite en décimales) ou *huit centièmes* pour réponse, ou la ligne AB de la figure 36.

Avant d'enseigner la manière de faire une échelle de plan, nous allons donner celle de diviser une ligne en parties égales. Soit la ligne *ab*, *fig*. 33, qu'il s'agit de diviser en cinq parties égales : tracez une indéfinie CD, portez cinq fois de suite sur cette ligne une même ouverture de compas arbitraire, mais qui détermine une ligne plus grande que *ab*; ensuite formez un triangle équilatéral CED, en décrivant du point C, et d'une ouverture de compas égale à CD, un arc **FG**; et du point **D**, avec la même ouverture, un arc **HI**. Ces arcs se coupent au point **E**, duquel vous tirerez les lignes **EC** et **ED**, qui seront chacune égales à **CD**. Prenez la longueur *ab*, que vous porterez sur les côtés **EC**, **ED**, *fig.* 33, et de ces deux points tracez la ligne **AB** égale à *ab*; puis du sommet **E** du triangle **CED**, tirez des rayons à tous les points de division de la ligne **CD** : la ligne **AB** sera divisée en autant de parties que la ligne **CD**, et dans la même proportion. En effet on a :

$$EC : AE :: ED : BE$$

et, en supposant des mesures à ces lignes, le produit des extrêmes **EC** × **BE** serait égal au produit des deux termes moyens **AE** × **ED**. De plus, on a les deux triangles semblables **CED** et **AEB**; et, la ligne **AB** étant parallèle à **CD**, ces lignes doivent être coupées proportionnellement par les rayons tirés du point **E** (sommet commun aux deux triangles) aux divisions faites sur la ligne **CD**.

Supposez donc que la ligne **AB**, *fig.* 36, longue de 8 centimètres, et qui représente 100 mètres, ait été divisée en dix parties égales, de la même manière que la ligne **AB** de la figure 33 : et, afin de diviser cette ligne en 100 parties aux extrémités des points **A** et **B**, abaissez les perpendiculaires **AC** et **BD**; portez sur chacune de ces lignes dix ouvertures de compas arbitraires, mais égales entre elles; tracez **CD** parallèle à **AB** (47); divisez cette ligne de même que

AB (*), et tirez des transversales, comme on le voit dans les figures 35 et 36, de chacun des points de division de la ligne supérieure à ceux qui leur correspondent sur la ligne inférieure: alors la ligne AB pourra être considérée comme étant divisée en 100 parties égales.

Exemple. On demande 75 parties dont AB en contient 100, c'est-à-dire 75 centièmes. Il faut prendre, sur la ligne qui passe au n.º 5, la partie 5 E, depuis DB jusqu'à la transversale qui passe par le n.º 70, et ainsi pour tout autre nombre. Ces 75 parties valent 75 mètres, ou les $\frac{75}{100}$ de 100 mètres, ou de AB. De même, la ligne GB, qui est un dixième de AB, vaut dix mètres; et la petite ligne IH, qui est le dixième de GB, vaut un mètre, ou le centième de AB: donc cette dernière ligne est divisée en 100 parties égales.

On conçoit que si l'on prenait les dix parties de AB pour dix mètres, les subdivisions de chacune de ces parties seraient des décimètres considérés dans le rapport des plans.

Le *compas de proportion* est représenté par la figure 37. C'est un instrument fait ordinairement en cuivre, long de 16 à 17 centimètres, et large de 16 à 17 millimètres. Sur la longueur de ses branches AB, AC, et sur ses deux faces, on a tracé des lignes qui, par leurs divisions, et la manière dont elles correspondent entre elles, ainsi que les ouvertures proportionnelles de ce

_____

(*) Ces divisions se font commodément en conduisant, avec l'équerre et la règle, des parallèles à la ligne BD, à chaque point de division de la ligne AB, et marquant sur la ligne CD chaque point correspondant à ladite ligne AB.

compas, font connaître les proportions entre
plusieurs quantités de même espèce, comme entre les lignes, les surfaces, les solides, etc. On
employait autrefois le compas de proportion aux
mêmes usages que le graphomètre; mais ce dernier instrument, mesurant les angles avec plus
de précision, lui est préférable. Quant à ses autres usages, nous avons des méthodes qui les
remplacent.

Nous ne parlerons dans cet abrégé que de l'u-
sage du compas de proportion relativement au
rapport des plans. On emploie pour cet effet les
parties des cordes qui sont marquées sur les
branches de ce compas, comme on le voit en la
figure 37, afin de les marquer sur la branche
AB ou AC [qu'il faut considérer comme le diamètre d'un cercle, auquel on peut donner plus
ou moins de longueur, suivant l'usage qu'on veut
faire des parties des cordes (*)]. Après avoir divisé ce diamètre en deux parties égales, décrivez,
du point D, et d'un rayon AD, égal à la moitié
de AB, la demi-circonférence AEB; divisez ce
demi-cercle en 180 degrés (**); portez ensuite

(*) Pour rapporter un plan levé avec la boussole, nous prenons
ordinairement un diamètre de 16 centimètres : on remarquera que
la circonférence doit être décrite par un rayon de 60 parties, puisque ce rayon est égal à la corde de 60 degrés. Voyez la corde AF,
fig. 37.

(**) On divisera commodément la demi-circonférence AEB en
180 degrés, avec un rapporteur, fig. 28. On place son centre C sur
le point D (de la figure 37), et ses rayons CA, CB, sur les rayons
DA, DB; puis, avec la pointe d'un crayon ou d'une aiguille, on marquera tous les degrés du rapporteur par des points autour de la circonférence AEB, et l'on tirera du point D et par ces points des
rayons qui diviseront la demi-circonférence en autant de parties
semblables que celle du rapporteur, ou en 180 degrés.

la longueur des cordes de tous ces degrés, en les comptant de l'une des extrémités du diamètre, comme A, *fig.* 37, sur les branches **AB** et **AC** de ce compas, ainsi que nous l'avons fait pour la figure 37.: ces parties sont marquées sur le compas de proportion (*).

Il nous resterait encore à parler des compas: il y en a de plusieurs sortes, mais nous ne ferons usage que du compas ordinaire.

Une règle, une équerre, un piquoir, un tire-ligne,. un porte-crayon, un fil à plomb, et d'autres objets que l'usage fait connaître, sont indispensables à l'arpenteur. Ces divers objets sont trop connus pour qu'il soit besoin d'en donner les figures; nous dirons seulement qu'une équerre a la forme d'un triangle rectangle.

ARTICLE II.
SOLUTION DE DIVERS PROBLÈMES RELATIFS A L'ARPENTAGE.

PROBLÈME PREMIER.
MESURER UNE LIGNE QUELCONQUE.

Les lignes se mesurent par d'autres lignes, mais la mesure commune est la ligne droite.

Mesurer une ligne droite ou courbe (**), c'est

(*) Nous supposons que chacun des arcs de la demi-circonférence A EB, *fig.* 37, soit divisé en dix autres parties égales, et que des points de ces subdivisions on ait déterminé sur le diamètre **AB** les cordes des arcs de chacun des degrés.

(**) Nous parlerons du rapport de la ligne droite à la ligne courbe dans la quatrième partie de cet ouvrage.

donc chercher combien de fois cette ligne en contient une autre considérée alors comme unité. Celle que nous employons dans ce traité est le *mètre*.

Si la ligne qu'on a à mesurer est sur le papier, on prendra avec un compas la longueur de cette ligne, qu'on portera sur l'échelle de proportion qui lui est relative, afin de connaître combien elle contient d'unités et de parties de l'unité.

S'il s'agit de mesurer effectivement sur le terrain la ligne AB, on portera sur cette ligne, *fig.* 38, une chaîne métrique autant de fois que la ligne AB pourra la contenir. S'il y a un surplus, on l'évaluera sur les divisions de la chaîne (page 25). Supposons que la ligne *ab* soit un décamètre : s'il est contenu dix fois dans AB, cette dernière ligne aura 100 mètres de longueur, puisque 10 mètres répétés 10 fois font 100 mètres.

Tout le monde connaissant la manière de mesurer une ligne sur le terrain, nous n'expliquerons pas ce procédé, mais nous ferons quelques remarques qui trouvent naturellement leur place ici.

Il faut, avant de commencer l'opération, vérifier exactement la longueur de la chaîne, la tendre dans toute son étendue, afin qu'elle ne fasse point de courbes, et planter perpendiculairement la fiche qui marque sur le terrain le point d'où l'on doit reprendre la mesure: alors celui qui conduit la chaîne doit en tenir le bout ou l'extrémité contre la fiche, sans lui donner par le mouvement aucune inclinaison (dans aucune direction), parce que l'inclinaison de la fiche influerait sur les mesures en raison de la longueur des lignes, et donnerait un résultat plus faible ou plus fort, suivant que l'inclinaison de la fiche se serait opérée en arrière ou en avant.

Lorsqu'une ligne a une certaine étendue, on est dans l'usage de la *jalonner*, c'est-à-dire de disposer de distance en distance des jalons dans la direction de la ligne qu'on a à mesurer. On reconnaît qu'ils sont dans l'alignement de cette ligne, lorsque le premier couvre tous les autres (ils doivent être placés dans une position verticale, ou perpendiculairement à l'horizon). Cette précaution est prise pour ne point s'écarter de la ligne d'opération : car si l'on dérivait à droite ou à gauche, on obtiendrait plus de mesure, puisqu'on s'écarterait de la ligne droite, qui est le plus court chemin d'un point à un autre (3).

On fera observer qu'il conviendrait de donner à la chaîne de dix mètres environ deux centimètres de plus, vu qu'il est impossible de la tendre rigoureusement en ligne droite. D'ailleurs on risquerait, en voulant atteindre cette limite, de rompre les anneaux.

Lorsqu'on mesure un terrain incliné, il faut avoir soin de faire toujours tendre la chaîne horizontalement, afin d'obtenir une longueur *horizontale ou réduite*. Par exemple : la ligne **ADFH** du terrain *fig.* 125 *bis* est plus longue que les lignes **CD**, **EF**, **GH**, parce que la première est une ligne curviligne, et que les autres sont horizontales. Mais en arpentage on ne fait usage que de lignes droites : il faut donc réduire

la distance AH à ce qu'elle serait si elle était
sur un plan horizontal. Voici le procédé qu'on
emploie. Si l'on mesure en montant, celui qui
tient le bout de la chaîne derrière, la lève de **A**
en **C**; et celui qui tient l'autre extrémité, la
pose sur la montagne au point **D**: on obtiendra
ainsi les distances **CD, EF, GH. O**n emploie
le procédé contraire en descendant. Seulement
on peut laisser tomber un fil à plomb de l'extrémité **I** de la chaîne, au point **K**, ainsi de
suite, ou bien poser verticalement une règle
IK.

On fera remarquer que le procédé qu'on
vient de décrire équivaut à un nivellement qu'on
aurait fait de la montagne pour répartir sa pente
sur sa longueur développée, ce qui évite des calculs pénibles, qui, d'ailleurs, ne différeraient
point du résultat obtenu par le procédé ci-
dessus.

Il résulte de là que, pour obtenir la surface
d'une montagne, il suffit de lever le plan de son
périmètre, et de le calculer comme une surface
plane.

Exemple. Soit la montagne ABCD, *fig.* 125
bis, dont il s'agit de lever le plan. Après avoir
déterminé son contour par des jalons, on procèdera à cette opération avec une boussole ou
un autre instrument, ainsi que nous l'indiquerons dans son lieu.

C'est ce que l'on fait au cadastre: autrement
la surface de la France paraîtrait être beaucoup
plus grande qu'elle ne l'est effectivement. Ainsi
une pièce de terre sur une surface inclinée pour-

rait être plus grande sous le rapport des mesures, et ne produire pas plus qu'une autre moins
longue sur une surface plane.

Nous invitons le lecteur à ne point considérer
ces remarques comme superflues ou trop minu-
tieuses, parce que c'est de la précision de cette
première opération que dépend en grande partie
la justesse du plan.

PROBLÈME II.

MESURER UN ANGLE.

D'après ce que nous avons dit à l'égard des
angles et de leur mesure (8 ét 18), il sera
facile de mesurer un angle quelconque. L'angle
BAC, *fig.* 39, qu'il s'agit de mesurer, est sur
le papier ou sur le terrain. 1.º S'il est sur le
papier, prenez un rapporteur, *fig.* 28 , et po-
sez-le sur BAC de manière que son centre C
soit sur le sommet A de cet angle, et le diamètre CB sur le côté AC : alors l'arc du rapporteur qui se trouve compris entre le diamètre et le côté AB indique, par le nombre de
degrés qu'il contient, la valeur de l'angle BAC. Il
en est de même pour tous les angles. Nous
ferons seulement observer que, pour les mesurer avec plus d'exactitude, il faut prolonger
suffisamment leurs côtés. 2.º Si l'angle proposé
est sur le terrain, on en distingue de deux sortes :
ceux dans lesquels on peut entrer, et ceux dans
lesquels on ne peut point entrer.

1.º L'angle CAB se trouvant dans le premier
cas, *fig.* 39, faites planter un jalon sur le côté

AC, et un autre sur le côté AB; posez un graphomètre, *fig.* 32, sur le sommet A; disposez ensuite cet instrument de manière qu'en regardant au travers des pinnules DH de son diamètre fixe, vous aperceviez le premier jalon (on assurera le graphomètre dans cette position en serrant la vis de pression I) : puis dirigez l'alidade mobile GC vers le second jalon; et, lorsque vous serez parvenu à l'apercevoir au travers des pinnules de cette alidade (ou règle mobile), alors l'arc du demi-cercle du graphomètre qui sera compris entre le diamètre DH et la règle GC indiquera, par le nombre de degrés qu'il contiendra, la valeur de l'angle proposé. *Exemple :* L'angle FAE de la figure 32 est de 30 degrés, et a pour mesure l'arc CH ; cet angle est égal aussi à celui de la figure 39 et à celui DCB de la figure 28.

2.º L'angle ECD représente un bastion, *fig.* 40, dont on ne peut approcher qu'extérieurement. Prolongez les côtés EC, DC; puis, ayant déterminé (arbitrairement, mais il est préférable de les rendre égales) les longueurs des lignes CA, CB, mesurez les deux angles CBA et CAB; ajoutez ensemble leurs valeurs; et, puisque (51) les trois angles d'un triangle ACB valent 180 degrés, retranchez de 180 degrés la somme des deux angles connus : le reste sera la valeur de l'angle ACB, égal à l'angle ECD, et vous aurez :

$$A+B+C-A-B=C.$$

Mais si l'on prolonge également les côtés CA,

CB, comme dans l'exemple de la figure 40, il
ne sera nécessaire que de mesurer un seul angle
A ou B; et retrancher de 180 degrés le double
de la valeur de l'angle connu. L'angle A est
de 35 degrés : retranchez 70 degrés de 180
degrés, le reste 110 degrés est la valeur de
l'angle C.

Autre manière. Des lignes parallèles entre
elles ayant mêmes directions, les angles qu'elles
forment respectivement entre elles sont égaux :
donc, si l'on détermine GH, FH, parallèles à EC,
CD, l'angle GHF sera égal à l'angle ECD, et
pourra se mesurer facilement.

Donc aussi deux angles *abc, def,* tournés
d'un même côté et ayant leurs côtés parallèles,
sont égaux.

On pourrait aussi obtenir l'angle ECD par
le moyen de deux règles assemblées par un de
leurs bouts en charnière, et dont les branches
seraient mobiles comme celles du compas de
proportion, *fig.* 37. On appliquerait le côté AC,
fig. 37, sur le côté CE de l'angle ECD, *fig.* 40,
en faisant mouvoir l'autre branche jusqu'à ce
qu'elle soit en contact avec le côté CD de l'angle
ECD. L'écartement que ces règles forment
entre elles, donnera la mesure de l'angle, qu'on
pourra rapporter sur le papier par le moyen des
règles qui auront servi à le mesurer.

On peut aussi mesurer facilement un angle
quelconque avec la planchette, la boussole, etc.,
ainsi qu'on le fera voir par la suite.

Voici un moyen facile de mesurer un angle
sur le terrain. Mesurez sur le côté AB de l'angle

CAB, *fig.* 41, une partie A*b*, et sur AC une autre partie A*c* et la corde *bc* ; puis, rapportant le triangle *c*A*b* (sur une échelle de plan, ainsi qu'on l'indiquera article *Plans géométriques*), et prolongeant les côtés A*b* et A*c* s'il est nécessaire, vous formerez l'angle CAB ; on fera seulement observer que plus les côtés A*b* et A*c* seront grands, plus l'opération sera juste.

L'angle solide ECD, *fig.* 40 , pourra aussi être déterminé par le même procédé, en mesurant les prolongemens CA, CB, et la ligne AB. Car, ayant rapporté le triangle ACB, l'angle ECD sera construit par les prolongemens AC, BC (les angles opposés au sommet étant égaux, 44).

Il y a aussi d'autres manières d'obtenir la grandeur des angles : nous les ferons connaître incessamment.

PROBLÈME III.

SUR UNE LIGNE DROITE ET UN POINT DONNÉS, DÉCRIRE SUR CETTE LIGNE UN ANGLE ÉGAL A UN AUTRE BAC, ET QUI AIT SON SOMMET A UN POINT DÉSIGNÉ, *fig.* 41 et 42.

On propose de faire sur la ligne EG un angle égal à un autre de 50 degrés, et qui ait son sommet au point D, sur cette ligne. L'angle qu'on propose de former doit être décrit sur le papier ou sur le terrain.

1.º Si cette ligne est sur le papier, posez un rapporteur sur la ligne GE, *fig.* 42, de manière que son centre soit sur le point D, et son diamètre sur DE ; vous marquerez un point F

sur le papier, vis-à-vis le degré 50 du rapporteur, puis vous tirerez la ligne DF.

Autre manière. Tracez, des points A et D,
fig. 41 et 42, comme centres, des arcs égaux *bc*,
de; prenez la distance *bc;* et, du point *d*, décrivez un arc qui coupera l'arc *de* au point *e;*
de ce point de section tirez D*e :* les angles A
et D seront égaux; et les triangles *b*A*c*, *d*D*e*,
seront semblables sous le rapport de leurs angles
et sous celui de leurs côtés.

Afin de prouver l'égalité des angles et des
côtés de ces deux triangles, si l'on découpait
le triangle *b*A*c*, après avoir posé le point A
sur le point D du second triangle, et le côté A*b*
sur le côté D*d*, le point *c* se trouverait placé
sur le point *e*, et le premier triangle couvri-
rait parfaitement le second.

2.º Si cette ligne est sur le terrain, on posera
un graphomètre au point D, *fig.* 42; après avoir
dirigé le diamètre fixe dans l'alignement de
DE, on formera avec ce diamètre et la règle
mobile de l'instrument un angle égal à 50
degrés, et l'on fera placer un jalon dans la
direction des pinnules de la règle mobile : alors
on aura formé sur le terrain et au point désigné l'angle proposé.

On voit par ces exemples qu'il sera toujours
facile de mesurer un angle sur le terrain et sur
le papier, et de le déterminer dans les deux
cas, de quelque grandeur qu'il soit, sur des
lignes et des points désignés.

PROBLÈME IV.

ÉLEVER UNE PERPENDICULAIRE SUR UNE LIGNE
A UN POINT PRIS SUR CETTE LIGNE.

Cette ligne est sur le papier ou sur le terrain.

1.° Si elle est sur le papier, prenez avec un compas deux parties égales, comme CA, CB, *fig.* 43, de chaque côté du point C désigné; ensuite, avec une même ouverture de compas arbitraire, décrivez, des points A et B comme centres, deux arcs qui se coupent au point D, puis tirez la ligne DC : elle sera perpendiculaire sur AB, puisque les angles DCA et DCB sont droits (15).

Autre manière. Prenez un rapporteur; posez son centre sur le point C, et son diamètre sur CA, CB; marquez sur le papier le point de 90 degrés, puis tirez de ce point et au point C la ligne CD.

Autre manière. Placez une règle parallèlement à la ligne AB; faites glisser une équerre sur le bord de cette règle, jusqu'à ce qu'elle rencontre le point C; alors tracez le long de l'équerre la ligne CD : cette ligne sera perpendiculaire sur AB, puisqu'elle formera de part et d'autre deux angles droits (15). Cette méthode, qui est la plus prompte, est d'un grand usage dans la pratique.

2.° Si la ligne AB est sur le terrain, le point C étant désigné, posez un graphomètre à ce point; dirigez son diamètre fixe sur CA, CB; formez avec le diamètre et la règle mobile de l'instrument, un angle qui soit de 90 degrés, et faites placer un jalon dans la direction des pinnules de la règle mobile.

Autre manière. Posez une équerre d'arpenteur, *fig.* 34, au point C, de manière qu'elle soit droite sur son pied, et ce dernier perpendiculaire à l'horizon (quelquefois on place un fil à plomb au point correspondant sous le point A, pour assurer le pied de l'instrument dans une position verticale); ensuite dirigez le rayon visuel de son diamètre EB sur CA, CB, *fig.* 43, et faites placer un jalon dans la direction FC de l'instrument. Cette méthode est fort usitée dans la pratique.

Si l'on proposait d'élever une perpendiculaire sur le terrain à l'extrémité B de la ligne AB, *fig.* 44 *bis*, on le ferait promptement en plaçant une équerre au point B, dirigeant l'un de ses rayons visuels BE, *fig.* 34, sur BA, et en faisant placer un jalon dans la direction de son autre diamètre FC.

Si la perpendiculaire doit être élevée sur le papier, du point B tracez, 1.º un arc arbitraire ADE; 2.º du point A, et avec le rayon AB, déterminez le point D; 3.º de ce point, et avec la même ouverture de compas, déterminez le point E; 4.º des points D et E pris successivement pour centres, décrivez deux arcs qui se couperont au point C : la droite qui passera par les points C et B satisfera à la question. Mais le moyen le plus expéditif est de placer une équerre parallèlement à la ligne AB prolongée, de faire glisser l'équerre le long de la règle jusqu'au point B, et de tracer BC.

3

PROBLÈME V.

ABAISSER UNE PERPENDICULAIRE, D'UN POINT DÉSIGNÉ, A UNE LIGNE DONNÉE.

Cette ligne et ce point sont l'un et l'autre sur le papier ou sur le terrain. Dans le premier cas, du point C désigné, tracez, avec une ouverture de compas arbitraire, un arc qui coupera la ligne AB, *fig.* 44, en deux endroits A et B; puis, des points A et B pris pour centres, décrivez deux arcs qui se coupent au point E. La droite qui passera par C et E sera perpendiculaire à la ligne AB; elle coupera AB en deux parties égales : donc on pourrait aussi, après avoir tracé les deux arcs A et B, partager la ligne AB en deux parties égales, et du point milieu F tirer la ligne FC.

Autre manière. Posez une règle parallèlement à la ligne AB; faites glisser une équerre sur le bord de la règle, jusqu'à ce qu'elle rencontre le point C désigné; et tracez le long de l'équerre la ligne CF, *fig.* 44, qui sera perpendiculaire sur AB.

Si la ligne AB, *fig.* 44, est sur le terrain, faites planter un jalon au point C désigné; ensuite posez une équerre d'arpenteur sur la ligne AB, au point où vous jugerez à peu près que le point C doive tomber perpendiculairement : alors dirigez le diamètre EB de l'instrument, *fig.* 34, sur AB; et, après avoir observé le rayon visuel FC, avancez vers le point A ou vers B (toujours dans la direction de AB),

jusqu'à ce qu'enfin vous rencontriez le point
C dans l'alignement de FC ; puis vous ferez
planter un piquet au point F, c'est-à-dire à la
place qu'occupait le pied de l'instrument, et le
point C tombera perpendiculairement sur AB
au piquet planté sur cette ligne.

PROBLÈME VI.

D'UN POINT DONNÉ HORS D'UNE LIGNE DROITE,
TIRER UNE PARALLÈLE A CETTE LIGNE.

Cette opération doit être faite sur le papier
ou sur le terrain. Dans le premier cas, la ligne
AB, *fig.* 45, étant tracée, et le point F désigné,
tirez du point F pris à volonté la ligne FE, qui
rencontre en un point E la ligne AB ; mesurez
avec un rapporteur l'angle AEF, au point F ;
faites avec cet instrument l'angle EFD, semblable au premier : la ligne FD, prolongée s'il
est nécessaire, sera parallèle à AB (45 et 46).

Autre manière. Faites glisser une équerre
parallèlement (le long d'une règle) à la ligne
AB, jusqu'à ce qu'elle rencontre le point F,
qui est, dans cet exemple, placé sous la ligne
AB ; puis de ce point, et le long de l'équerre,
tracez une ligne indéfinie FD : alors, si l'équerre
n'a point changé de direction, cette dernière
ligne sera parallèle à AB. Cette méthode, étant
expéditive, est d'un grand usage dans la pratique, surtout pour rapporter les plans levés à la
boussole, comme on le verra en son lieu.

Si la parallèle demandée doit être déterminée
sur le terrain, faites placer des jalons en A et

F, *fig.* 45; posez un graphomètre à un point E pris à volonté sur la ligne AB; puis mesurez l'angle AEF; transportez cet instrument au point F; faites poser un jalon au point de la première station E; formez au point F un angle EFD égal à l'angle AEF, et faites planter un piquet dans l'alignement de FD.

Autre manière. Faites mettre des jalons aux points A, B, F, *fig.* 45; abaissez de la ligne AB sur le point F la perpendiculaire GF, par la méthode indiquée au problème V; mesurez cette ligne exactement; du point B, abaissez la perpendiculaire BD, à laquelle vous donnerez même longueur qu'à la ligne GF : alors la ligne qui passera par les points F et D sera parallèle à AB.

Si le point F n'eût point été désigné, on aurait abaissé deux perpendiculaires AC, BD, d'une grandeur arbitraire, mais égales.

PROBLÈME VII.

TRACER UN TRIANGLE QUELCONQUE SUR UNE LIGNE DONNÉE, OU QUI SOIT ÉGALE A UNE AUTRE.

Les triangles qu'il s'agit de tracer doivent l'être sur le papier ou sur le terrain : nous supposerons d'abord le premier cas.

Soit le triangle équilatéral de la figure 13 qu'on propose de décrire sur une ligne donnée AC : sa base étant déterminée, des points A et C comme centres, décrivez, avec une ouverture de compas égale à la base AC, deux arcs qui auront leur point de section en B, puis tirez les lignes BA, BC.

Si l'on demande un triangle égal à celui de la figure 13, marquez sur la ligne désignée la longueur de la base **AB**; comme ce triangle est isocèle, prenez la longueur d'un de ses côtés, **AD**, par exemple, et des points **A** et **B** comme centres, avec un rayon égal à **AD** ou **BD**, décrivez deux arcs qui auront leur commune section en **D**, et tirez **DA, DB.**

S'il s'agit de décrire sur une ligne donnée, ou simplement sur le papier, un triangle rectangle, *fig.* 10, déterminez sa base **CB**; élevez à l'une de ses extrémités **B** une perpendiculaire avec une équerre; portez sur cette ligne la longueur **AB** du côté de l'angle droit, et du point **A** tirez **AC.**

Si l'on propose de décrire un triangle acutangle semblable à celui de la figure 12, déterminez une base **AC**; prenez avec un compas la longueur **BC**; du point **C**, et d'un rayon égal à **BC**, décrivez un arc en **B**; ensuite prenez la longueur du côté **AB**; puis du point **A**, et d'un rayon égal à **AB**, décrivez un arc qui coupera le premier, et déterminera le point **B**; puis tirez **BA, BC.**

Si les mesures de ces triangles étaient seulement indiquées ou cotées sur un canevas, on les construirait par des points d'intersection, et d'après la proportion des longueurs de leurs côtés réduites sur une échelle de plan.

On voit donc qu'on peut facilement faire sur le papier un triangle semblable à un autre quelconque, sur une ligne donnée ou autrement, et qu'il suffit de connaître les trois côtés d'un triangle pour le rapporter sur le papier par le moyen des points *de section*. Nous mettrons ce procédé en usage pour expliquer la construction d'un plan géométrique levé seulement par la mesure des côtés des triangles, et sans mesurer les angles.

Afin de résoudre la seconde partie du problème, nous supposerons qu'il faille déterminer sur le terrain les triangles que nous avons rapportés sur le papier.

Désirant simplifier les démonstrations, nous dirons qu'*en principe*, pour faire un triangle sur le terrain, égal à un autre ou à *un triangle quelconque*, sur une ligne donnée ou autrement, dont on connaisse les angles et la longueur des côtés, il faut déterminer avec un instrument les angles de ce triangle, et les longueurs de ses côtés par les mesures. Nous allons éclaircir ce principe par deux exemples.

Premier exemple. Soit le triangle ADB de la figure 43, qu'il faille déterminer sur le terrain, et sur la ligne AB, qu'on suppose indéfinie, et sur laquelle on a marqué le point B. Faites placer un jalon dans la direction de BA, et un autre dans celle de BD; connaissant par le *canevas* (*) les mesures des angles et des côtés de ce triangle, posez un graphomètre au point B, et déterminez (par la méthode indi-

_____

(*) On appelle *canèvas* ou *croquis* une figure qui représente les angles visuels que les lignes forment sur le terrain, et sur laquelle on désigne les divers objets de détail qu'il s'agit de lever géométriquement ; on y cote aussi les mesures des lignes et des angles.

quée au problème III) l'angle **ABD**, que nous
supposons être de 55 degrés; faites porter dans
l'alignement de **BD** le nombre de mesures indiquées au canevas pour ce côté : elles détermineront le point **D**, auquel il faut placer un
jalon ; ensuite , transportez l'instrument au
point **A**, qui a été déterminé par la longueur
du côté **BA**; à ce point, déterminez l'angle **DAB**,
qui sera égal à l'angle **DBA**, ce triangle étant
isocèle; si les côtés **BD** et **AB** ont été mesurés
exactement, vous trouverez autant de mesures
pour le côté **DA** que vous en avez trouvé pour
le côté **DB**; et, connaissant la valeur des deux
angles **A** et **B**, qui est de 110 degrés, celle de
l'angle **D** sera de 70 degrés (51) : on transportera toujours le graphomètre au point **D**
pour vérifier cet angle.

Second exemple. On propose de déterminer sur le terrain le triangle rectangle **ACB** de
la figure 10 : au point **B**, élevez, avec une
équerre, la perpendiculaire **BA**, à laquelle vous
donnerez autant de mesures qu'on en aura marqué sur le canevas pour ce côté ; déterminez le
point **C** par la mesure du côté **BC** : les points
A et **C** étant déterminés, la longueur **CA** sera
donc égale à celle cotée sur le canevas pour ce
côté; mais, pour apporter plus d'exactitude, on
mesurera effectivement cette ligne.

On voit qu'on peut toujours déterminer
sur le terrain *un triangle quelconque* (et le
rapporter sur le papier) *par la connaissance
seulement de l'angle compris, et de la longueur des côtés qui le comprennent.* Nous

prendrons pour exemple la figure 43. Pour
construire ce triangle, il suffit de connaître :

    ou l'angle **D** et les côtés **DA, DB,**
    ou l'angle **B** et les côtés **BA, BD,**
    ou l'angle **A** et les côtés **AD, AB.**

Or il en est de même pour tous les triangles.
Il résulte des problèmes sur la construction des
triangles, les conséquences suivantes :

    1.º *Deux triangles sont égaux quand ils
ont un angle égal compris entre deux côtés
égaux chacun à chacun.*

    2.º *Deux triangles seront égaux s'ils ont
un côté égal adjacent à deux angles égaux
chacun à chacun.*

    3.º *Deux triangles sont égaux lorsqu'ils
ont leurs côtés égaux chacun à chacun.*

    4.º *Deux triangles sont semblables lors-
qu'ils ont seulement deux angles égaux
chacun à chacun, puisque le troisième angle
de l'un est nécessairement égal au troisième
angle de l'autre :* car ce dernier angle, réuni
à chacun d'eux, complète leur valeur respective
de **180** degrés.

    5.º *Deux triangles qui ont deux côtés pa-
rallèles et égaux sont semblables dans toutes
leurs parties.*

Nous donnerons dans la troisième partie de
cet abrégé la méthode par laquelle on peut
toujours déterminer un triangle par la connaissance de trois de ses six parties, pourvu
qu'il y ait un côté : c'est ce qui constitue la

science de la *Trigonométrie*. Mais nous avons cru devoir d'abord exercer les commençans sur le rapport des triangles sur le papier et sur le terrain : cette pratique étant fort essentielle dans l'art de lever les plans, on comprendra plus facilement ce que nous dirons sur cette matière.

Nous allons encore donner la manière de déterminer un triangle sur le terrain sans instrumens, par la connaissance seulement de la longueur des trois côtés. *Exemple :* Après avoir donné à la base **AC**, *fig.* 13, sa longueur respective, ayez deux cordeaux chacun égal en grandeur aux côtés **AB**, **CB**. Étant également tendus, leurs extrémités se joindront au point **B**, qui sera le sommet du triangle, auquel on fera planter un piquet, et vous aurez déterminé le triangle ABC proposé.

PROBLÈME VIII.

PROLONGER UNE LIGNE DROITE SUR LE TERRAIN.

Le terrain sur lequel on propose de prolonger cette ligne est libre ou embarrassé.

Premièrement, Soit la ligne **AB**, *fig.* 46, qu'il s'agit de prolonger en **F** sur un terrain libre : placez-vous à quelque distance de **A**, comme, par exemple, au point **G**, dans l'alignement de **AB** ; ensuite faites mettre plusieurs jalons, comme **C**, **D**, **F**, etc., éloignés l'un de l'autre de 50 ou 60 pas, dans l'alignement **AB** : vous reconnaîtrez que cette ligne sera

3*

droite si le jalon **A** couvre tous les autres, de
manière qu'étant placé au point **G**, vous n'a-
perceviez que le jalon **A**.

Secondement. Si quelque obstacle s'oppose
au prolongement de la ligne **AB**, *fig.* 47, au
point **B**, abaissez, avec une équerre d'arpenteur,
la perpendiculaire **BC**; faites planter un jalon **E**
au-delà du bois et de la ligne **AB**; ensuite mesurez avec un graphomètre, au point **C**, l'angle
ECB; au même point **C**, formez un angle **BCA**
(le point **A** pris à volonté, sur **AB**) égal au premier ; mesurez le côté **AC**, et prenez sur le
rayon visuel **CE**, une partie **CD** égale à **AC** : le
triangle **ACD** étant isocèle, et les deux triangles
ACB, **DCB**, étant égaux, le point **D** sera dans
l'alignement de **AB**.

On pourrait aussi prolonger la ligne **AB**
avec une boussole, en faisant ouvrir une charière dans la même direction qu'on aurait observée pour la même ligne **AB**. C'est par ce
procédé qu'on trace les routes dans les bois, en
leur donnant telle direction qu'on le juge convenable, ainsi que nous en donnerons quelques
exemples en leur lieu.

Si, au lieu d'un bois, c'eût été un étang, marais, etc., il aurait simplement suffi de faire
placer un jalon **D** au-delà de l'étang, et dans
la direction des points **A** et **B**.

Autre manière. Abaissez de la ligne **AB** les
perpendiculaires **AG**, **BC**, d'égales longueurs;
prolongez leurs extrémités (*) **GC** en **F**; et à ce

(*) On fera remarquer qu'il est nécessaire que les points G {C,
qu'on doit prolonger, soient éloignés l'un de l'autre autant que
possible.

point élevez la perpendiculaire **FD**, égale à **AG** ou **BC**. Le point **D**, *fig.* 47, sera dans l'alignement de **AB**, les lignes **AD** et **GF** étant parallèles (47).

Démonstration applicable aux quatre problèmes suivans.

La perpendiculaire élevée sur le milieu d'une corde passe toujours par le centre du cercle, et par le milieu de l'arc sous-tendu par cette corde.

Cette perpendiculaire, *fig.* 49, doit passer par tous les points également éloignés des extrémités **A** et **B** (15). Cela est évident, puisque le centre du cercle est également éloigné des deux extrémités **A** et **B**, qui sont deux points de la circonférence (9) : donc elle passe par le centre.

Cette ligne passera aussi par le milieu de l'arc **ADB**, qu'elle partagera en deux parties égales.

PROBLÈME IX.

DIVISER UN ANGLE OU UN ARC EN DEUX PARTIES ÉGALES.

Soit l'angle **CAB**, *fig.* 41, qu'il s'agit de diviser en deux parties égales. Décrivez du sommet **A** comme centre, et d'un rayon arbitraire, l'arc *bc* ; puis des points *b* et *c* pris successivement pour centres, et d'un même rayon, tracez deux arcs qui se coupent en un point *f*; par lequel et par le point **A** vous tirerez **A** *f*; qui, étant perpendiculaire sur le milieu de la corde *bc*, divisera en deux parties égales l'arc *bc*, et par conséquent aussi l'angle **CAB**, auquel cet arc sert de mesure (18).

PROBLÈME X.

Soient les points **A**, **B**, **C**, *fig.* 48, par lesquels on propose de faire passer une circonférence de cercle : joignez ces points pár les droites **AB**, **BC**, qui seront deux cordes (22) du cercle à tracer ; divisez ces lignes en deux parties égales, puis à leurs points de division élevez les perpendiculaires **EF**, **GF**, lesquelles auront leur section au point **F**, qui sera le centre de la circonférence qu'on décrira de ce point, et avec un rayon **FB**, **FA**, ou **FC**.

Cette opération se ferait facilement sur le terrain par le moyen du cordeau et de l'équerre.

PROBLÈME XI.

Soit le cercle **ACBD**, *fig.* 49, duquel il faut trouver le centre : déterminez une ligne **AB** qui touche la circonférence en deux points ; divisez cette ligne en deux parties égales, et au point de division élevez la perpendiculaire **DC** : ces deux lignes seront réciproquement perpendiculaires ; le milieu E de la ligne **CD** sera le centre de ce cercle.

S'il s'agissait de retrouver le centre d'un arc

déjà décrit, on marquerait trois points à volonté
sur cet arc, et l'on opèrerait comme au problème
précédent.

Nous ne parlerons pas de la manière de faire
passer par trois points donnés une circonférence de cercle qui en touche une autre, etc.,
ni d'autres problèmes qui sont plus applicables
à l'architecture qu'à la matière que nous traitons. Nous ne ferons absolument connaître que
les problèmes qui pourront recevoir leur application dans l'arpentage, sans dépasser les
limites que nous nous sommes prescrites dans
cet abrégé.

PROBLÈME XII.

CIRCONSCRIRE UN CERCLE A UN TRIANGLE.

Soit proposé de faire passer une circonférence
de cercle par les trois points **A, B, C,** du triangle
ABC, *fig.* 13. Il suffit d'élever une perpendiculaire sur le milieu de chacune des lignes **AB,
BC** : et le point central du cercle à décrire
sera le point de section de ces deux perpendiculaires (*Probl.* **X**).

Les deux conséquences suivantes naissent de
ce principe : 1.º que si deux angles d'un triangle
sont égaux, les côtés qui leur sont opposés seront égaux (48). Et, réciproquement, si deux
côtés d'un triangle sont égaux, les angles opposés à ces côtés seront égaux; 2.º que dans un
même triangle le plus grand côté est toujours
opposé au plus grand angle, et *vice versâ*.

PROBLÈME XIII.

DÉCRIRE UN OVALE SUR UNE LIGNE DONNÉE.

On donne la ligne **AB** pour grandeur de l'o-
vale. Divisez cette ligne en trois parties **AH**,
HK, **KB**, *fig.* 50; faites sur la partie **HK** les
triangles équilatéraux **HEK**, **HDK**; ensuite,
des points **H** et **K** comme centres, décrivez les
arcs **LAC**, **IBG**, jusqu'aux côtés des triangles
prolongés; et des points **E** et **D**, et d'un rayon
égal à **EL**, décrivez du point **D** l'arc **CI**, et du
point **E** l'arc **LG**.

L'ovale se trace sur le terrain avec un cordeau et un piquet; et pour tracer cette figure
sur le papier, on se sert d'un compas et d'un
crayon.

PROBLÈME XIV.

TRACER UNE ELLIPSE.

L'ellipse est une figure que l'on trace quelquefois dans des parcs ou des jardins, *fig.* 51.
Sa forme approche de celle de l'ovale; mais
elle en diffère en ce que ses courbes ne peuvent
être formées par des arcs réguliers qui auraient
leurs rayons à des points centraux comme ceux
de l'ovale. L'ellipse a deux axes. On appelle **AC**
le grand axe, et **BD** le petit axe. Ces deux lignes
étant données, prenez avec un cordeau la grandeur de la moitié du grand axe **AG** ou **GC**,
portez cette longueur de **D** en **F** : ces points
seront dans les foyers de l'ellipse; attachez à
ces points un cordeau dont la longueur soit
égale au grand axe **AC**, dont le milieu passera

par **D**; mettez dans le pli que fait le cordeau
un piquet que vous ferez mouvoir de **D** autour
des points **A**, **B**, **C**, en revenant au point **D** : la
trace du piquet déterminera l'ellipse demandée.

Cette méthode est la plus simple et la plus
facile. Il y a une autre manière de tracer cette
figure, mais elle, est fort longue, et le résultat
se borne à déterminer seulement plusieurs
points de l'ellipse. La manière que nous indiquons est celle qu'on emploie dans la pratique,
et elle est suffisante.

Si l'on demande le plan de cette figure, mesurez la ligne **AB** (ou **BC**, etc.), et élevez des
perpendiculaires au contour **AB** : vous obtiendrez cette courbe d'autant plus exactement que
vous aurez élevé un plus grand nombre de perpendiculaires. La longueur des axes étant connue,
formez avec une équerre quatre angles droits;
donnez aux lignes **AC**, **BD**, leur longueur réduite
sur une échelle de plan; puis rapportez toutes
les perpendiculaires que vous aurez élevées sur
le côté **AB**; et, comme cette figure est régulière,
vous en ferez de même pour **BC**, **CD**, **DA** :
chacun des sommets des perpendiculaires sera
un des points de la courbe que l'on décrira sur
le papier, et l'on aura le plan de cette figure.

PROBLÈME XV.
DÉCRIRE UNE PARABOLE.

Si l'on veut tracer une parabole dont le *paramètre* (*) donné soit **RQ**, au point **R**, *fig.*

(*) Le paramètre d'une parabole est une ligne droite quadruple
de la distance du foyer de cette parabole à son sommet.

52, élevez une perpendiculaire indéfinie DC; prenez sur cette ligne deux parties RD, RE, chacune égale au quart de RQ : la ligne RC sera l'*axe* de la parabole, et le point E en sera le *foyer*. Vous déterminerez la grandeur de l'axe RC en donnant sur EC une longueur égale au paramètre RQ. Marquez ensuite sur cet axe autant de parties égales que vous le voudrez, et en plus grand nombre qu'il sera possible. De chacun de ces points C, O, N, M, etc., élevez des perpendiculaires indéfinies AB, KL, HI, etc. Enfin, du foyer E pris pour centre, et avec la longueur DC pour rayon, décrivez deux arcs qui coupent la ligne AB en deux points A et B; du même foyer E, et avec un rayon DO, tracez deux arcs qui coupent la perpendiculaire KL aux points K et L; continuez à trouver de cette manière des points entre le sommet R de la parabole et les points A et B, où vous voulez la terminer; et la courbe qui passera par les points A, K, F, R, etc., déterminera la parabole demandée.

Si l'on demande le plan de cette figure, *fig.* 52, faites mesurer sur le terrain les lignes CA, KO, etc., et une distance CO. Pour rapporter cette opération, tracez sur le papier, avec une règle et une équerre, deux angles droits; donnez aux perpendiculaires CB, CR, des longueurs proportionnelles; vous marquerez avec la pointe d'un compas, sur la ligne CR, les parties égales CO, ON, NM, etc.; de ces points vous élèverez les perpendiculaires AB, LK, auxquelles vous donnerez des longueurs proportionnelles. La figure étant régulière, les lignes CA, KO, etc., seront des moitiés de AB, KL, etc. : ainsi, lorsque vous aurez rapporté le côté RA, vous ferez de même pour le côté RB; puis vous tracerez, avec un crayon ou une plume, la courbe, qui passera par les points A, K, II, F, R, etc., et vous aurez le plan de la parabole demandée.

Les ellipses et les paraboles faisant partie des sections coniques, il nous resterait encore à parler de l'hyperbole, des courbes mécaniques, et de plusieurs courbes géométriques, etc. Mais, outre que ces explications nous conduiraient au-delà des bornes que nous nous sommes prescrites dans cet ouvrage, les figures dont il s'agit reçoivent particulièrement leur application en architecture et dans la mécanique, et seraient hors d'usage dans cet abrégé, qui est uniquement destiné à enseigner la pratique de l'arpentage.

PRINCIPES GÉNÉRAUX DES PROPORTIONS.

Afin de rendre plus sensible l'explication des problèmes suivans, nous rappellerons aux commençans les principes généraux des proportions.

1.º Les proportions sont fondées sur les *rapports* des nombres entre eux : par exemple, il y a des rapports égaux entre les nombres 12, 3, 20, 5, parce que 12 contient 3 autant de fois que 20 contient 5.

2.º Les propriétés fondamentales des proportions, c'est que le produit des extrêmes est égal à celui des moyens.

3.º On peut faire subir à une proportion autant de changemens qu'il y a de termes, en mettant les extrêmes à la place des moyens, et *vice versâ*.

4.º En résumé, un *rapport* est le résultat de la comparaison de deux nombres ou de deux quantités de même espèce : nous allons maintenant appliquer aux *lignes* les principes des proportions numériques. Les *rapports* que nous considérons ici sont des grandeurs géométriques, auxquelles on peut toujours supposer des nombres : car, en comparant deux lignes entre elles, on les conçoit rapportées à une commune mesure.

Exemple : Nous disons que si, dans un triangle ACD, *fig.* 53, on mène à volonté une ligne EF parallèle à AD, cette ligne coupera proportionnellement les côtés CA, CD, c'est-à-dire qu'on aura toujours :

$$CE : CF :: EA : FD$$
$$FD : EA :: CF : CE$$
$$CF : CE :: FD : EA$$
$$EA : FD :: CE : CF$$

ou
$$18 : 21 :: 6 : 7$$
$$7 : 6 :: 21 : 18$$
$$21 : 18 :: 7 : 6$$
$$6 : 7 :: 18 : 21$$

On voit que tous les changemens ci-dessus pourraient avoir lieu sans troubler la proportion : or ce que nous disons à l'égard de ce triangle, doit s'appliquer à tout autre quelconque dont les côtés seraient coupés par une ligne parallèle à sa base.

Les démonstrations qui précèdent pourraient donner lieu à un grand nombre de conséquences qui naissent de ces principes, et qui seraient déduites de la section des lignes parallèles avec les lignes droites de la *fig.* 53, en établissant de nouveaux rapports entre ces lignes; mais, outre que nous craignons de fatiguer l'attention du lecteur, nous dépasserions les bornes que nous nous sommes prescrites dans cet ouvrage. D'ailleurs nous en avons dit suffisamment pour passer à la démonstration des problèmes suivans, qui peuvent recevoir leur application dans la pratique.

PROBLÈME XVI.

TROUVER UNE TROISIÈME LIGNE PROPORTIONNELLE A DEUX LIGNES DROITES DONNÉES.

On propose de trouver une troisième ligne proportionnelle aux lignes AB, BC, *fig.* 54, c'est-à-dire une ligne qui ait même rapport de AB à BC que de BC à la ligne cherchée.

Prenez ensemble les longueurs AB, BC; faites un angle arbitraire EAC, et que AD soit égal à BC; tirez la ligne BD, et menez à cette ligne une parallèle EC. DE sera la ligne demandée, et vous aurez la proportion suivante :

AE : DE :: AC : BC, etc.

On pourrait faire subir à cette proportion quatre changemens sans la troubler, de même qu'à une proportion (et nous l'avons rendue réellement telle, en assignant des mesures arithmétiques aux grandeurs géométriques).

Nota. Les fig. 53, 54, 55 et 56, sont construites sur une échelle d'un millimètre pour un mètre, ou dans le rapport de $\frac{1}{1000}$.

PROBLÈME XVII.

TROUVER UNE QUATRIÈME LIGNE PROPORTIONNELLE A TROIS LIGNES DONNÉES.

Soient les lignes AB, BD, et AF, *fig*. 55, auxquelles on propose de trouver une quatrième ligne proportionnelle, ou le quatrième terme de cette proportion :

$$AB\ 20 : BD\ 10 :: AF\ 14 : X.$$

Prenez ensemble les lignes AB, BD, que vous porterez sur le côté AD de l'angle arbitraire HAD; portez la longueur AF de A en H; tirez la ligne BF, et menez à cette ligne une parallèle HD. FH sera la ligne cherchée : car il y aura même raison de AH à FH que de AD à BD, ce qui satisfait à la question : car ce quatrième terme sera FH, ou

$$20 : 10 :: 14 : 7.$$

PROBLÈME XVIII.

TROUVER UNE MOYENNE PROPORTIONNELLE ENTRE DEUX LIGNES DONNÉES.

On propose de trouver une moyenne proportionnelle aux lignes AB, BC, *fig*. 56. Prenez ensemble AB, BC; divisez cette ligne (composée de AB et de BC) en deux parties égales au point E; puis, d'un rayon égal à EA ou EC, décrivez une demi-circonférence ADC, et au point B élevez la perpendiculaire BD : cette dernière ligne sera la moyenne proportionnelle demandée.

On remarquera que les triangles **ABD, DBC**, sont rectangles, et ont une hauteur commune **BD**; on a donc cette proportion :

$$AB : BD :: BD : BC$$

ou $$24 : 16,98 :: 16,98 : 12$$

Le produit des moyens sera égal à celui des extrêmes (moins une petite fraction qu'on peut négliger).

Nous pourrions encore donner la solution de plusieurs autres problèmes; mais ceux que nous avons fait connaître suffisent pour passer à l'application de la géométrie à l'arpentage. D'ailleurs nous n'avons point prétendu donner dans cet *abrégé* un cours complet de géométrie, mais seulement (comme nous l'avons annoncé), enseigner ce qu'il importe de savoir pour faire un bon arpentage, et se rendre raison des opérations géométriques.

DES PLANS GÉOMÉTRIQUES.

L'art de lever les plans consiste à construire sur le papier des polygones semblables à ceux que forment sur le terrain les points dont on veut avoir la position respective. Ce procédé

se réduit donc en dernière analyse à concevoir des points déterminés en nombre suffisant,
et liés entre eux par des triangles, et à mesurer
sur les côtés de ces triangles autant d'angles
et de côtés qu'il est nécessaire pour les rapporter sur le papier, ainsi qu'il sera expliqué dans
cette partie.

Un plan géométrique est une figure équi-
angle proportionnelle, et par conséquent semblable au terrain qu'il représente. Cette ressem-
blance se prouve par la similitude des triangles.
Nous prendrons pour exemple les figures 57 et
58. La première représente le terrain, et la seconde est le plan de ce terrain. Si l'on imagine
les diagonales CA, CD, CE, le terrain sera divisé en quatre triangles CBA, CAD, CDE, et
CEF; et si l'on tire les mêmes lignes dans la
figure 58, on formera des triangles semblables
(et en même nombre) à ceux tracés dans la
première, sous le rapport des angles et sous celui
des côtés proportionnels. On remarquera encore que ces triangles sont *semblablement
disposés*; et, les angles de ces triangles étant
égaux chacun à chacun, *fig*. 57 et 58, leurs côtés
seront proportionnels. Il suit de ces deux propriétés que leurs côtés homologues (*) doivent
avoir même direction puisque la grandeur des
angles dépend de l'*écart* ou de l'ouverture des
lignes qui les forment (8).

_____

(*) *Homologue.* Ce mot est tiré du grec, et signifie *semblable,
rapport, raison.* Les côtés homologues sont ceux entre lesquels il
y a un rapport.

Le terrain et le plan sont donc en *proportion*. Ainsi l'angle B est égal à l'angle *b*, et les côtés BC, BA, sont proportionnels aux côtés *bc*, *ba*. Alors, si le côté AB est de 470 mètres, *ab* contiendra aussi 470 parties en proportion avec le mètre (ces mesures se prennent sur une échelle de plan, *fig.* 35 et 36); il en est de même à l'égard des autres angles et des autres côtés de ces figures.

Il est évident que toutes les lignes qu'on pourrait tracer sur le terrain, ainsi que sur le plan, formeraient des *figures semblables,* ou dont les côtés seraient homologues. C'est pourquoi les plans servent à la division des terrains, comme on le verra en son lieu.

DE LA MANIÈRE DE LEVER UN PLAN.

D'après ce que nous venons de dire sur *les plans*, on voit que faire *un plan*, c'est décrire sur le papier une figure qui soit semblable à celle du terrain qu'il représente.

Il se présente ordinairement trois cas : on peut parcourir librement ce terrain; ou l'on ne peut le parcourir en tous sens, et par conséquent y mesurer les diagonales nécessaires pour vérifier l'exactitude de l'opération, mais d'un des angles quelconques de ses côtés on peut apercevoir les signaux qu'on aurait fait placer aux sommets de ses autres angles; ou, enfin, des obstacles empêchent d'apercevoir d'un de ses angles les signaux ou jalons qu'on aurait fait placer aux sommets de ses autres angles.

Premier cas. Supposons qu'il faille' lever le
plan du terrain ABCFED, *fig.* 57, qu'on peut
parcourir en tous sens, et apercevoir d'un de
ses angles les jalons ou signaux qu'on aurait
fait placer aux sommets de ses autres angles;
faites le tour de ce terrain, et dessinez-en à
peu près la figure; supposez que ce terrain est
divisé en plusieurs triangles par des diagonales
CE, CD, CA, tirées d'un de ses angles C à tous
ses autres angles; tracez ces lignes sur le *canevas*, et faites mesurer les côtés de ces triangles,
dont vous coterez exactement les mesures sur
chaque ligne respective du canevas (*).

On fera observer que si les diagonales sont
un peu grandes, il faut les faire jalonner avant
de les mesurer.

Pour faire le plan de ce terrain, construisez
une échelle dont la longueur soit proportion-
née à la dimension que vous voulez donner au
plan; ensuite tracez une ligne *cd*, à laquelle
vous donnerez pour longueur autant de parties
de l'échelle que vous aurez trouvé qu'elle contient de mètres sur le terrain; ensuite, du point
c comme centre, et avec un rayon qui contienne autant de parties de l'échelle que la
diagonale CE, *fig.* 57, contient de mètres,
décrivez un arc vers *e;* et du point *d* pris
pour centre, et avec un rayon qui contienne
autant de parties de l'échelle que DE contient
de mètres, décrivez un arc qui coupe le pré-

(*) Voy. la note pag. 54.

cédent au point e; de ce point pris pour centre,
et avec un rayon qui contienne autant de parties de l'échelle que le côté EF contient de
mètres, décrivez un arc vers f; et du point c
comme centre, et avec un rayon qui contienne
autant de parties de l'échelle que CF contient
de mètres, décrivez un arc qui coupe le précédent au point f; du point c toujours pris
pour centre, et avec un rayon qui contienne
autant de parties de l'échelle que la diagonale
CA contient de mètres, décrivez un arc vers a;
et du point d pris pour centre, et avec un rayon
qui contienne autant de parties de l'échelle que
le côté DA contient de mètres, décrivez un arc
qui coupe le précédent au point a; enfin, de
ce point pris pour centre, et d'un rayon qui
contienne autant de parties de l'échelle que le
côté AB contient de mètres, décrivez un arc
vers b; et du point c pris pour centre, et avec
un rayon qui contienne autant de parties de
l'échelle que CB contient de mètres, décrivez
un arc qui coupe le précédent au point b;
après avoir ainsi déterminé les points a, b, c,
f, e, d, joignez ces points par des lignes
droites, et vous aurez le *plan* du terrain
ABCFED.

Cette méthode de rapporter les plans par des
points d'intersection est expéditive et exacte.
Elle est aussi fort commode, en ce qu'on n'a
besoin sur le terrain que d'une chaîne, et au
cabinet que d'un compas et d'une échelle. On
obtient également par ce procédé les angles
extérieurs du périmètre; puisqu'il existe un

4

rapport entre les angles des triangles et leurs
côtés (*) [48].

Remarque. Il est bien essentiel de ne point
former sur le terrain des triangles qui auraient
des angles trop aigus, ou (ce qui est la même
chose) dont l'un des angles serait trop obtus,
afin que le point d'intersection soit mieux déterminé : ce qu'on pourrait juger, à l'œil et
avec la pratique du terrain, en formant des triangles dont l'un des angles serait un peu moins
de 90 degrés. Ceux qui approchent le plus d'un
triangle équilatéral sont préférables.

Afin de rendre cette méthode familière aux
commençans, nous avons tracé plusieurs figures
sur lesquelles ils pourront s'exercer, et dont
le rapport sur le papier se ferait d'ailleurs comme
pour la figure 57. Nous supposerons, comme
on a fait pour la figure 57, que les figures 59,
60, 61, 62, 63, et 65, soient des terrains dont
il faille lever les plans; mais, afin de simplifier
les démonstrations, nous considèrerons ces figures comme représentant à la fois le terrain,
le canevas, et le plan.

Explication de la figure 59.

Après avoir examiné le terrain, faites-en le
croquis; et, après avoir fait placer des jalons
aux points **A, B, C, D,** faites mesurer les triangles **ABD, ACD,** et cotez exactement ces

(*) Nous démontrerons, dans la Trigonométrie, que dans un
triangle quelconque *les côtés sont proportionnels aux sinus des
angles qui leur sont opposés.*

mesures sur le canevas au fur et à mesure que
vous les obtenez sur le terrain.

Afin d'obtenir les courbes de la partie du
ruisseau DC, faites planter des jalons à tous
les angles saillans et rentrans du ruisseau, auxquels vous élèverez des perpendiculaires comme
on le voit en la figure. Lorsque les angles sont
un peu éloignés de la ligne de base, on se sert,
pour élever ces perpendiculaires, d'une équerre
d'arpenteur.

Il y a encore une autre manière que nous met-
tons souvent en usage : c'est (comme on le voit
en la figure) de former des triangles sur la ligne de base qui aient leurs sommets aux angles
principaux des ruisseaux, chemins ou rivières,
puis d'élever sur les côtés de ces triangles des
perpendiculaires avec un double mètre ; pour
obtenir les autres sinuosités des courbes.

Il sera facile, d'après la méthode indiquée pour
le rapport de la figure 57, de faire le plan de
celle-ci. Supposons maintenant que cette figure
soit le *canevas* sur lequel on aurait coté toutes
les mesures obtenues sur le terrain : tracez une
ligne AD, à laquelle vous donnerez pour longueur autant de parties de l'échelle que vous
aurez trouvé que cette ligne contient de mètres
sur le terrain; formez les triangles ABD et ACD,
comme on l'a fait pour la figure 58; et sur le
côté DC, rapportez les détails pris sur cette ligne. Pour avancer plus rapidement l'ouvrage,
on marque sur cette ligne tous les points desquels on a élevé des perpendiculaires; ensuite,
avec une règle et une équerre, on élève, à ces

points et sur cette ligne, des perpendiculaires
indéfinies auxquelles on donne des longueurs
proportionnelles; chacun des sommets de ces
perpendiculaires sera un des points de la courbe
du ruisseau : ainsi il sera facile de la tracer,
comme on le voit au plan de la figure 59.

On obtiendra d'autant plus exactement les
sinuosités de la courbe de ce ruisseau, qu'on
aura élevé un plus grand nombre de perpendiculaires à ses angles saillans et rentrans. Cette
remarque s'étendant à toutes les courbes des
chemins, rivières, terrains quelconques, nous
ne la répèterons plus.

Explication de la figure 60.

Mesurez les triangles CAB, CDB, dont vous
coterez les mesures sur un canevas; sur le côté
AC du premier triangle, marquez le point E;
figurez les haies et les arbres dans leurs places
respectives, tels qu'ils le sont sur la figure 60.
Pour faire le plan de cette figure, on rapportera
les deux triangles CAB, CDB, ainsi qu'on l'a
fait pour la figure 57, et l'on figurera les détails qui sont sur la ligne AC. L'inspection de
la figure 61, sur laquelle on a tracé les lignes
d'opération, suffit pour faire connaître la manière de le lever et de le rapporter sur le papier.

Explication de la figure 62.

Faites le croquis de cette figure comme à l'ordinaire; et, ayant fait placer des jalons aux angles les plus saillans du terrain, mesurez les côtés
des triangles ACB, CEB, et ADC; et sur le côté

AC de ce dernier triangle, marquez le point **F** de la courbe du terrain (on remarquera que les côtés AC et **CB** du triangle ACB servent de bases aux triangles **ADC** et **CEB**. On pourrait établir ainsi une suite de triangles sur les côtés de ces triangles *secondaires* et assujettis au triangle *primitif* ACB); sur AB levez la partie du ruisseau A**H**B; sur EB marquez la rencontre *d* de la courbe du terrain, et la perpendiculaire *ef*, la rencontre *c* du terrain, et enfin le point **E**; sur EC marquez le point de rencontre *b* du terrain, puis le point **C** ; sur CD élevez la perpendiculaire *gh,* marquez le point de rencontre *a* du terrain, élevez les perpendiculaires *ik*, *lm*, marquez la rencontre *n* du terrain, et enfin le point **D**. Le côté **DA** du triangle ADC est une des lignes du terrain. Mesurez aussi la diagonale ou la distance C**H**.

Nous ferons remarquer que les mesures partielles prises sur chacune des lignes AB, **BE**, EC, et CD, sur lesquelles on aura coté les détails, devront donner un résultat semblable au premier mesurage qu'on aura fait pour la construction des triangles qui servent de bases à cette figure.

Nota. On est dans l'usage de mesurer deux fois les grandes lignes d'opération. On les mesure d'abord sans interruption; ensuite on marque sur chacune d'elles les différens points de détail qui concourent à la formation du plan, comme on l'a vu pour les figures 59 et 62.

Pour faire le plan de cette figure, construisez par des points d'intersection les triangles ACB,

ADC, et CEB; élevez sur AB les perpendiculaires que vous aurez cotées sur le canevas, auxquelles vous donnerez des longueurs proportionnelles. Rapportez sur les autres lignes les
détails que vous aurez marqués sur le croquis,
c'est-à-dire les points de rencontre du terrain,
et les perpendiculaires que vous aurez élevées
aux courbes saillantes et rentrantes de ce terrain; et, traçant des lignes de ces points de
rencontre au sommet de chacune de ces perpendiculaires, vous aurez le plan de la figure
62. Cette explication se conçoit aisément à
l'examen de la figure.

Remarque. Cette figure fera sentir la nécessité de faire un croquis qui donne à peu près la
configuration du terrain. Par exemple, la partie
CD du contour de la figure indique que la
courbe C*ha* est saillante, et que la courbe
akmn rentre dans la figure.

On est souvent obligé d'élever des perpendiculaires tantôt à droite, et tantôt à gauche des lignes d'opération, et le croquis indiquant la
direction des perpendiculaires aide beaucoup
au rapport du plan.

Explication de la figure 63.

Après avoir fait le croquis de cette figure,
faites placer des jalons aux points C, E, F, K,
P, Q, V, et B; ensuite mesurez le côté BA du
terrain, cotez le point C dans l'alignement de
ED, et la longueur totale BA; sur CE cotez le
point D, alignez les points E et H en F; sur EF
cotez le point H, ainsi que les perpendiculaires

aux points **I** et **X**, puis la longueur totale **EF**, et mesurez la base **CF** du triangle **CEF**, commune au triangle **CFB**; mesurez le côté **BK**, ainsi que les deux autres côtés **BQ, KQ**, du triangle **KQB** (en mesurant **BK**, on aura coté le point **F**); mesurez également **BV** et **VQ**, et sur **BV** (*) élevez des perpendiculaires aux points **R, S, T, U**; cotez aussi la longueur du côté **QP** (la perpendiculaire au point **Y** et son prolongement au point **O**) du triangle **KPQ**, alignez ensemble les points **K, N, P**, et sur **PK** cotez la distance **PN**, ainsi que les perpendiculaires aux points **M, L**, et la longueur totale **PK**.

D'après ce que nous avons dit sur le rapport des plans levés à la chaîne, on n'éprouverait sans doute pas de difficultés pour construire celui de la figure 63; mais nous allons encore donner cette explication en faveur des commençans.

Tracez une ligne indéfinie à laquelle vous donnerez une longueur proportionnelle **BC**, et sur laquelle vous construirez le triangle **CFB**;

(*) Afin de marquer avec plus de justesse les mesures prises sur la ligne BV (ainsi des autres), on les cumule : par exemple, la distance de B à la perpendiculaire R est de 25 mèt., RS de 20 mèt., ST de 18 mèt., TU de 15 mèt., et UV de 33 mèt.
Vous prendrez sur l'échelle (fig. 55) 25 mèt. pour déterminer le point R, 45 mèt. pour le po'nt S, 63 mèt. pour le point T, 78 pour le point U, et 111 pour le point V, ou la longueur totale BV, et vous aurez tout ce qu'il faudra pour rapporter le plan de ce terrain.
Toutes ces mesures se trouveront ainsi cotées sur le canevas, si on les a prises de même sur le terrain, ce qu'il sera toujours très-facile de faire. Nous suivons ordinairement cette marche, comme étant la plus sûre et la plus expéditive.
Les figures 59, 60, 61, et 62, sont rapportées sur une échelle de 1/2000.

prolongez **BF** en **K**; sur **BK** formez le triangle **KQB**; sur le côté **BQ** construisez le triangle **BVQ**, et sur **KQ** faites le triangle **KPQ**; puis, ayant formé le triangle **CEF** sur le côté **CF**, vous aurez rapporté toutes les lignes nécessaires à la formation du plan. Nous passons aux détails.

Prolongez **BC** en **A**, et tracez **AD** et **DE** sur **EF**; déterminez le point **H** par la distance proportionnelle **EH**; élevez avec une équerre, et à leurs points respectifs, des perpendiculaires aux points **I** et **X**, auxquelles vous donnerez des longueurs proportionnelles qui détermineront ces points; puis tirez **HI**, **IX**, et **XK**; sur **BV** élevez des perpendiculaires aux points **R**, **S**, **T**, et **U**; ayant déterminé ces points, tirez **BR**, **RS**, **ST**, **TU** et **UV**. **VQ** est dans l'alignement du chemin : donnez la longueur du prolongement **PO**, et sur **QP** élevez une perpendiculaire au point **Y**, puis tracez **QY**, **YO**. Sur **PK** déterminez le point **N**, par la longueur proportionnelle **PN**, et élevez des perpendiculaires aux points **M**, **L**; puis tirez **ON**, **NM**, **ML**, et **LK**. Vous aurez alors rapporté le plan de la figure 63, avec tous ses détails.

Cette pièce de terre, levée en décembre 1824, est située sur le territoire de **Dijon**.

Voici la figure d'un pré situé près Dijon, *fig.* 65, qui est le résultat d'une leçon donnée en décembre 1824. Nous allons seulement expliquer d'une manière générale la construction des lignes qui ont servi de bases à l'opération, ainsi qu'au rapport du plan de cette figure.

Prolongez la ligne AC du terrain en B, où vous ferez placer un jalon (ainsi des autres points); sur AC déterminez les points K et C; du point K mesurez la ligne KM, sur laquelle vous co- terez le point L; du point M dirigez-vous sur le point B; de ce point mesurez BD, ensuite DE et EC; de là revenez au point A, et mesurez AI, IK, KL, et LI. On suppose qu'on aura élevé sur les côtés DB, BM, ML, et LI, des perpen- diculaires en nombre suffisant à toutes les si- nuosités de la rivière, ou au moins à ses prin- cipales courbes saillantes et rentrantes. On voit aussi que les points I, L, M, B, et D, ont été choisis de manière à ce que les lignes qu'ils dé- terminent se rapprochent de la rivière autant qu'il est possible, afin de rendre moins longues les perpendiculaires élevées à son contour. Le plan de cette figure se fera comme celui de la figure 63, c'est-à-dire que l'on construira d'a- bord le plus grand triangle KBM, et successive- ment les autres triangle secondaires dépendans du triangle primitif KBM; puis, rapportant les perpendiculaires sur les côtés IL, LM, MB, et BD, vous aurez le plan de la figure 65.

On pourrait aussi vérifier quelques diagonales dans la figure, comme BN ou DN, etc., aligner les points E et C en N sur le côté KM, coter la largeur CN, la distance NL, etc.

Ce que nous disons pour la vérification de cette figure doit s'appliquer à toutes les autres.

On a vu, par l'explication des figures 57, 59, 60, 62, 63, et 65, qu'on peut toujours obtenir le plan d'une figure quelconque lorsqu'on y

4*

peut entrer. Nous allons donner actuellement
quelques exemples de figures plus compliquées,
et la manière de lever les plans de plusieurs autres, dans lesquelles on ne peut entrer, en ne
se servant seulement que d'une chaîne, et dans
certains cas de l'équerre, comme on l'indiquera
pour la figure 68.

Explication de la figure 66.

Si un bois, un étang, un massif de maisons,
etc., se trouvent situés au milieu d'une plaine,
il sera toujours facile d'obtenir les plans de ces
figures, quoiqu'on ne puisse y entrer. Supposons qu'il faille lever le plan du bois représenté par la figure 66: déterminez la ligne AB,
aux extrémités de laquelle vous élèverez avec
une équerre les perpendiculaires AF, BK, et ce
bois se trouvera renfermé dans un rectangle
ABFB; ensuite déterminez sur ce rectangle des
lignes qui se rapprochent du bois, telles sont
CE, EG, etc.; vous formerez ainsi plusieurs triangles CAE, EFG, etc.; et sur les côtés CE,
EG, etc., vous élèverez des perpendiculaires
en aussi grande quantité qu'il sera nécessaire
pour obtenir toutes les sinuosités du bois; cotez
toutes ces mesures sur un canevas, et les distances AC, CD, DB, DM, etc.

Le rapport de cette figure se fera facilement.
Formez avec l'équerre et la règle un carré AFBK,
proportionné sur l'échelle de plan que vous
aurez adoptée. Déterminez par les mesures les
points G, E, C, D, etc.; et sur les lignes GE,

EC, etc., élevez des perpendiculaires auxquelles vous donnerez des longueurs proportionnelles : chacun des sommets des perpendiculaires sera une des sinuosités du bois, dont le plan se fera comme celui de la fig. 59 pour le côté **CD.**

On lèverait facilement aussi avec l'équerre les plans des figures 59, 60, 61, 62, 63, 65, et toutes autres dans lesquelles on pourra entrer (ou qui pourront être renfermées dans un rectangle, comme la figure 66, ou au moins par trois côtés du rectangle), en déterminant une base au milieu du terrain, et élevant des perpendiculaires aux angles saillans et rentrans de ces figures.

On pourrait d'abord élever des perpendiculaires aux angles les plus saillans ; ensuite mesurer les lignes déterminées par les sommets de ces perpendiculaires (les mêmes mesures serviront aussi à vérifier l'opération), et sur ces lignes secondaires obtenir, en élevant des perpendiculaires avec le double mètre, toutes les sinuosités du terrain. Cette méthode devrait être d'un grand usage, en ce qu'elle est prompte, et qu'elle donne un résultat satisfaisant. Cependant, si, en ne se servant que de la chaîne, on voulait lever les plans ainsi que nous l'avons supposé jusqu'à présent, il faudrait avoir soin de ne former sur le terrain aucun triangle bien aigu, parce que l'intersection se ferait moins exactement. Ainsi que nous l'avons déjà fait observer, il faut aussi mesurer les côtés des figures qu'on arpente, prendre plusieurs largeurs, et toutes les précautions nécessaires pour s'assurer, autant qu'il est possible, de l'exactitude de l'opération.

Explication de la figure 67.

La figure 67 représente une cour, deux maisons, et des murs de clôture.

Faites planter un piquet au point C dans l'alignement de AB; mesurez les côtés des triangles CAD et CBE. Sur CD marquez le point *h* du mur; sur CE marquez le point *i* (il faut aussi mesurer la distance *hi*), et le point F, qui est dans l'alignement du côté D*e* de la maison. Mesurez aussi F*e*, et *e*D, où FD, qui est l'un des côtés du triangle FDC. Ensuite, prolongez le côté AD en *d*, et cotez la mesure D*d*. Les mesures des deux côtés D*d* et D*e* de la maison (dont on a les directions et les mesures) doivent suffire, ce bâtiment étant rectangulaire. Sur *ge* marquez le point *f*; cotez aussi la distance *f*E. Sur le côté EB du triangle CBE, marquez les distances E*k*, et *kl*, et prenez la largeur de la petite maison adjacente au mur. Il sera bon aussi de mesurer la diagonale AE, la distance *ei*, et le prolongement du côté DF au mur de clôture, comme des moyens de vérification.

Voici la manière de faire le plan de cette figure.

Tracez une ligne indéfinie AB, à laquelle vous donnerez une longueur proportionnelle (*).

(*) Nous avertissons le lecteur que dorénavant, lorsqu'il s'agira d'un *plan*, il devra concevoir les mesures dont nous parlerons

Déterminez le point C par la mesure AC; du point C, et sur CB, rapportez le triangle CBE; du même point, et sur CA, construisez le triangle CAD.

Sur le rayon CE déterminez le point F par la longueur CF : vous aurez le triangle du milieu CDF. Le point F se trouvant dans la direction de la ligne D*e*, déterminez le point *e* par la distance F*e* : il restera *e*D pour la longueur de la maison. Prolongez le côté AD en *d*; au point *e*, et sur la ligne D*e*, élevez une perpendiculaire *eg*, parallèle à D*d*, de même longueur, et tracez *dg*: vous aurez le plan de la maison D*dge*. Sur *ge* marquez le point *f*, et, les points E, B, étant déterminés, tracez *f*E et EB; sur EB marquez les points *k* et *l*; de ces deux points élevez deux perpendiculaires dans la figure, auxquelles vous donnerez des longueurs proportionnelles (ayant égard à l'épaisseur du mur, qu'il faut ajouter); et à l'extrémité de ces perpendiculaires conduisez une ligne parallèle au mur, qui terminera le plan de cette maison. Sur CE marquez le point *i*, et tracez B*i*; sur CD déterminez le point *h*; tirez A*h*, et vous aurez le plan de la figure 67. Mais il sera bon de vérifier sur le plan la longueur de la diagonale AE, la distance *ei*, le prolongement du côté DF au mur, et la largeur *hi* de la porte d'entrée.

comme étant toutes réduites sur une échelle proportionnelle. Cette remarque est pour éviter de répéter des expressions qui reviendraient trop souvent, et qui pourraient nuire à la clarté du style.

Explication de la figure 68.

(L'explication de cette figure donnera un exemple de la méthode indiquée à la page 83 ci-devant.)

Déterminez au milieu du terrain une base
AB ; faites placer des jalons aux principaux
sommets des courbes, comme aux points u, g,
h, etc. ; prolongez la base **AB** en a, et élevez
les perpendiculaires (*) av, xy; puis, vous
dirigeant vers **B**, élevez les perpendiculaires
tu, de, sg, qr, op, mh, lK, Bi; et, prolongeant **AB** en b, élevez la perpendiculaire bc :
ces principales perpendiculaires doivent être
élevées avec une équerre.

Ensuite mesurez les lignes vu, ug, gh,
Bi (cette ligne sera mesurée deux fois, à cause
des points de détail qu'on doit marquer), iK
[il sera bon aussi de mesurer la distance **KB**],
re, et ey.

Sur ces lignes secondaires, déterminées par
les sommets des principales perpendiculaires,
élevez-en d'autres à toutes les sinuosités du
terrain, et en tel nombre qu'il sera nécessaire
pour obtenir exactement tous les contours de
cette figure.

Il est évident que les mesures de ces lignes
secondaires sont une vérification de la première
opération.

(*) Lorsque les perpendiculaires sont courtes, on se sert, pour
les élever, d'un *double mètre*, qui est une règle longue de *deux
mètres*, et divisée en parties égales, que l'on pose de manière à
former un angle droit avec la chaîne, et sur le point où l'on élève
la perpendiculaire : ce procédé est aussi prompt que commode.

Nous ferons aussi remarquer qu'on peut prolonger les perpendiculaires à droite et à gauche de la ligne de base : telle est la perpendiculaire *df* prolongée au point *e*. On obtient en
même temps une des largeurs *ef* du terrain;
mais pour la *rapporter* il faut prendre partiel-
lement les longueurs *df* et *de*.

Cela étant fait, vous vérifierez les largeurs *u*F,
*g*C, **ED** et *h*K, et l'opération sera terminée.

Remarque. Afin d'éviter la confusion dans
les mesures à coter sur le canévas, on pourrait
d'abord figurer et lever tous les détails du terrain de la partie à droite, par exemple, dė la
ligne de base, mesurer une seconde fois la même
base **AB**, et employer les mêmes procédés pour
la partie du plan à gauche de cette ligne.

1.º Pour faire le plan de cette figure, tracez une indéfinie **AB**, à laquelle vous donnerez
une longueur proportionnelle prolongée en *a*
et *b*. 2.º Marquez sur cette ligne les points *x*,
t, d, s, q, o, m, l, et **B**; et de ces points élé-
vez, avec la règle et l'équerre, des perpendiculaires indéfinies, auxquelles vous donnerez des
longueurs proportionnelles. 3.º Liez par des
droites les points de tous les sommets de ces
perpendiculaires : vous déterminerez ainsi les
lignes *vu*, *ug*, *gh*, etc. 4.º Sur ces lignes
secondaires marquez les points de toutes les perpendiculaires que vous aurez élevées aux sinuosités du terrain, que vous déterminerez, comme
à l'ordinaire, par des longueurs proportionnelles;
puis, joignant les points des sommets de ces der-

nières perpendiculaires, vous obtiendrez le plan géométrique de la figure 68, dont on pourra vérifier les distances proportionnelles uF, gC, ED, etc.

Nota. On voit qu'on a suivi dans le rapport de la figure 68 la même marche qu'on a indiquée pour faire l'opération du terrain.

Explication de la figure 69.

Voici une manière commode pour lever sans instrument le plan d'un étang, mare, etc. Après avoir fait le croquis de l'étang représenté par la figure 69, déterminez les lignes AB, BL, LG, GA, autour de l'étang; vous mesurerez les côtés AC, CE et EA du triangle CAE; vous en connaîtrez les angles par le rapport. Faites de même pour les triangles DBK, KLI, HGF; vous déterminerez ainsi les angles A, B, L, G, et par conséquent les directions respectives des lignes AB, BL, LG, GA (dont on cotera les longueurs), qui seront déterminées par les prolongemens des côtés AC, BK, LI, GE (8); ensuite vous élèverez des perpendiculaires sur ces lignes, ou sur d'autres auxiliaires, comme FH, EC, etc. (la première est la corde (22) de l'angle HGF, et la seconde celle de l'angle CAE.), pour obtenir les sinuosités de l'étang.

Nous ferons observer, 1.º qu'il faut prendre les parties AC, AE (ainsi des autres triangles), les plus longues, et leurs extrémités C, E, les plus écartées qu'il sera possible; 2.º que, pour déterminer les angles, il faut rapporter les lignes qui les forment sur une échelle d'une grande dimension. Ils pourraient ensuite être mesurés avec un rapporteur.

Le rapport de cette opération se fera facilement. Tracez une ligne AB, à laquelle vous donnerez une longueur proportionnelle ; formez les triangles AEC, DKB ; prolongez BK en L, et AE en G : vous aurez les lignes BL, GL, dont vous vérifierez les longueurs proportion-, nelles; vous déterminerez sur ces lignes toutes celles que vous aurez mesurées sur le terrain; vous élèverez sur celles-ci des perpendiculaires avec une règle et une équerre, ainsi qu'on l'a fait pour la figure 66, et vous aurez le plan de la figure 69. On aurait pu aussi renfermer cette figure dans un rectangle.

Remarquez que vous connaîtrez par l'échelle les distances MF, DI, ou quelques autres que ce. soit, désignées sur les prolongemens des côtés des triangles. C'est pourquoi, s'il s'agit de connaître la distance AB, *fig.* 70, il suffit, d'un point C pris à volonté, de mesurer les deux lignes CA, CB (sur lesquelles vous marquerez les points D et E), et la transversale DE. Cela fait, vous rapporterez sur le papier le triangle ECD par les procédés ordinaires; vous donnerez à leurs prolongemens DA, EB, des longueurs proportionnelles, et vous connaîtrez AB (47 mètres) sur l'échelle du plan, *fig.* 35. Nous ferons pour cette figure les mêmes observations que nous avons faites pour la précédente, relativement aux triangles et à la grandeur de l'échelle du plan.

Voici une autre méthode dont le principe

repose sur les lignes proportionnelles, afin de connaître la distance du point **D** au point **E**, figure 70 *bis*, supposant une mare entre ces points. Il faut s'écarter en **A**, mesurer de **A** à **B**, et de **B** à **C**, en faisant l'angle **B** droit ; mesurer ensuite de **B** à **D**. De ces trois mesures connues, que nous supposons 24, 12 et 15 mètres, il faut additionner 15 et 24, qui font 39, et l'on aura la proportion suivante :

$$24 : 12 :: 39 : X.$$

ce qui exprime la distance du point **D** au point **E** ; le quatrième terme donne 19 mètres 5 dixièmes pour cette distance.

Par une seconde proportion vous obtiendrez la distance **FG** (supposant encore entre ces deux points quelque autre obstacle), en disant :

AB + BD ou 39 : **DE** ou 19,5 :: **AB + BD + DF** ou 66 : **X** ou à **FG**

ou, plus simplement,

$$39 : 19,5 :: 66 : X$$

Le quatrième donne 33 pour la distance **FG**.

Par une troisième proportion, on aura de même la distance **HI**, en disant :

AF 66 : **FG** 33 :: **AH** 125 : **HI**

ou simplement,

$$66 : 33 :: 125 : X.$$

Le quatrième terme donne 62 mètres 5 dixièmes pour la distance **HI**.

L'échelle de la fig. 70 *bis* est la figure 35.

On voit qu'il est toujours possible d'obtenir par analogie les mesures inconnues par les mesures que l'on connaît.

Les carrés des deux côtés du triangle rectangle qui embrassent l'angle droit, *fig.* 70 *bis*, étant ensemble égaux à celui du côté opposé au même angle, il s'ensuit que, pour connaître l'éloignement du point A au point I, il faut extraire ensemble la racine des carrés AH et HI. Cette racine sera là distance du point I au point A.

Explication de la figure 84.

Il arrive souvent que des obstacles s'opposent à ce qu'on puisse prolonger suffisamment les lignes d'opération, comme on l'a fait pour la figure 69. Alors on pourra opérer de la manière suivante avec une équerre.

Supposez que la figure 84 soit un étang qui se trouve dans le cas dont il s'agit : déterminez une ligne GH, aux extrémités de laquelle vous élèverez deux perpendiculaires HI, GF; sur HI élevez la perpendiculaire IK, et sur celle-ci la perpendiculaire KL, qui servira elle-même de base à la perpendiculaire LM; continuez ainsi, en faisant le tour de l'étang; et si vous avez bien opéré (et que l'équerre soit juste), le rayon visuel ou la perpendiculaire élevée du point E sur la ligne DE passera par le point F.

Sur ces lignes, considérées comme bases, vous obtiendrez les sinuosités de l'étang suivant la manière indiquée dans l'explication de la figure 66.

Le rapport de cette opération est si facile, qu'on en concevra le procédé à la seule inspection de la figure. Il consiste à tracer avec la règle et l'équerre des perpendiculaires l'une sur l'autre, auxquelles on donne des mesures proportionnelles. La direction de la dernière perpendiculaire devra, comme sur le terrain, passer par le point **F**, si l'on a pris pour base la ligne **GH**, et commencé le rapport du plan par la perpendiculaire **HI**.

Explication de la figure 85.

Nous allons encore donner un exemple de la manière de lever le plan d'une figure dans laquelle on ne peut entrer.

Supposez que la figure 85 soit un massif, un bois impénétrable, etc., et qu'il faille en lever le plan avec une chaîne seulement.

Mesurez les longueurs des lignes **AB**, **BC**, etc., du polygone ou de la figure 85; ensuite prolongez suffisamment les côtés **GA** en a, **BA** en b, **CB** en c, **AB** en d, etc.

On a vu (44) que les angles opposés au sommet sont égaux : donc, si l'on mesure les prolongemens Ab, Aa, Bc, Bd, etc., et les lignes ba, cd, etc., on pourra toujours rapporter les angles **BAG** égal à bAa, et **ABC** égal à cBd. Il en est de même pour tous les angles saillans de ce polygone (comme on le verra dans le rapport de la figure). Quant à l'angle rentrant **BCD**, ne pouvant prolonger ses côtés **BC**, **CD**, dans l'intérieur de la figure, on en prendra les mesures, et la longueur **BD** comprise entre l'extrémité de ces côtés.

On remarquera que, si l'on faisait Ab égal en longueur à **AB**, et Aa égal en longueur à **AG**, on formerait sur le terrain un triangle semblable à **BAG** (page 47), ce qui vaudrait mieux pour le rapport du plan, et ce qu'il faudra toujours faire si aucun obstacle ne s'y oppose.

.Pour faire le plan de cette figure (qu'il faudra rédiger dans un rapport un peu grand afin de mieux déterminer les angles), tracez une indéfinie **AB**, à laquelle vous donnerez une longueur proportionnelle; prolongez **AB** en b et d, et donnez à ces prolongemens leurs longueurs respectives. Du point **A** pris pour centre, et d'un rayon égal à Aa, décrivez un arc vers a; puis, du point b et d'un rayon égal à ba, décrivez un arc qui coupera le premier au point a. Faites de même aux points **B** et d; ensuite prolongez le côté a**A** (du triangle a**A**b) en **G**, et donnez à ce prolongement la longueur proportionnelle **AG**; prolongez c**B** en **C**, et donnez à ce prolongement la longueur **BC**. Du point **C** pris pour centre, et d'un rayon égal à la longueur **CD**, décrivez un arc vers **D**; puis, du point **B** et d'un rayon égal à **BD**, décrivez un arc qui coupera le premier au point **D**; prolongez **CD** en f, et donnez à ce prolongement une longueur proportionnelle qui déterminera le point f. De ce point, et d'un rayon égal à fe, décrivez un arc vers e, et du point **D** un autre arc dont la section déterminera le point e; prolongez e**D** en **E**, faites ce prolongement égal à la mesure **DE** : vous déterminerez le point **E**; prolongez **DE** en h, et,

des points E et *h* pris successivement pour centres, décrivez deux arcs proportionnels dont
la section déterminera le point *g ;* prolongez
*g*E en F, donnez à ce prolongement une longueur réduite égale à EF, et vous aurez déterminé le point F; prolongez EF en K, et, ayant
déterminé le point K par la longueur FK, des
points F et K pris successivement pour centres, décrivez deux arcs proportionnels dont
la commune section déterminera le point
i ; prolongez *i*F en G : ce dernier prolongement, ou la direction *i*F, doit passer par le point
G déterminé, et la longueur GF doit être proportionnelle à celle du terrain (ainsi que tous
les autres côtés du polygone). C'est ce qu'on
appelle *fermer un plan.*

On voit, sans qu'il soit besoin d'en donner
la démonstration, qu'il est avantageux de prendre les prolongemens A*b*, A*a*, etc., les plus
grands qu'il sera possible (s'ils n'égalent pas
les côtés prolongés), puisqu'ils doivent déterminer les lignes qui forment le polygone.

On espère qu'au moyen des explications que
nous venons de donner, on sera à même de lever les plans de toutes sortes de figures avec
une chaîne seulement, ou avec la chaîne et l'é-
querre. Il pourrait encore se présenter quelques obstacles imprévus, et qu'il est impossible de faire connaître en détail dans un abrégé,
puisque le traité le plus complet ne peut les
prévoir tous; mais avec l'usage et le raison-
nement on parviendra toujours à résoudre ces
sortes de problèmes.

Nous avons enseigné particulièrement la manière de lever les plans avec une chaîne et par des points d'intersection, parce que ce procédé, étant aussi prompt que commode, doit être aussi d'un grand usage, cependant en ayant égard au choix des triangles, comme nous l'avons déjà dit (*page* 78).

Mais lorsque les figures sont d'une grande étendue, ou lorsqu'on ne peut y entrer, il est souvent plus expéditif de se servir d'un instrument pour mesurer les angles : ainsi nous allons actuellement faire connaître l'usage des principaux instrumens de géométrie dont on se sert pour lever les plans.

USAGE DE LA BOUSSOLE.

Voyez la description de cet instrument (*page* 31).

« L'usage de la boussole est fondé sur la pro-
» priété qu'a l'aiguille de rester constamment
» dans une même position, ou d'y revenir
» quand elle en a été écartée (du moins dans
» un même lieu, et pendant un assez long inter-
» valle de temps) : d'où il suit que, si l'on fait
» tourner la boîte de la boussole, on pourra ju-
» ger de la quantité dont elle aura tourné, en
» comparant le point de la graduation auquel
» l'aiguille répondra, à celui auquel elle répon-
» dait d'abord. » (*Bezout, Cours de Math.*,
t. 1.)

Exemple. Supposons que la pinnule AB, *fig.*
29, soit dirigée le long de AC, *fig.* 71, et que

la pointe de l'aiguille aimantée marque 360 degrés ou zéro. Si du même point **A** vous dirigez
la pinnule sur **AD**, et que l'aiguille s'arrête sur
30 degrés, cette ligne déclinera d'autant de degrés, par rapport à la ligne **AB** ou **AC**, comme
la ligne **AE** déclinera de 50 degrés par rapport
à la première ligne, et de 20 degrés par rapport
à la seconde; **AF** déclinera de 70 degrés par rapport à la première ligne, de 40 degrés à l'égard
de la seconde, et de 20 degrés par rapport à la
troisième, etc. On fera observer que lorsqu'on
dirige la visière à gauche, et que la pointe de l'aiguille aimantée marque 30 degrés, comme dans
cet exemple, cette aiguille, qui est immobile,
marquera ces 30 degrés à droite de la ligne nord-
sud, tracée au fond de la boîte de la boussole,
et parallèle à la visière; de même que si vous la
dirigez à droite, elle marquera 330 degrés, ou
30 degrés depuis zéro, allant à gauche.

« On applique ordinairement une boussole
» au graphomètre (voyez la figure 32), non
» dans la vue de suppléer au graphomètre, mais
» pour *orienter* les objets, c'est-à-dire pour
» connaître, à environ un demi-degré près, leur
» position à l'égard des quatre *points cardinaux,*
» ou à l'égard de la ligne *nord-sud,* avec la-
» quelle l'aiguille aimantée fait constamment
» le même angle dans un même lieu, du moins
» pendant environ une année.

» La boussole est employée aux mêmes usages
» que le graphomètre, c'est-à-dire à la me-
» sure des angles; mais plusieurs raisons ne
» permettent pas de donner beaucoup de lon-

» gueur à l'aiguille : les degrés de la graduation
» occupent trop peu d'étendue sur l'instrument
» pour qu'on puisse mesurer les angles avec au-
» tant de précision qu'avec le graphomètre;
» c'est ce qui fait qu'on n'emploie la boussole
» que pour déterminer les points de détail d'un
» plan ou d'une carte » (*Bezout*) dont les
points principaux auront été déterminés par les
moyens que nous indiquerons dans la *troisième*
partie de cet ouvrage.

Cependant on se sert ordinairement de cet instrument pour lever les plans des bois, des rivières, étangs, etc., etc.; nous avons même levé
avec la boussole les plans de plusieurs villages;
mais le graphomètre doit être employé préférablement pour les raisons ci-dessus, et à cause du
fer qui peut se rencontrer dans les lieux où l'on
est obligé de placer la boussole (*).

Lorsqu'on opère avec cet instrument, il faut
lui donner une position horizontale, et pointer
constamment du même côté, pour éviter toute
méprise, c'est-à-dire amener toujours l'alidade
à sa gauche ou à sa droite (on est dans l'usage
de l'amener à sa droite); on compte ensuite les
degrés consécutivement depuis zéro jusqu'à 360.

LEVER UN PLAN AVEC LA BOUSSOLE.

Supposons qu'il faille lever le plan du marais
ABCDE, *fig.* 72 : faites planter aux points d'a-

(*) Il faut avoir soin de ne pas approcher la chaîne de la boussole, parce que son voisinage pourrait faire varier l'aiguille aimantée.

lignement des jalons bien d'aplomb; placez la
boussole (sur son pied comme le graphomètre,
fig. 32) au point **A**, de manière qu'elle soit
dans une situation horizontale; dirigez la visière
AB (*), *fig.* 29, le long de **AB**, *fig.* 72; si la
pointe de l'aiguille aimantée marque 291 degrés
pour **AB**, et que la longueur de cette ligne soit
de 87 mètres, cotez ces mesures sur un canevas;
transportez la boussole au point **B**; prenez également la déclinaison et la longueur de la ligne
BC; continuez de même, en faisant le tour de la
figure, et en revenant au point **A**, en ayant soin
d'écrire exactement sur chaque ligne le nombre
de degrés que marquera l'aiguille lorsqu'elle sera
arrêtée, ainsi que les longueurs de ces lignes,
comme on le voit en la figure 72. Afin de s'assurer de la situation respective des points principaux de cette figure, il conviendra de diriger
des rayons, par exemple, du point **E** aux points
C et **B**, etc.

Avant d'indiquer la méthode de faire le plan
de la figure 72, nous ferons remarquer que l'on
n'obtient avec la boussole que les supplémens des
angles.

Exemple. Si du point **A**, *fig.* 73, vous dirigez la visière le long de **AB**, ensuite sur **AC**, et
que la pointe de l'aiguille aimantée s'arrête sur
le 30.ᵉ degré pour la première direction, et sur
le 320.ᵉ degré pour la seconde, soustrayez,

(*) Il ne faut prendre les degrés qu'avec la pointe nord de l'aiguille aimantée, afin d'éviter les erreurs.

1.º 180 degrés de 320 degrés (*); 2.º 30 degrés de 140 degrés; ou, ce qui revient au même, ôtez 210 degrés de 320 degrés : il restera 110 degrés, qui seront le supplément (21) de l'angle BAC, de 70 degrés.

Nous allons maintenant appliquer cet exemple à la figure 72, et donner la preuve *des angles observés.*

Ecrivez de la manière suivante tous les angles que vous aurez observés avec la boussole, et soustrayez le moindre du plus grand.

Angles observés.	*Angles soustraits.*
AB.... 291 degrés.	
BC.... 222	69 degrés.
CD.... 160	62
DE.... 120	40
EA.... 21	99

Pour obtenir le supplément de l'angle A, il faut ajouter 180 degrés à 21 degrés, ou la direction de A en E, qu'on retranchera de 291 degrés, direction de AB : il restera 90.

Nota. On fera l'addition des degrés, et l'on aura 360 degrés.

On remarquera 1.º que les angles soustraits donnent les angles extérieurs; 2.º que leurs supplémens sont les angles réels de la figure; 3.º que les premiers valent 360 degrés (58); et 4.º que les seconds valent 540 degrés (57).

(*) On fera observer que si l'on eût pris la direction de C en A, on n'aurait obtenu que 140 degrés, ou une différence d'une demi-circonférence, dont on aurait retranché 30 degrés : la différence serait toujours de 110 degrés, valeur de l'angle CAD, supplément de l'angle BAC.

Connaissant les angles réels de cette figure,
on pourrait en faire le plan par le moyen d'un
rapporteur, suivant la méthode indiquée au
troisième problème; mais nous allons donner
une manière plus prompte et plus exacte, en ce
que le rayon du rapporteur est ordinairement
trop petit pour qu'on puisse apporter beaucoup
de précision dans le rapport des angles.

Rapport du plan de la figure 72.

Prenez un rayon de 60 parties sur les cordes
qui sont tracées sur le compas de proportion, *fig.*
37 (*) [voyez la note (*) page 38]; décrivez avec
ce rayon une circonférence DCEB, *fig.* 74; divisez-la en quatre parties égales : ce cercle représentera la boussole, *fig.* 29; remarquez que
les degrés sont cotés sur le limbe de cet instrument, en partant de 360 degrés, et en allant
à droite (voyez la description de cet instrument, page 24) : ainsi vous avez 90 degrés à
droite, et 270 degrés à gauche; mais, afin de
rapporter les angles observés, écrivez 270 degrés
à droite, et 90 deg. à gauche, ayant le nord ou
360 degrés devant vous, ainsi qu'ils sont marqués dans la figure (la raison en est dans l'explication de la figure 71) : alors le rapport du plan
de cette figure sera facile. Vous marquerez sur
la circonférence, en partant du point de 360

___
(*) On voit que la grandeur du rayon des cordes est arbitraire,
puisqu'il est le rayon d'une circonférence à laquelle on peut donner
telle dimension qu'on jugera convenable. On peut aussi, pour plus
de commodité, tracer les parties des cordes sur la même règle où est
gravée l'échelle de proportion.

degrés, les parties des cordes de tous les degrés
que vous aurez obtenus sur le terrain (et tels
que vous les aurez observés), en faisant le tour de
cette circonférence, et revenant au point de départ ; ensuite, de chacun des points de ces degrés, et avec le point central du cercle, vous
tracerez des parallèles auxquelles vous donnerez
autant de parties de l'échelle que vous aurez
trouvé que ces lignes contiendront de mesures.

Exemple. Ayant marqué sur la circonférence les points des degrés dont il s'agit (et que
nous avons cotés et numérotés dans le même
ordre qu'on les a observés, pour rendre la démonstration plus sensible), posez une équerre
sur le point F et sur celui du n.º 1 (*); faites glisser
cette équerre le long d'une règle au point où
vous voulez commencer le plan (dans cet exemple au .point A, *fig.* 72), et tracez au crayon
une ligne indéfinie parallèle au point F et à celui
du n.º 1.ᵉʳ, à laquelle vous donnerez 87 parties
de l'échelle pour déterminer la longueur de la
ligne AB (la *fig.* 72 est rédigée sur l'échelle du
cadastre, *fig.* 35); menez également au point B
une ligne parallèle avec le point central et celui
du n.º 2, à laquelle vous donnerez 70 parties de l'é-
chelle pour déterminer la longueur de la ligne

(*) Remarquez que vous formez constamment avec la ligne CB,
qui représente le nord-sud, des angles ou des supplémens semblables à ceux que vous avez observés : la direction des lignes du plan
dépend donc de celle que vous donnez à la ligne *qui représente le
nord*. Alors il faudra disposer cette ligne de manière que le plan
puisse être décrit sur la feuille sur laquelle vous vous proposes de le
rédiger, en calculant la dimension que vous voudrez lui donner.
Les lignes du périmètre de la figure 72 sont parallèles aux directions qui servent à en former le plan.

BC, et ainsi de suite pour les autres lignes **CD**, **DE** et **EA**; lorsque vous aurez rapporté la direction de la ligne **DE**, et déterminé sa longueur, vous devrez trouver entre les points **A** et **E** 125 parties de l'échelle, et la dernière direction **EA** ou **AE** (les angles opposés aux sommets étant égaux), parallèle au point central **F** et à celui du n.° 5, devra passer exactement par les deux points **A** et **E**, ce qui arrivera toujours, ou à peu de chose près, si vous n'avez point commis d'erreurs dans le cours de votre opération ou au cabinet : c'est ce qu'on appelle *la fermeture* du plan.

On peut aussi se servir d'un rapporteur pour rapporter les degrés observés à la boussole. Placez le point central du rapporteur sur le milieu **F** d'une ligne **CB**, *fig.* 74, et son diamètre sur **FB**, **FC**; marquez autour de son demi-cercle les points des degrés observés, et menez avec l'équerre et la règle des lignes parallèles à ces points et au point central, auxquelles vous donnerez des longueurs proportionnelles, comme on l'a fait ci-dessus pour la fig. 72.

Nous allons donner encore quelques exemples sur lesquels on pourra s'exercer.

Lever le plan de la figure 64 avec la boussole.

Supposons qu'il faille lever avec une boussole le plan du terrain représenté par la fig. 64 : faites planter des jalons aux principaux angles saillans et rentrans de ce terrain; placez la boussole au point **A**; de ce point, prenez les directions **AB**, **AI**, **AG**, cette dernière comme

' moyen de vérification seulement, et mesurez AB;
transportez la boussole au point B; de ce point
prenez les directions BG, BD, et BC; mesurez
ensuite BC. Du point C, prenez les directions CG
et CD; mesurez CD; et du point D prenez la direction et la longueur DI, et mesurez IA.

Sur ces lignes ou directions principales AB,
BC, etc., qui forment le polygone ABCDI, élevez des perpendiculaires aux sinuosités du chemin et du terrain, comme on le voit en la figure;
prolongez aussi la ligne AB en K, et marquez
la rencontre de ce point sur la ligne CD.

Ayant aussi déterminé sur les lignes DI, BC,
les points E, G, F, H, mesurez les largeurs
EF, GH, ainsi que la longueur de la diagonale
CG : l'opération du terrain sera terminée.

Nous indiquons les angles (ou directions)
et les longueurs des lignes *du périmètre* (*) de
cette figure, afin qu'on puisse la rapporter soi-
même suivant la méthode indiquée pour la figure
72.

Degrés.		Longueurs.
AB.... 106	30 —	65,5
BC.... 119	» —	102,2
CD.... 50	» —	0,5
DI.... 318	» —	160,7
IA.... 226	30 —	157

Ayant rapporté le périmètre de cette fig. (**).

(*) Le contour de la figure.
(**) S'il arrivait que la dernière longueur proportionnelle IA, qui
doit fermer le plan, fût un peu plus longue ou un peu plus courte,

vous déterminerez sur les lignes **DI, CH,** les points **E, G, F, H;** vous prolongerez la ligne **AB** en **K;** vous vérifierez la longueur du prolongement **HK,** la distance proportionnelle **CK** sur la ligne **CD,** les largeurs **EF, GH,** et la longueur de la diagonale **CG** (*).

Ces vérifications étant faites, vous déterminerez sur les lignes **AB, BC,** etc., les points de toutes les perpendiculaires que vous aurez mesurées sur le terrain, desquels vous élèverez, avec la règle et l'équerre, des perpendiculaires indéfinies auxquelles vous donnerez des longueurs proportionnelles : et, réunissant par des lignes droites les extrémités de ces perpendiculaires, vous aurez le plan du terrain représenté par la figure 64.

Nous allons encore indiquer une autre manière qui exige peu de préparation. Nous prendrons pour exemple la figure 57. Placez la boussole en un point **I** au milieu du terrain **ABCFED,** de manière à ce que vous puissiez apercevoir les jalons ou signaux que vous aurez fait planter aux points désignés par les lettres ci-dessus (on suppose que le terrain soit libre), et auxquels vous dirigerez des rayons dont vous coterez les degrés et les longueurs.

---

il faudrait compenser proportionnellement cette différence sur chaque ligne du plan, afin de la rendre moins sensible.

Nous avertissons que cette figure, qui fait partie du terrier du domaine de M. le comte de B... à Mirebeau, s'est exactement fermée sous les deux rapports des directions et des longueurs.

(*) On voit encore ici qu'il est important de faire un bon figuré du terrain dont on veut lever le plan : on y tracera les directions visuelles de toutes les lignes dont on prendra la déclinaison

Le rapport de cette figure se fera promptement : vous placerez un rapporteur sur une ligne quelconque (le demi-cercle doit être tourné à gauche), qui représentera la ligne *nord* de la boussole; vous marquerez un point sur cette ligne qui correspondra à l'échancrure du rapporteur, et autour de son demi-cercle tous les points des rayons observés; ensuite, du point marqué sur la ligne, pris pour centre, vous tracerez aux points de direction des rayons indéfinis, auxquels vous donnerez des longueurs proportionnelles; chacune des extrémités de ces rayons sera un des points du terrain. On voit donc qu'on en pourrait former le plan lors même qu'on n'aurait pas les longueurs des côtés **AB, BC,** etc.; mais il faut toujours les faire mesurer pour plus d'exactitude, et acquérir la preuve de l'opération (vous formerez ainsi des triangles dont vous connaîtrez les côtés, et qui auront tous leur sommet en un centre commun); on ne les a point tracés, pour éviter la confusion, mais on les concevra facilement.

Supposons maintenant que la figure **57** soit un bois dont il faille lever le plan : on emploierait d'abord les mêmes procédés qu'on a expliqués pour la fig. **72**; et, comme ordinairement les bois sont des figures fort irrégulières, on lèvera les sinuosités sur les lignes de base qui le circonscrivent; mais, afin de s'assurer de l'exac-

---

(ou les angles). Cette préparation sera très-essentielle pour le rapport du plan, et avancera plus rapidement l'ouvrage. Qu'il s'agisse, par exemple, de rapporter la direction HK, *fig.* 64: comme elle serait la même du point H à droite que du même point à gauche, le figuré vous indique la direction de cette ligne.

litude de l'opération, il faudra (si cela est possible) lever quelques lignes dans l'intérieur du bois, et faire accorder l'extrémité de ces lignes avec des points déterminés sur les lignes de base extérieures.

Exemple. Ayant choisi pour point de départ le point **D**, on prendra la direction et la longueur de la ligne **DA**; on fera de même pour **AB**; on plantera un piquet au point **B**, à la rencontre de la charière; on plantera un second piquet au point **C**, et sur la ligne **CF** on déterminera le point **G** (par la distance **CG**), auquel on plantera un piquet; et, étant parvenu au point **E**, on déterminera le point **H** sur la ligne **ED**; ensuite on placera la boussole à l'un des points qu'on aura déterminés, comme au point **H**, d'où l'on prendra les directions et les longueurs successives de la partie **HI** de la charière, et l'on plantera un piquet au point **I**, duquel on partira pour lever successivement les lignes **IB**, **IC**, **IG**.

L'opération sur les lieux étant terminée, on rapportera le plan de la figure 57 comme on l'a fait pour la figure 72; ensuite on déterminera le point **H** par la longueur proportionnelle **EH**, ou **HD**; de ce point on rapportera les directions et les longueurs successives de la ligne **HI**, et du point **I** celles des lignes **IB**, **IC**, **IG**, en remarquant si leurs extrémités **B**, **C**, **G**, correspondent avec les points que l'on aura déterminés par les mesures proportionnelles (ces points seront marqués sur le canevas, ainsi qu'on l'a expliqué ci-dessus); ensuite on rapportera les détails pris sur les lignes DA, AB, etc., et l'on aura formé le plan du bois avec tous ses détails.

On est souvent obligé de lever des plans qui ne se *ferment point :* tels sont les plans des rivières, canaux, routes, etc. Dans ce cas, voici un moyen qu'on peut employer pour s'assurer, autant qu'il est possible, de la justesse de l'opération. Si vous avez observé les directions AB, BD, DE, etc., *fig.* 75, marquez sur un second canevas les directions inverses BA, DB ED, etc., (c'est-à-dire les directions prises de B en A, de D en B, etc. : chacune de ces directions différera des précédentes de 180 degrés, ou d'une demi-circonférence); et faites aussi mesurer deux fois les grandes lignes qui seront les bases de votre opération : vous rapporterez, 1.º les lignes d'opération de A allant à F; et 2.º les directions en sens contraire de F allant à A, et les mesures respectives de ces lignes.

Ces deux résultats doivent être semblables.

On pourrait aussi observer des signaux ou objets remarquables à droite ou à gauche d'une des rives de la rivière, auxquels on adresserait des rayons des points de station d'où ils seraient aperçus.

Dans le rapport du plan, tous ces rayons doivent passer par les points observés.

LEVER LE PLAN D'UNE RIVIÈRE.

Faites placer des jalons aux principaux angles saillans et rentrans de la rivière, comme aux points A, B, D, E, etc., *fig.* 75; placez la

boussole au point **A**; et, ayant dirigé l'alidade sur
le jalon **B**, vous écrirez sur un canevas le degré
que la pointe nord de l'aiguille aura marqué
pour cette direction. Faites mesurer **AB**, dont
vous coterez la longueur; ensuite, ayant transporté la boussole au point **B**, prenez la direction
BD comme vous l'avez fait pour **AB**, en suivant
le même procédé pour les directions des lignes
DE, **EF**, etc., en cotant exactement les degrés
et les longueurs relatifs à chacune de ces lignes.

Il est bien entendu que vous élèverez sur ces
bases partielles des perpendiculaires aux sinuosités de la rivière. Toutes ces mesures doivent être
cotées sur le canevas ou croquis d'opération.

Après avoir indiqué la manière de rapporter
les directions de la boussole, il ne nous reste
guère à dire sur le rapport de cette figure : car,
ayant décrit un cercle d'un rayon de 60 parties
pris sur les cordes, et ayant orienté (ou fait accorder) la première direction **AB** avec le point
central de la circonférence (*voy. figure* 72), on
rapportera les directions **AB**, **BD**, **DE**, etc., auxquelles on donnera des longueurs proportionnelles sur lesquelles on élèvera avec l'équerre
des perpendiculaires, ainsi qu'on l'a indiqué pour
la figure 64.

On obtiendra aussi la représentation des
points **G** et **H** en rapportant les directions **BG**
et **CG**, **IH** et **EH**, ou bien les triangles **CHB** et
EIH, et l'on aura le plan de la figure 75, qu'on
pourra aussi construire avec un rapporteur.

Si les largeurs de la rivière varient sensiblement, on observera plusieurs points sur la

rive opposée, comme les points **G** et **H**, auxquels on dirigera deux rayons de la boussole : le point de section de ces rayons donnera la position et la distance proportionnelle de chacun de ces points; ou autrement, faites tendre un cordeau au travers de la rivière, dans les directions que vous jugerez convenables, et vous mesurerez la longueur de ces rayons sur la chaîne métrique.

On pourrait se procurer un moyen de vérification en faisant placer sur la ligne **GH** des jalons dont on mesurerait la distance perpendiculaire aux principaux coudes de la rivière. Par-là on connaîtrait si les directions ont été bien observées, et rapportées de même sur le plan.

Cet exemple peut s'appliquer également à un chemin, une route, un canal, etc.

On se sert aussi de la boussole pour tracer des routes ou alignemens parallèles dans les bois, et pour une multitude d'opérations que l'usage fait connaître, mais qu'il serait impossible de détailler dans un abrégé, puisque le traité le plus complet ne pourrait les renfermer toutes. Cependant nous expliquerons encore la figure suivante.

Explication de la figure 126.

On veut prolonger la ligne **FA** *au milieu d'un bois.*

Placez une boussole au point **F**, et observez la direction de la ligne **FA**; ensuite placez la boussole au point **A**, et faites convenir l'aiguille avec le même degré auquel elle répondait au point **F**; on suppose ici que l'aiguille se soit arrêtée sur le degré 45, comme on le voit marqué sur la figure (cette aiguille forme avec la ligne nord-sud un angle NAB égal à 45 degrés): alors vous ferez ouvrir une tranchée dans l'alignement du rayon visuel de l'alidade, que vous prolongerez toujours au même degré, jusqu'au point B, à la sortie du bois.

Si l'on avait le plan des lieux, et qu'on voulût déterminer sur le terrain la ligne AB prolongée en F, qu'on aurait tracée sur le plan, voici le procédé qu'on pourrait employer :

Marquez un point sur la direction nord-sud, qui est toujours tracée sur le plan; conduisez, avec une règle et une équerre, une ligne parallèle à AB, au point que vous aurez marqué sur la ligne nord-sud, et mesurez avec un rapporteur l'angle formé par la parallèle et la ligne nord-sud, que nous supposons dans cet exemple être de 45 degrés.

Afin de rendre encore plus sensible ce que nous disons, nous supposerons que la ligne nord-sud du plan soit la ligne CB de la figure 74, et la parallèle AB de la ligne GF : ces deux lignes formeront à leur point de rencontre un angle de 45 degrés.

Le côté ML, *figure* 126, de la maison étant une ligne déterminée sur les lieux, le point F, extrémité du prolongement de la ligne AB, le sera aussi par la distance LF ou MF, qui est de 20 mètres sur l'échelle : mesurez donc 20 mètres sur la ligne ML, qui détermineront le point F, où vous placerez la boussole; et, après avoir fait convenir l'aiguille avec le degré 45, faites poser un jalon dans la direction de l'alidade, et au com-

mencement du bois. Ce jalon déterminera le
point **A** (puisque, comme on le voit, **FA** est le
prolongement de **AB**); transportez la boussole
à ce point, et faites ouvrir une tranchée dans la
même direction de **FA**, comme on l'a indiqué
ci-dessus, et dans le premier exemple de cette
figure.

Remarque essentielle. Il se présente toujours deux cas : 1.º on a marqué sur le plan la
ligne nord-sud de la boussole; 2.º ou l'on y a
tracé *la méridienne.* Dans le premier cas on
opèrerait comme nous venons de l'indiquer ;
dans le deuxième il faudrait avoir égard à la déclinaison de l'aiguille, qui est occidentale. Par
exemple, si l'on suppose que la ligne **CB**, *fig.*
74, soit *la méridienne,* l'aiguille de la boussole se trouvera à gauche de la ligne **CB**, puisqu'elle décline vers l'occident. Si la déclinaison
est, par exemple, de 22 degrés, il faudra les ajouter à 45 degrés.

D'où l'on voit que, pour tracer la méridienne
sur un plan, il faut former avec la ligne nord-
sud, et à droite de cette ligne, un angle égal à la
déclinaison, qui varie annuellement; mais si on
lève un nouveau plan des lieux, on opèrera
comme nous l'avons indiqué ci - dessus, sans
avoir égard ni à l'époque du plan, ni à la déclinaison de l'aiguille : ce dernier moyen serait le
plus sûr si le plan portait une date ancienne.

Explication de la figure 75 bis.

Nous supposerons encore qu'il s'agisse de lever le plan de cette figure à la boussole. Faites

placer des jalons aux points **A, B, C, D, E,** et **F**; ayant placé la boussole au point **A,** vous dirigerez l'alidade sur le jalon **B**; vous coterez la direction et la longueur de cette ligne, ainsi de toutes les autres lignes du périmètre, comme on l'a indiqué pour les figures 64 et 72, dont le rapport se ferait de même qu'il a été expliqué pour les mêmes figures.

Si donc, ayant rédigé le plan, on trace les alignemens *de, eg,* et *eh*, qui sont des routes à ouvrir dans le bois, d'après ce que nous avons dit sur cette matière, on voit qu'il faudrait, 1.º mener, avec la règle et l'équerre, des parallèles à ces lignes, qu'on ferait accorder avec la circonférence et le point central du cercle, pour connaître leurs degrés ou directions; 2.º déterminer sur les lieux ces mêmes directions, ainsi que les longueurs qui leur seraient relatives.

Dans ce cas, après avoir déterminé sur les lieux le point *d* par la mesure B*d* (qu'on aura trouvée sur l'échelle), on y placera la boussole; et, tournant celle-ci jusqu'à ce que l'aiguille corresponde au degré de direction observé, on fera placer un jalon dans l'alignement de l'alidade, et l'on avancera ainsi jusqu'au point *e* (on reconnaîtra qu'on sera arrivé à ce point par la longueur *de*, déterminée sur l'échelle du plan). De ce point on déterminera la direction *eg* comme on l'a fait pour *de;* et, après avoir de même déterminé le point *g*, on reviendra au point *e*, d'où l'on déterminera, par le même procédé, la direction et la longueur *eh* : alors on fera ouvrir ces routes en leur donnant leur largeur dési-

gnée, et les partageant également de chaque
côté des lignes de direction.

Voici une manière commode d'obtenir les
angles d'un polygone sans se servir d'instrument.
Alignez BC en *c*; cotez BC, et son prolongement
C*c*; mesurez *c*D; prolongez CD en I, et mesurez DI et IE; alignez DE en *f*, de manière que
ce dernier point se trouve dans la direction de
FA; mesurez DE, et son prolongement E*f*; cotez également les distances EF, *f*F, FA, et son
prolongement au point *a*, qui doit être dans l'a-
lignement de BC.

On fera remarquer qu'on aurait obtenu l'angle
EDC en mesurant le triangle IDH, en prolongeant le côté ID en C, et HD en E, ainsi des
autres, comme on l'indique pour la figure 85.

Pour rapporter le plan de cette figure, tracez
une ligne indéfinie BC, à laquelle vous donnerez
une longueur proportionnelle; prolongez cette
ligne en *c*, en donnant à ce prolongement sa
longueur respective. Construisez le triangle C*c*D,
tirez DC, et donnez à son prolongement DI une
longueur réduite sur l'échelle du plan pour déterminer le point I. Sur DI formez le triangle
DIE, et déterminez le point *f* comme on vient
de l'indiquer pour le point I. Sur E*f* faites les
triangle *f*EF; prolongez *f*F indéfiniment; déterminez sur cette ligne le point A par la longueur FA, et tirez AB. Le point *a* doit se trouver
à la rencontre des lignes FA et CB prolongées;
on vérifiera aussi les distances A*a* et *a*B.

Ayant ainsi déterminé les lignes BC, CD,
DE, EF, FA, et AB, rapportez sur ces lignes

tous les détails que vous aurez figurés ou cotés
sur le canevas, et vous aurez le plan de la figure
75 bis.

Explication de la figure 76.

On peut, par le moyen d'une base mesurée
et des angles (ou directions) observés, déterminer
des distances inaccessibles.

Soient les points **C** et **D** dont il s'agit de connaître la distance entre eux et par rapport aux
points **A** et **B** : mesurez une base **AB** la plus
proche qu'il vous sera possible des points **C** et **D**,
et dont les extrémités soient le plus éloignées
que vous pourrez, afin que les rayons se coupent
moins obliquement. On suppose cette longueur
être de 155 mètres. Du point **A** prenez la direction **AB** (ou le degré que l'aiguille aura marqué
pour cette ligne), **AC**, et **AD**. Transportez l'instrument au point **B**, d'où vous observerez les directions **BC** et **BD**; vous pourrez aussi vérifier la direction **BA**, qui présentera une différence de 180
degrés (voyez ce que nous avons dit sur la preuve
des angles fig. 72), et l'opération du terrain sera
terminée.

Rapport de la figure 76.

Tracez une ligne qui représentera le *nord-sud*
de la boussole, marquez un point sur cette ligne, et, après y avoir disposé le rapporteur
comme on l'indique pour la figure 72, vous
rapporterez,

1.º La ligne **AB** (c'est-à-dire la direction ou

l'angle que fait l'aiguille de la boussole avec la ligne observée), à laquelle vous donnerez une longueur proportionnelle ; 2.° au point A rapportez les directions AC, AD; et 3.° au point B, celles que vous aurez observées à cette station, allant aux points C et D. Ces points seront (comme on le voit par la figure), déterminés par les intersections des lignes AC, BC, et AD, BD. Vous connaîtrez leur distance en prenant avec un compas l'espace CD, que vous porterez sur l'échelle du plan, *fig.* 35. Dans cet exemple la longueur CD comprendrait 80 parties de l'échelle, ou 80 mètres.

Nota. CD est toujours de l'espèce d'unité dont on s'est servi pour mesurer la base.

On remarquera aussi que l'on connaîtra sur l'échelle les distances BD, BC, AD, AC, et toute autre qu'on pourrait déterminer de chacun des points de la base AB aux points C et D.

USAGE DU GRAPHOMÈTRE.

Nous ne parlerons ici que de son usage pour lever les plans géométriques : nous nous proposons de traiter, dans la troisième partie de cet ouvrage, de l'*Art de former la carte d'un pays:* nous ferons alors connaître d'une manière plus étendue l'usage de cet instrument. (*Voy.* sa description, pag. 32.)

LEVER UN PLAN AVEC LE GRAPHOMÈTRE.

Supposons qu'il s'agisse de lever le plan du terrain représenté par la figure 72 : placez le graphomètre au point **A**, et mesurez l'angle **EAB** (suivant la méthode indiquée au problème **II**); transportez cet instrument au point **B**, et mesurez l'angle **ABC**; ensuite faites mesurer les côtés **AB**, **BC**; vous mesurerez de même les angles **BCD**, **CDE**, **DEA**; vous coterez leurs mesures et les longueurs de leurs côtés telles qu'elles sont marquées sur la figure 72, en ne considérant que les angles intérieurs de cette figure.

Ayant coté exactement toutes ces mesures sur le croquis, il sera aisé de faire le plan de cette figure en formant, avec un rapporteur, des angles égaux à ceux qu'on aura observés (suivant la méthode indiquée au problème **III**), et en donnant à leurs côtés des longueurs proportionnelles.

Afin de s'assurer de la position respective des principaux points de la figure dont on lève le plan, il convient de diriger des rayons à ces points : par exemple, étant placé au point **E**, *fig.* 72, on mesurerait les angles **AEB**, **BEC**, etc.; il faut aussi mesurer, lorsqu'il est possible, plusieurs diagonales, telles que **BE**, **DA**, etc.

On voit qu'on emploierait les mêmes procédés pour lever les plans des figures 57, 59, 60, 61, et toutes autres figures quelconques, soit qu'on puisse y entrer, soit que des obstacles s'opposent à ce qu'on puisse les parcourir librement.

LEVER LE PLAN DE LA FIGURE 75 AVEC UN GRAPHOMÈTRE.

S'il s'agissait de lever le plan de la rivière re-

présentée en la figure 75, placez un graphomètre au point **B**, et mesurez l'angle **ABD**; ensuite, transportez l'instrument au point **D**, et mesurez l'angle **BDE**; faites de même pour l'angle
DEF; faites mesurer les longueurs des côtés de
tous ces angles, et cotez ces mesures sur un canevas, ainsi que les détails qui seront semblables à
ceux obtenus dans la première opération.

On aura le plan de cette figure en formant
avec le rapporteur des angles égaux à ceux
observés, en donnant aux côtés des longueurs
proportionnelles, et en rapportant sur les lignes
de base tous les détails qu'on aura marqués sur
le canevas.

Il est essentiel de bien saisir l'explication de
la figure 77, pour comprendre la manière de
lever le plan d'un village, d'un bourg, d'une
ville, etc.

Explication de la figure 77.

Supposons qu'il faille lever le plan d'un massif de maisons, d'une place publique et de plusieurs rues adjacentes, représenté par la figure
77. Après avoir fait l'examen et le canevas des
lieux, déterminez la ligne **AB** (*), qu'il faudra
faire mesurer exactement. Sur cette ligne, élevez des perpendiculaires aux angles **R**, **Q**, **P**,
O, **T**, **O'**, **N'**; ensuite mesurez de **P** en **Q**, et élevez des perpendiculaires aux angles rentrans,
ainsi qu'on le voit dans la figure; placez un gra-

(*) Faites planter des piquets aux points de station et aux extrémités des directions.

phomètre au point C, et mesurez l'angle BCF, de 35 degrés ; sur CF élevez des perpendiculaires aux angles saillans M', d, à l'angle rentrant H, aux angles saillans L', K', I', U, C', B', H'. Faites mesurer du point C au point U, et élevez des perpendiculaires aux angles rentrans compris entre ces deux points. Nous ferons remarquer qu'il faut se servir d'une équerre d'arpenteur pour élever les perpendiculaires lorsqu'elles sont un peu grandes. On doit aussi mesurer les côtés RQ, TO', O'N', etc., qui seront une vérification de la justesse des perpendiculaires. Au point V mesurez l'angle BVL, de 82 degrés, ou son supplément AVL, de 98 degrés (21). Faites mesurer le rayon VL, sur lequel vous élèverez une perpendiculaire au point I. Formez aussi le triangle XML, sur XM ; élevez une perpendiculaire au point N.

Continuez le mesurage de la base AB ; élevez une perpendiculaire au point Y ; cotez la rencontre de l'angle G' ; élevez des perpendiculaires aux angles Z, E', K, D', E ; ensuite faites mesurer de K en I, et élevez des perpendiculaires aux points intermédiaires. On voit que par ce moyen on avance plus rapidement l'ouvrage, parce que les perpendiculaires, étant plus courtes, peuvent s'élever sur les lignes secondaires (KI, PQ, etc.), seulement avec un double mètre, et la mesure de ces lignes est un moyen de vérification de la première opération.

Revenez au point D, d'où vous mesurerez l'angle CDE. Sur DE élevez des perpendiculaires aux angles P', F', et A', et marquez la rencontre du point G sur cette ligne, que vous prolongerez au point E dans l'alignement de FC.

Au point E mesurez l'angle CED : les angles C et D valant ensemble 112 degrés, l'angle D devra être de 68 degrés (51).

Cette opération terminée, mesurez exactement les prolongemens des lignes de base (que nous n'avons pas tracées, pour ne point trop charger la figure), et observez leurs extrémités à l'égard des points déterminés à droite ou à gauche de ces prolongemens.

Exemple. L'extrémité du prolongement DE aboutit à 20 mètres du point K' (échelle, figure 35), et son autre extrémité ED aboutit juste au point *e.*

Il faudra aussi prolonger les directions des côtés A'B', A'Z, YU, E'P', LI, etc., sur les massifs opposés, en observant l'extrémité de leurs prolongemens à l'égard des points déterminés à droite ou à gauche de ces prolongemens, ainsi qu'on l'a expliqué ci-dessus. Deux exemples seront plus que suffisans pour faire comprendre ce que nous disons : Prolongez, 1.º LI en *c*, et mesurez *c*G' = 5 mètres; 2.º prolongez YU, qui doit aboutir au point *d;* vous pourriez encore prolonger E'P' en *a*, et mesurer *a*A', etc.

On mesurera aussi plusieurs diagonales, telles que IY, P'*e*, M'Q, etc.

Et les largeurs Z*b*, D'E', YO, U*d*, B'K', P'Z, GB', etc.

Toutes ces précautions sont très-nécessaires, et même indispensables, pour faire une bonne opération et la vérifier. Quelques personnes

pourraient penser qu'il suffit de mesurer avec
précision les angles et les longueurs des lignes
principales de l'opération, et de rapporter sur
ces lignes toutes les perpendiculaires qu'on aurait élevées aux angles saillans et rentrans des
massifs; et ensuite, réunissant les extrémités
de ces perpendiculaires par des lignes droites,
elles croiraient avoir le plan *exact* de la figure
77 (*).

Nous répondrons d'abord qu'en effet c'est
bien le procédé qu'il faut employer pour le rapport de cette opération, mais que cela ne suffirait pas, parce qu'il faut savoir non-seulement
faire un plan, mais encore en vérifier l'exactitude par tous les moyens possibles. Nous dirons donc, 1.º que la mesure des côtés est une
vérification de la justesse des perpendiculaires,
et que souvent on est aussi obligé de faire des états
dans lesquels il faut énoncer, *en chiffres,* les
longueurs des façades des maisons, les largeurs
des rues, des places publiques, etc.; que toutes
ces mesures doivent être énoncées à *un décimètre près,* et qu'elles ne pourraient être
déduites aussi rigoureusement sur l'échelle du
plan, surtout si cette échelle n'est pas dans un
grand rapport;

2.º Que les prolongemens des lignes d'opération et des massifs sur les côtés opposés, servent à vérifier leurs directions les uns à l'égard
des autres et des points qui les entourent,
ainsi qu'on l'a fait remarquer ci-dessus.

(*) Cette observation nous ayant été faite par plusieurs personnes, et notamment par MM. les instituteurs, nous profitons de
cette nouvelle édition pour leur adresser notre réponse.

On vérifiera ainsi tous les autres prolongemens
des massifs et des lignes d'opération qu'on aura
observés pendant le cours de l'opération ; et,
si ces prolongemens aboutissent tous à leurs
points de direction les uns à l'égard des autres,
en conservant leurs distances proportionnelles,
cette coïncidence est une preuve de l'exactitude
de l'opération.

On voit donc que nous n'avons rien indiqué
de surperflu dans l'explication de cette figure si
essentielle, et qu'il est nécessaire de bien comprendre pour l'intelligence de ce que nous allons
dire sur la manière de lever le plan d'un bourg,
d'une ville, etc.

Voici une manière prompte et facile pour
mesurer ou vérifier un angle. Supposons qu'il
faille mesurer l'angle saillant *abe*, figure 77
bis : prolongez un côté *ab* en *c;* à ce point
élevez la perpendiculaire *cd* au point *d;* par ce
moyen vous connaîtrez la grandeur de l'angle
abe : on fera observer qu'il faut que le prolongement *bc* soit aussi grand qu'il sera possible
de le tracer.

Ayant coté exactement sur un canevas la grandeur des angles observés, la longueur de leurs côtés et leurs prolongemens, ainsi que tous les détails pris sur ces lignes, il sera facile de faire le
plan de la figure 77. Tracez sur une feuille de papier une ligne AB indéfinie ; marquez un point A
sur cette ligne, duquel point vous porterez la
longueur proportionnelle AC ; à ce point et sur
la ligne AB, formez avec un rapporteur un
angle BCF de 35 degrés ; déterminez le point D

6

par la distance proportionnelle CD; a ce point
formez l'angle CDE, et déterminez le point E,
comme vous l'avez fait pour le point D. Au
point E mesurez l'angle DEC avec un rapporteur. Si les angles DCE et CDE sont bien rapportés, et que la longueur de leurs côtés soit
proportionnelle, l'angle E sera de 68 degrés.
Il faudra aussi vérifier sur l'échelle du plan
la longueur de la ligne EC, qui devra contenir
autant de parties de l'échelle que cette ligne
contient de mètres. Si cette coïncidence a lieu,
vous aurez fermé le plan sous le rapport des directions et sous celui des mesures.

On suppose qu'au point V vous ayez rapporté
l'angle BVL : sur VL formez le triangle XML,
et sur le côté XM élevez la perpendiculaire au
point N.

Vous rapporterez ensuite sur ces lignes tous
les détails mentionnés dans l'explication qui
précède. Vous tracerez aussi au crayon sur le
plan toutes les directions que vous aurez observées, avec leurs prolongemens, et vous vérifierez
avec l'échelle et le compas toutes ces dimensions, en les comparant avec les mesurages faits
sur les lieux.

Nous allons maintenant indiquer la méthode
de lever le plan d'un bourg ou d'une ville.

Explication de la figure. 78.

L'art de lever le plan d'un bourg, d'une ville,
consiste à lier ensemble plusieurs polygones
dont les lignes peuvent être considérées comme
des bases sur lesquelles on obtient les angles

rentrans et saillans (ainsi qu'on l'a fait pour la figure 77) des rues, places, culs-de-sac, etc. On propose de lever le plan de la ville représentée par la figure 78 : placez un graphomètre au centre de la ville, à un point **A**, duquel on puisse observer de grandes directions. A ce point mesurez les angles **DAB** et **BAC**; sur la ligne **AD** marquez les points **E, T, A'**, et sur **AC** les points **Y** et **N** (faites planter des piquets à ces points, en cotant leurs distances ainsi que celles de toutes les lignes d'opération); sur **AB** marquez le point **X**. Transportez le graphomètre au point **T**; à ce point mesurez l'angle **ATU**; au point **U** mesurez l'angle **TUV**, et au point **V** mesurez l'angle **UVX**. On remarquera que la direction **VX** devra passer par le point **X**, et que le plan doit se fermer à ce point dans cette première partie de l'opération. Au point **X**, mesurez les angles **VXB** et **BXO**.

1.**re** *remarque.* Il faudra aussi mesurer les angles **VXA** et **OXA**, pour obtenir la preuve des angles des polygones **ATUVX** et **XONAX**; au point **B**, mesurez les angles **ABQ** et **ABP**; au point **Q** mesurez l'angle **BQR**; au point **R**, mesurez l'angle **QRK**. Sur **RK** marquez les points **A'** et **S**; au point **A'** mesurez l'angle **RA'A**.

2.**me** *remarque.* Si les angles et les lignes ont été bien mesurés, le rayon **A'A** doit passer par le point **A**, et son prolongement par le point **D**, et le plan se fermera dans cette seconde partie de l'opération. Transportez le graphomètre au point **P**; à ce point mesurez l'angle **BPM**; sur

PM marquez les points O et N; au point O
mesurez l'angle POX : le rayon OX doit passer
par le point X, et le plan se fermer dans cette
troisième partie de l'opération. Etant arrivé au
point N, quoique ce point soit déterminé sur le
rayon AC, on y mesurera toujours les deux
angles PNA et ANM. On remarquera aussi que le
rayon NA doit passer par le point A, et le plan
se fermer dans cette quatrième partie de l'opération. Vous aurez levé le plan de la partie de
la ville comprise entre les points AA'RQPNA.
Vous emploierez les mêmes procédés pour lever
les autres parties, en prenant sur toutes les
lignes de base les détails des rues, places, etc.,
tel qu'on l'a enseigné pour la figure 77.

Nous allons seulement expliquer quelques détails au centre de la figure 78. Au point A on
a aussi mesuré les angles BAh, BAc; mesurez
les rayons cA, hA; sur AB élevez des perpendiculaires aux points d, e, k, l, etc.; sur
AC élevez des perpendiculaires aux points
r, g, i, etc.; sur AD élevez des perpendiculaires aux points b, a, etc.; sur EG élevez des
perpendiculaires aux points o, f, p, q, etc.; les
points f et r étant déterminés sur la ligne se-
condaire fr, élevez des perpendiculaires aux
points m et n.

Nous ferons encore observer que les angles
intérieurs du polygone KRQPMLK, qui renferme la figure 78, doivent valoir, pris ensemble,
720 degrés (57); on obtiendra aussi la preuve
des angles pour chacun des massifs ANOXA',
ainsi des autres.

Voici une manière plus prompte, mais moins rigoureuse que la précédente, puisqu'on n'obtient pas la preuve des angles de chacun des massifs; cependant elle sera toujours assez juste si les angles principaux sont mesurés avec précision.

Exemple. Sur le côté RK de l'angle QRK l'on a marqué les points A' et S. Au point K on a mesuré l'angle RKL, et sur KL on a marqué le point G; le point E ayant été déterminé sur le rayon AD, mesurez EG, et marquez sur cette ligne le point F. Le point S ayant été déterminé sur RK, mesurez la ligne FS; au point I, mesurez l'angle KIH, mesurez IH et la ligne FH; au point H mesurez l'angle FHZ et la ligne HZ; le point Z étant déterminé par le dernier rayon HZ, et le point Y ayant été déterminé sur le rayon AC, mesurez la ligne ZY.

Avant de rapporter aucun détail, il conviendra d'abord de former le plan *linéaire* (ou celui de toutes les lignes de base), au rapport duquel il faut apporter tous ses soins, puisque de cette première opération dépend la justesse du plan. En effet, dans le cas où l'on aurait omis quelques détails, l'ensemble du plan étant bon, il serait facile de les ajouter, ou même de les rectifier s'il en était besoin; au lieu que, si les bases de l'opération n'étaient pas justes, quand même plusieurs détails seraient bien rapportés, le plan ne pourrait être admis.

Ayant coté sur un canevas la grandeur des angles, la mesure de leurs côtés, ainsi que leurs prolongemens et les détails pris sur ces lignes,

comme on l'a fait pour la figure 77, le plan de cette
ville se fera de même que celui de cette figure.

S'il s'agissait de vérifier ce plan, on prolonge-
rait les côtés des massifs pour observer le point
de l'extrémité de leurs prolongemens, à l'égard
des angles déterminés à droite et à gauche de ce
point; on mesurerait les côtés des massifs, des
diagonales dans les places, les largeurs des rues
et celles de leurs embranchemens.

Il faut donc faire toutes ces observations dans
le cours de l'opération, et en tracer le résultat
au crayon sur le plan : alors la vérification servira
à constater l'exactitude de cette opération.

Nous pensons qu'il serait superflu d'en dire
davantage sur cet objet : car, ayant bien compris
l'explication de la figure 77 et ce que nous venons de dire sur la figure 78, on ne pourra
éprouver aucune difficulté ni sur les lieux ni au
cabinet. Nous invitons le lecteur à relire encore
avec attention les explications des deux dernières
figures, qui auront leur application dans un
grand nombre de cas.

USAGE DE LA PLANCHETTE.

Cet instrument est d'un grand usage dans
l'art de lever les plans, en ce qu'il exige peu de
préparation, et que par son moyen l'on obtient
les angles seulement par l'observation des rayons
visuels, sans qu'il soit besoin de faire aucun calcul ni rapport.

Nota. On fait principalement usage de cet
instrument pour lever les objets de détail d'une
carte ou d'un plan (surtout s'il comprend une

grande étendue de pays) dont les points principaux ont été fixés par le graphomètre; parce
que les rayons visuels tracés sur la planchette
ne donnent pas assez rigoureusement la valeur
des angles.

LEVER UN PLAN AVEC LA PLANCHETTE.

Supposons qu'il faille lever le plan du terrain
représenté par la figure 79. Placez la planchette
sur son pied et dans une position horizontale
(voyez la description de cet instrument, page 33
[*fig.* 30 et 31]) à l'un des angles, A, du terrain;
marquez sur le papier collé sur la surface de
l'instrument un point *a* que vous ferez répondre
perpendiculairement au susdit point A; placez
ensuite l'alidade sur la planchette, que vous dis-
poserez de manière que la direction AB de cet
instrument, *fig.* 31, soit sur l'alignement AD
du terrain; alors tracez au crayon le long de
l'alidade une ligne *ad,* à laquelle vous donnerez
autant de parties de l'échelle que la ligne AD
contiendra de mètres; tracez de même la direction *ab,* à laquelle vous donnerez une longueur
proportionnelle; transportez la planchette au
point B; faites accorder le point *b* avec le point
B, et la direction *ba* avec la ligne BA du terrain; ensuite, sans déranger le plan de l'instrument, tracez la direction *bc,* à laquelle vous
donnerez une longueur proportionnelle; du
même point *b* ou B, placez l'alidade sur *bd.* Si
les directions et les longueurs des côtés AB et
AD sont exactes, vous apercevrez le jalon placé
au point D à travers les pinnules; étant au point

C, faites accorder, comme on l'a déjà fait, le
point c avec le point C, et la direction bc avec
la ligne BC, et tracez cd. On remarquera que
les deux points c et d, ayant été déterminés dans
le cours de l'opération, devront correspondre
avec les points C et D du terrain; et la longueur cd devra être aussi en proportion avec la
ligne CD, et cette dernière ligne devra fermer
le plan.

Autre manière. Placez la planchette bien
assujettie sur son pied au milieu du terrain représenté par la figuré 80; marquez au crayon,
sur le papier collé sur la planchette, un point g
qui corresponde perpendiculairement à un piquet que vous aurez fait planter; et de ce point
tracez des rayons visuels indéfinis aux points A,
B, C, D, E, F, auxquels vous aurez fait planter des jalons; faites mesurer tous ces rayons,
auxquels vous donnerez des longueurs proportionnelles : vous déterminerez par ce moyen les
points a, b, c, d, e, f, que vous joindrez par
des lignes droites, et vous aurez le plan du terrain; on fera aussi mesurer, pour plus d'exactitude, les côtés AB, BC, etc.

Cette manière de lever un plan peut être employée en se servant de tout autre instrument.
On remarquera aussi qu'ayant tracé des rayons
aux points qui déterminent les angles du terrain, il suffit de connaître la longueur d'un seul
rayon et celle de tous les côtés, pour être à
même de construire la figure 80 : *par exemple,* connaissant la longueur et la direction du
piquet au point A, on déterminera d'abord le

point. *a* par une mesure proportionnelle; de ce point, et avec une ouverture de compas qui contiendra autant de parties de l'échelle que **AB** contient de mètres, on tracera un arc qui coupera le rayon suivant au point *b;* on en fera de même pour déterminer successivement tous les côtés de cette figure.

Autre manière. On propose de lever le plan de la figure 81 : faites planter un piquet en un point **E**, que vous désignerez sur la planchette; de ce point dirigez des rayons aux angles **A**, **B**, **C**, **D**; faites mesurer leurs longueurs, que vous réduirez proportionnellement sur le papier : les extrémités de ces rayons détermineront les points *a, b, c, d,* que vous joindrez par des lignes droites.

MESURER UNE DISTANCE INACCESSIBLE.

Soit la distance du peuplier **A** au moulin à vent **B** qu'il s'agit de mesurer, *fig.* 82 : choisissez à volonté deux points éloignés entre eux autant que vous pourrez, et le plus proche de la ligne à mesurer **AB**, qu'il vous sera possible, afin que les rayons visuels se coupent moins obliquement, et que les intersections ne se fassent pas hors du plan de l'instrument. Supposons que ces deux points soient **C** et **D**, dont la distance, exactement mesurée avec une chaîne, est de 283 mètres; placez la planchette à l'une des extrémités **C** de la base; et, ayant arrêté le centre de l'alidade sur le point *c,* assujettissez l'instrument de manière que ce point *c* corresponde perpendiculairement au-dessus du

6*

point **C**, où il y aura un piquet, et les pinnules de l'alidade sur la direction **CD**, où il y aura un jalon; ensuite, sans déranger le plan de l'instrument, dirigez les pinnules de l'alidade, en tournant sur le point *c*, aux extrémités **A** et **B** de la ligne à mesurer, et tracez le long de la règle, sur la planchette, les deux rayons visuels *c***E**, *c***F**, l'un au peuplier, l'autre au moulin à vent (*).

Faites une seconde station au point **D**; mais auparavant avancez le centre de l'alidade de 283 parties de l'échelle sur la ligne de la direction de la base pour les 283 mètres : vous déterminerez ainsi la ligne *cd*, proportionnelle à la base **CD**. Ayant transporté la planchette au point **D**, fixez-la de manière que le point *d* corresponde perpendiculairement sur le piquet **D**, et que par les deux pinnules de la ligne de conduite vous aperceviez le jalon **C**; ensuite dirigez les pinnules de l'alidade, en tournant sur le point *d*, aux mêmes extrémités **A**, **B**, de la ligne donnée, et tracez le long de la règle les deux rayons visuels *d***H**, *d***G**, qui couperont les deux premiers *c***E**, *c***F**, en deux points, par où vous tirerez la droite *ab*, dont la longueur, étant prise avec un compas, et portée sur les divisions de l'échelle, donnera, dans le nombre des parties égales qu'elle comprendra, le nombre de mètres contenus dans la distance proposée du peuplier au moulin à vent : dans cet

---

(*) On plante une aiguille perpendiculairement sur le point de station, autour de laquelle on fait tourner l'alidade.

exemple, cette longueur est de 210 mètres; on aurait la proportion suivante :

$$CD : cd :: AB : ab$$

LEVER LA SITUATION DE PLUSIEURS VILLAGES.

Soient, par exemple, les quatre villages C, D, E, F, *fig.* 83 : choisissez un terrain où vous puissiez avoir une base de 1000 à 1200 mètres, et que de ses extrémités on puisse découvrir les quatre villages proposés. A l'une des extrémités de cette base, comme A, tracez sur la planchette un rayon dans l'alignement AB; ensuite, du même point A, dirigez les pinnules de l'alidade aux clochers ou aux objets les plus apparens de ces villages, et tracez le long de la règle des rayons visuels.

Donnez au rayon AB une longueur proportionnelle à la base, et écrivez sur chaque rayon le nom du village où il est dirigé.

Transportez la planchette au piquet B; et, après avoir fait la même préparation que pour les exemples précédens, du point B, dirigez aussi des rayons vers les villages C, D, E, F, et les points *c, d, e, f,* où ils couperont les rayons de la première station : ils seront en distance avec leur base *ab*, comme les villages C, D, E, F, sont avec leur base AB. Afin de bien réussir dans ces opérations, il faut, en dirigeant les rayons visuels, que la planchette soit toujours de niveau.

On remarquera que l'on aura aussi déterminé les distances proportionnelles des points A et B aux points C, D, E, F, et que par conséquent on peut, par cette manière, mesurer sur le terrain plusieurs lignes à la fois.

Nous avons dit que la planchette servait aux, mêmes usages que le graphomètre : ainsi l'on pourra lever avec cet instrument les plans des figures 77, 78, et toutes autres figures quelconques, soit qu'on puisse y entrer, soit qu'on ne le puisse point. Désirant donner des explications suffisantes, sans cependant trop multiplier les démonstrations, nous dirons que s'il s'agissait de lever le plan de la figure 78, on emploierait les mêmes procédés que ceux qu'on a déjà fait connaître. La seule différence, c'est qu'au lieu de mesurer les angles, on les obtiendrait par l'observation des rayons visuels qu'on tracerait sur la planchette (cette manière d'obtenir les angles est, comme on le voit, prompte et commode). Cependant nous allons encore donner l'exemple suivant en faveur des commençans.

On placerait donc la planchette au point **A**, *fig.* 78; de ce point on tracerait le long de l'alidade, sur le papier collé sur la planchette, les rayons visuels **AB**, **AC** (**AD** est le prolongement de **AC**), **A***c* et **A***h*, et l'on donnerait à ces rayons des longueurs proportionnelles sur lesquelles on déterminerait tous les points dont on a déjà parlé; ensuite on transporterait l'instrument au point **T**, et, après avoir fait accorder le point **T** du terrain avec son correspondant sur la planchette, ainsi que le rayon visuel **TA** (afin de ne point nous répéter, nous avertissons, ainsi qu'on l'a déjà fait voir, qu'il faut à chaque station faire les mêmes préparations), on tracera le rayon TU, auquel on donnera une longueur proportionnelle. Ayant transporté la planchette au point U, on tracera le rayon UV, et, ayant posé l'alidade sur les points V et X, le rayon visuel devra passer par le point X, et fermer le plan dans cette partie si l'on a bien opéré. Après cette vérification faite, on tracera le rayon VX, qu'on prolongera en O, et l'on donnera à ce prolongement une longueur proportionnelle ; pour déterminer le point O, on placera la planchette au point B, et, ayant fait accorder la ligne BA du plan avec celle du terrain, on tracera le rayon BQ, qu'on prolongera en P, et l'on déterminera ce point par la longueur proportionnelle PB ; ayant de même déterminé le point Q par la longueur BQ, on y placera la planchette, et l'on tracera le rayon QR, et du point R on tracera le rayon RK. Sur ce rayon l'on déterminera les points A' et S ; ensuite on placera la planchette au point A', et, ayant posé l'alidade sur les points A' et A, le rayon A'A devra passer par le point A, et le plan se fermer dans cette seconde partie de l'opération. Ayant déterminé les points P, O, et N, on tracera : 1.º PON (la ligne PN doit passer par le point O déterminé), qu'on prolongera en M, et 2.º la ligne NA. On fera remarquer que si l'on plaçait la planchette au point N, et qu'on fit accorder la ligne NP avec sa correspondante sur le plan, il faudrait que la ligne NA du plan coïncidât aussi avec celle NA du terrain, ce qui servirait à prouver la justesse de l'opération.

On emploierait les mêmes procédés pour lever les autres parties de la ville représentée par la figure 78.

D'après ces procédés, il est certain qu'on.serait assuré (comme on l'a été pour l'opération faite avec le graphomètre) de l'exactitude du plan sous le rapport de l'ensemble comme sous celui des détails.

On est dans l'usage de faire de petits canevas partiels (on peut en faire autant qu'il y a de lignes de base) sur lesquels on cote les distances des points d'où l'on élève des perpendiculaires, la longueur de ces dernières, et généralement tous les détails du plan, qu'on rapporte ensuite sur le papier; mais on ne doit le faire qu'après s'être assuré de la justesse et de la parfaite coïncidence des lignes de base, au moins pour chaque polygone en particulier, que l'on construit au fur et à mesure pendant le cours de l'opération.

On se procurera la vérification de l'opération en même temps qu'on y procèdera, ce qui est un avantage qu'on ne peut obtenir avec les autres instrumens.

Lorsque le plan sera terminé, on le vérifiera d'après les procédés que nous avons employés pour la même figure.

Observations. Quoique l'usage de la planchette présente des avantages réels, cependant il n'est pas exempt d'inconvéniens, en ce qu'on ne peut se servir de cet instrument que pendant les temps sereins : le plus léger brouillard, comme un soleil ardent, pourrait nuire au résultat de l'opération, à cause de l'influence des élémens sur le papier.

On fera aussi remarquer qu'il faut bien orienter la première ligne d'opération, et de manière
qu'elle soit disposée à ce que le plan puisse être
décrit sur la feuille d'après la dimension que
vous voudrez lui donner, ou, ce qui est la même
chose, d'après le rapport de l'échelle dont vous
ferez usage.

On pourrait multiplier à l'infini les exemples
sur les levés à la planchette, puisqu'elle sert aux
mêmes usages que les autres instrumens de géométrie; mais au moyen des explications que
nous avons données, on sera toujours à même
d'exécuter sur le terrain les opérations qui pourraient se présenter.

S'il s'agissait de lever à la planchette le plan
de la rivière figure 75, on prendrait les directions qu'on aurait observées à la boussole, sur
lesquelles on rapporterait tous les détails, comme
on l'a expliqué pour la même figure 75.

L'opération indiquée figure 76 se résoudrait
comme celle de la même figure 82.

On obtiendrait promptement avec cet instrument la distance inaccessible **AB**, figure 70 : car,
en plaçant la planchette en un point **C**, et déterminant les directions ou rayons **CA**, **CB**, vous
connaîtrez la longueur **AB** en portant cette distance sur l'échelle dont vous vous serez servi
pour rapporter les côtés de l'angle **ACB**, puisque le côté **AB** est en proportion avec les deux
autres côtés du triangle **ACB**.

S'il s'agissait de lever le plan de la figure 68,
on tracerait sur la planchette la direction **BA**
qu'on ferait accorder avec celle du terrain; en-

suite on dirigerait des rayons aux points principaux *h, g, u, i,* K, *r, e,* etc., en faisant avancer l'instrument sur la base à peu-près vis-à-vis
des points dont on voudrait obtenir la représentation. Ce procédé serait plus prompt que celui
de l'équerre, en ce qu'on ne serait pas obligé de
tâtonner pour élever les perpendiculaires *mh, sg,*
etc. : on ferait d'ailleurs mesurer du point *u* au
point *g,* de *g* à *h,* etc., et sur les lignes auxiliaires ou secondaires, déterminées par les points
(ou les extrémités des rayons dirigés à ces points)
on élèverait, avec le double mètre, des perpendiculaires aux sinuosités du terrain, comme on le
voit en la figure 68, qu'on rapporterait de suite
sur les lieux. On pourra aussi mesurer les largeurs *g*C, E*r,* *h*K, etc., comme un moyen de
vérification.

Il sera toujours facile de lever le plan d'un
terrain quelconque avec la planchette en une
seule station, lorsqu'on pourra y entrer (si l'on
ne pouvait pas entrer dans la figure, on suivrait
le procédé indiqué pour la figure 78, ou ceux que
les localités commanderaient, et qui dépendent
presque toujours du jugement et de l'intelligence
de celui qui opère). Nous prendrons pour exemple la figure 89. Placez (comme on le voit en la
figure) la planchette au milieu du terrain; de ce
point dirigez des rayons aux points A, B, C, etc.;
faites mesurer tous ces rayons, que vous propor-
tionnerez sur une échelle de plan. Vous aurez
sur le papier leur représentation *a, b, c,* etc.,
et par conséquent les lignes AB, BC, etc., que
vous ferez cependant mesurer, et sur lesquelles

vous élèverez des perpendiculaires aux sinuosités du terrain. Quant aux lignes droites **CD,
DE, AF,** etc., on les tracera, comme on le voit,
suivant leurs directions, qui sont toujours déterminées par la longueur des rayons qu'on a dirigés aux points qui en sont les extrémités.

Dans cet exemple, sur le rayon dirigé au point
G, on aura marqué le point **F** (ou la distance de
la planchette audit point **F**); le point **A** étant déterminé par la longueur du rayon dirigé à ce
point, on tirera **AF**; et, ayant déterminé le point
G par la longueur **FG**, on tirera **GH**.

On pourrait aussi aligner les points **AF** sur la
corde **HE**, mesurer **FI** et une distance **IE** ou **IH**
comme un moyen de vérification.

Nous supposons actuellement que d'un des
points du terrain on n'aperçoive qu'une partie
des points dont on a besoin pour construire le
plan de la figure 90.

Après avoir bien assujetti la planchette sur son
pied, et de manière qu'elle soit dans une position
horizontale, dirigez des rayons aux points **A, B,
C** (ce dernier prolongé en **I**, où l'on aura fait placer un jalon), **K** (prolongé en **L, E**), **H** (prolongé en **G**). Proportionnez tous ces rayons,
comme vous avez fait pour la figure 89, sur lesquels vous aurez marqué la rencontre des points
C, K, L : ces mêmes points seront donc déterminés sur la planchette ; vous obtiendrez le
point **M** en formant le triangle **CMI**; sur **EI** formez le triangle **IDE**, le côté **DI** sera dans l'alignement de **MI**; vous aurez donc **MD.** Les points
K et **H** étant déterminés, tirez **KH.** Le point

G ayant été obtenu par la mesure HG, tirez LG.
Prolongez DE en F, et, déterminant la longueur
EF, tirez EF. Sur la ligne HB élevez des perpendiculaires aux sinuosités du terrain, et vous aurez le plan de la fig. 90 avec tous ses détails.

Quelquefois il y a de l'avantage à faire plusieurs stations, et l'on y est même forcé lorsqu'on lève un plan qui présente un grand nombre
de détails, tel que, par exemple, un jardin
anglais : il suffira, lorsqu'on voudra changer la
planchette de place, de diriger un rayon au
point où l'on voudra se placer, de faire planter un
jalon dans la place qu'occupait l'instrument, et
de proportionner ce rayon; ensuite, l'ayant fait
accorder avec son correspondant du terrain,
comme on l'a fait pour la figure 79, on continuera l'opération; mais il sera toujours prudent de ne rapporter les détails qu'après avoir
acquis la preuve de la parfaite coïncidence des
rayons visuels, parce que si vous étiez obligé
de rectifier les premières lignes d'opération, il
faudrait recommencer le rapport de détails souvent fort minutieux.

Il se présente certains cas où l'on peut, d'une
seule station, lever le plan d'un terrain qui
offre un grand nombre de détails, par la mesure de grands rayons qui donnent lieu à des
intersections, ou dont les extrémités déterminent
des lignes sur lesquelles on peut obtenir un
grand nombre de détails qui ne sont point
aperçus du lieu de station (souvent aussi en
formant des triangles sur ces lignes). C'est ainsi
que nous avons levé en octobre 1824, en une

scule station, le plan de *la Rente-Blanche*
et ses dépendances, commune de Marliens,
canton de Genlis (Côte-d'Or), qui représente
plusieurs bâtimens de maître et autres, granges,
cours, hébergeages, etc., jardins, pièces de terre
formant un clos adjacent à la rente, plusieurs
chemins, etc., etc.

. Nous allons actuellement indiquer la manière
de changer le papier sur la planchette.

Supposons qu'après avoir fixé sur le papier
les points principaux (avec un graphomètre,
ou comme on l'indique à l'explication de la
figure 83) qui doivent servir de bases au plan
topographique qu'on se propose de faire, on
ait rapporté sur la première feuille **EBDF**, *fig.*
127, tous les détails qui y sont figurés : on en-
lèvera le papier, et on le remplacera par une
nouvelle feuille; ensuite on placera la planchette au point **F**, et l'on tracera le rayon **FE**
(dont la distance doit être la plus longue qu'il
sera possible de tracer), auquel on donnera
une longueur proportionnelle. Les deux points
E, F, étant fixés sur la première feuille, la ligne
dont ils sont les extrémités servira à *raccorder*
les deux parties du plan, que l'on continuera
sur la seconde feuille : la direction de l'aiguille
de la boussole tracée sur la planchette, peut
aussi servir de *raccord*.

Avant d'enlever le papier de dessus la planchette, il sera utile de faire la vérification suivante :

Placez la planchette au point **F**, et, après

avoir posé l'alidade sur la ligne déterminée par les points **E**, **F**, fixés sur le papier (lesquels sont la représentation des points **E**, **F**, du terrain), disposez cet instrument de manière à apercevoir à travers les pinnules de l'alidade le point **E**; ensuite, faisant tourner le centre de la règle sur le point **F**, vous la poserez successivement sur chacun des points **G**, **H**, **I**, **K**, etc., (situés sur la planchette); si vous apercevez à travers les pinnules de l'alidade les mêmes points correspondans du terrain, vous serez assuré que l'opération est bien faite dans son ensemble; et si l'on a rapporté les détails avec exactitude, alors le plan sera exact dans toutes ses parties.

Si cependant il arrive que les rayons visuels dirigés d'un point situé sur la planchette, ne passent pas par leurs correspondans marqués sur le papier, il faudra rechercher sur quel point porte l'erreur, afin de la rectifier. D'abord la vérification ne se fera qu'à partir des points fixés par le calcul, et qui doivent servir de bases à l'opération. Si donc d'un de ces points les rayons visuels ne coïncidaient pas avec un ou plusieurs objets de détail, il faudrait faire mesurer de ce point dans l'alignement d'un autre point bien déterminé (ou qui correspondrait avec celui qui le représente sur la planchette), et élever avec l'équerre des perpendiculaires aux points douteux; en rapportant ces perpendiculaires, il sera facile de rectifier l'erreur; mais il sera bon encore de faire mesurer du point rectifié à tout autre point dont on sera

assuré de la position et de la distance, et préférablement à ceux qui doivent servir de bases
à l'opération; après la rectification faite, il faudra recommencer la vérification; et si elle est
satisfaisante, on continuera les détails comme à
l'ordinaire.

Ces détails sont faciles à obtenir. On suppose
que les points qui doivent former le fond de
la carte du pays soient fixés sur la planchette :
on placera cet instrument à l'un de ces points,
duquel on voudra partir pour faire l'opération;
alors on posera l'alidade sur son correspondant
placé sur la planchette, et sur tel autre qu'on
voudra (on choisit par préférence un clocher
ou un objet remarquable); et, après avoir bien
établi la planchette, comme on l'a expliqué,
on la rendra stable; ensuite on dirigera des
rayons à tous les objets de détail dont on veut
avoir la représentation, et qu'on obtiendra,
sans les perdre de vue, par la mesure de ces
rayons. (Nous en donnerons un exemple pour
la figure 102).

On pourrait avancer rapidement l'ouvrage
en dirigeant des rayons visuels à plusieurs
points du terrain, et en levant tous les objets
de détail avec l'équerre (et par des points
d'intersection) sur les lignes déterminées par
les extrémités de ces rayons. On conçoit qu'on
s'assurera en même temps de la situation des
points secondaires de l'opération, de leur distance réciproque, et de la justesse des rayons visuels qu'on y aura dirigés.

Les détails devant s'accorder avec les points

principaux du plan, on aura dirigé de la première station un rayon visuel sur un point déterminé dans la direction qu'on veut suivre,
on lèvera et l'on figurera tout ce qui est sur le
terrain entre la première station et ce second
point : il est certain que les mesures partielles
prises sur le rayon devront s'accorder avec
celles du plan.

Arrivé à ce second point, on fera les mêmes
préparations qu'on a faites à la première station, et l'on continuera ainsi l'opération, dont
on vérifiera l'exactitude par la méthode indiquée.

Pendant le cours de l'opération l'on aura le
soin de diriger des rayons visuels à tous les
points essentiels qu'on pourra apercevoir dans
les différentes situations où l'on se trouvera, et
auxquels on aura fait planter des signaux : on
vérifiera ainsi chacune des parties et l'ensemble
du plan.

On voit donc qu'avec la planchette on peut
lever tous les détails d'un pays entre les points
déterminés par la trigonométrie, en les faisant
accorder avec ces points de première opération.

ORIENTER LA PLANCHETTE.

Il se présente toujours deux cas : ou la direction de l'aiguille aimantée n'aura pas été
tracée sur le papier qui contiendra la position
des principaux objets du pays dont on se propose de faire la carte, ou cette direction aura
été observée, et tracée sur la planchette.

Premier cas. On place la planchette dans l'alignement de deux points déterminés, de manière à les apercevoir à travers l'alidade; ou autrement on fera convenir cet alignement avec son correspondant sur le papier : alors, ayant fixé la planchette dans cette situation, on y pose une boussole que l'on tourne jusqu'à ce que l'aiguille se soit arrêtée précisément sur la ligne nord-sud gravée au fond de la boîte; et, tenant la boussole immobile, on trace le long d'un de ses côtés parallèles à l'aiguille une ligne qui représente celle de l'aiguille aimantée.

Second cas. On pose le côté de la boussole parallèle à la ligne nord-sud (tracée au fond de la boîte), le long de la ligne qui représente l'aiguille aimantée, ayant le soin de mettre le dard de la boussole du même côté que celui marqué sur la ligne de direction tracée sur le papier; ensuite, sans déranger la boussole, on tournera la planchette jusqu'à ce que l'aiguille se fixe exactement au point nord, ou s'arrête dans le plan de la ligne nord-sud gravée au fond de la boîte : alors la planchette sera *orientée.*

Plusieurs géomètres sont dans l'usage d'orienter la planchette à chaque station, parce que, celle-ci étant bien orientée, tous les points qui sont situés sur son plan doivent convenir avec ceux du terrain dont ils sont la représentation.

Mais si le contraire arrivait malgré toutes les précautions qu'on aurait prises, ce serait

une preuve que l'aiguille éprouverait des varia-
tions en cet endroit, et qu'elle ne peut, pour
certaines causes, se diriger vers son *vrai nord :*
alors la planchette ne pourrait être bien orientée; dans ce cas, on fera convenir les rayons
tracés sur le papier avec leurs correspondans du
terrain; et si ces rayons se coïncident, on continuera l'opération comme on l'a expliqué ci-
dessus (pour la figure 127), sans avoir égard à
la direction de l'aiguille aimantée.

USAGE DE L'ÉQUERRE.

Nous avons déjà fait connaître cet instrument si essentiel dans la pratique, par la résolution du problème **V**, et pour l'explication
des figures 66, 68 et 84. (Voy. la description
de cet instrument, pag. 26 [*fig.* 34]). Nous renvoyons le lecteur à ces articles.

LEVER LE PLAN DE L'INTÉRIEUR D'UNE MAISON AVEC SES DIFFÉRENTES DISTRIBUTIONS.

La figure 90 bis représente les distributions intérieures d'une maison et jardin.

Levez d'abord la masse **AEDB** (on suppose
qu'on n'ait point d'instrument); prolongez le
côté **EA** en **I**, et mesurez le triangle **AIB** pour
obtenir la direction **AB**; mesurez **BC**, **FC**, et la
diagonale **BF** où **AC**, en ayant égard à l'épaisseur des murs. Le point **C** étant déterminé par
la construction des triangles **FAB** et **FCB**, prolongez **DC** en **O**, mesurez **BO**, **OC**, et la longueur du bâtiment **CD**.

Procédant ensuite aux détails de l'intérieur,

vous en ferez un croquis sur lequel vous coterez les mesures du contour des chambres, ca-
binets, antichambres, ainsi que des diagonales,
comme on le voit en la figure, les distances
entre les portes et les croisées avec leurs largeurs, la position des cheminées, leurs sail-
lies, etc.

On est souvent obligé de dessiner quelques
détails minutieux sur des feuilles isolées, vu la
multiplicité des mesures qu'on a à coter; mais
il faut avoir le soin de leur assigner un numéro
d'ordre pour les faire accorder avec l'ensemble
du plan.

On rapportera le plan de masse par les moyens
qu'on a fait connaître.

On fera remarquer que le jardin se trouve
rapporté par la construction de la fig. 90 *bis*.

On donnera une épaisseur proportionnelle
aux murs du jardin et à ceux des bâtimens,
(on est dans l'usage de se servir de grandes
échelles pour rapporter ces sortes de plans);
puis, rapportant les diagonales intérieures, ainsi
que tous les détails qu'on aura cotés sur le croquis, on aura, avec le plan de masse, les distributions de l'intérieur.

Nous n'avons parlé que du rez-de-chaussée,
mais les étages supérieurs en diffèrent peu: il
n'y a pour l'ordinaire que quelques détails à
changer ou à ajouter; au surplus, la pratique
et les localités peuvent seules indiquer les
moyens qu'on doit employer.

7

ARTICLE III.

MANIÈRE DE TRACER SUR LE TERRAIN LES FIGURES DÉCRITES SUR LE PAPIER.

On propose de tracer sur le terrain le polygone ABCDF, *fig*. 86. Cette figure étant un pentagone régulier, les angles formés par ses côtés vaudront, pris ensemble (ainsi que tout pentagone quelconque), 540 degrés (57), et chacun d'eux sera de 108 degrés : le plan indique que la longueur de chacun de ses côtés est de 42 mètres, et la ligne DE de 64 mètres.

Après avoir choisi un terrain convenable, on déterminera la ligne droite AB, en lui donnant 42 mètres de longueur, qui seront mesurés exactement avec la chaîne, et en faisant planter un piquet à chacune de ses extrémités. Ensuite, ayant placé un graphomètre au point A, et d'après la méthode indiquée au problème III, on déterminera l'angle BAF, égal à 108 degrés, et le côté AF par la mesure qui lui est assignée; on transportera l'instrument au point B, pour déterminer de même l'angle ABC et le côté BC; au point C on déterminera l'angle BCD et le côté CD; puis on vérifiera les angles D et F, et la mesure du côté DF.

Si le point D est bien placé, la perpendiculaire ED, élevée sur le milieu de AB, passera par le point D.

Autre manière. Après avoir déterminé la ligne AB, divisez-la en deux parties égales; sur son milieu E élevez la perpendiculaire ED, à laquelle vous-donnerez 64 mètres de longueur; plantez un piquet à chacune de ses extrémités; ayez deux cordeaux mesurés, l'un de 42 mètres, l'autre de 52 mètres; attachez le premier au piquet **D**, et le second au piquet **E**, et les tendez également jusqu'à ce qu'ils se joignent par les deux autres bouts au point **C**, auquel vous planterez un piquet. Faites de même pour déterminer le point **F**.

, S'il s'agissait de tracer sur le terrain la figure 72, on s'y prendrait de la même manière que ci-dessus, et, après avoir déterminé les angles extérieurs de la figure et les longueurs de ses côtés, on vérifierait la direction des diagonales **BE**, **AC**, en mesurant les angles **BED**, **CAE**; on mesurera aussi les longueurs de ces diagonales si cela est possible.

On emploierait les mêmes procédés pour déterminer sur le terrain toute autre figure quelconque avec un graphomètre ou une boussole.

Autre manière. On donne la figure *abcd*, *fig.* 79, à tracer sur le terrain. Fixez-la sur une planchette, ainsi qu'elle est représentée; ensuite, ayant donné à une ligne droite **AD** autant de mesures que *ad* contient de parties de l'échelle du plan, placez l'instrument au point **A**, que vous ferez correspondre perpendiculairement sous le point *a*; posez l'alidade le long de *ad*, et tournez la planchette de manière que les pinnules de la règle soient dirigées sur **AD**; puis, sans déranger le plan de l'instrument, posez l'alidade sur la ligne *ab*; faites placer un jalon dans cette direction, et donnez à ce rayon

autant de mètres que *ab* contient de parties de
l'échelle du plan. Vous déterminerez ainsi le
point B; à ce point, faites accorder la ligne
ba avec celle du terrain BA; posez l'alidade
sur la ligne *bc ;* faites placer un jalon dans cette
direction, dont vous déterminerez la longueur
proportionnelle avec la chaine, comme on l'a
fait pour les autres côtés; étant au point C,
faites accorder la ligne *cb* avec sa correspondante CB; les points C et D étant déterminés,
ayant posé l'alidade sur *cd,* vous devrez apercevoir au travers des pinnules le point D, où
vous aurez fait planter un jalon, et la ligne CD
devra contenir autant de mètres que sa correspondante *cd* contient de parties de l'échelle
du plan, ce qu'il faudra vérifier, ainsi que les
diagonales BD, AC, qui seront en proportion
avec celles du plan qu'elles représentent.

Autre manière. Soit la figure *abcdef, fig.*
80, qu'il s'agisse de tracer. Ayant choisi un terrain convenable, faites planter un piquet qui
représentera le point *g* du milieu du plan, que
vous désignerez sur le papier. Après l'avoir fait
accorder avec celui du terrain, tracez (sur la surface de la planchette) de ce point central des
rayons aux angles *a, b, c, d, e, f,* auxquels
vous donnerez sur le terrain autant de mètres
qu'ils contiennent de parties de l'échelle du plan:
vous déterminerez ainsi les points A, B, C, D,
E, F, et les côtés AB, BC, etc., qu'il faudra
cependant mesurer. Quoiqu'il soit bien certain
que ces côtés doivent être en proportion avec
leurs correspondans *ab, bc,* etc., il sera bon

aussi de vérifier, si cela est possible, la longueur de quelques diagonales, comme AD, CF, etc.

Si l'on eût tracé cette figure avec un grapho-mètre, du point *g* du milieu, *fig.* 80, on aurait déterminé les angles E*g*F, F*g*A, etc., et les longueurs des rayons *g*E, *g*F, *g*A, etc.

Autre manière. Si l'on propose de tracer sur le terrain une figure semblable au plan *abcd*, *fig.* 81, décrit sur le papier, placez ce plan sur la surface de la planchette, et, ayant choisi un endroit commode où il n'y ait aucun empêchement, comme en E, arrêtez le centre de l'alidade sur le point *e,* qui correspondra perpendiculaire-ment sur le point E, et que les pinnules soient dirigées à droite ou à gauche, selon que vous jugerez à propos de tracer votre plan.

Ensuite, tournez l'alidade vers l'un des angles du plan proposé *abcd,* comme vers l'angle *a;* faites placer un jalon dans cette direction, et donnez pour longueur à ce rayon autant de mè-tres que *ea* contient de parties de l'échelle du plan : vous déterminerez ainsi le point A, où vous ferez planter un piquet.

Dirigez ensuite l'alidade vers l'angle *b,* et faites pour l'angle B comme il a été fait pour l'angle A, pour avoir de la même manière sur le terrain la représentation de l'angle *b* en B, où vous ferez planter un piquet. Faites de même pour les angles *c, d,* et vous aurez sur le ter-rain leurs représentations aux points C, D, et la figure proposée *abcd* se trouvera tracée sur le terrain, et représentée par le plan ABCD.

S'il s'agissait de tracer ce plan autour d'une

fortification ou d'un massif quelconque, il faudrait connaître la grandeur des angles et les longueurs des côtés du plan proposé, former sur le terrain les mêmes angles, et prendre les côtés d'autant de mesures qu'ils auront été trouvés sur le papier.

On espère qu'au moyen de ces exemples on pourra être à même de tracer sur le terrain toutes figures quelconques décrites sur le papier, quand on connaîtra le rapport de l'échelle sur laquelle elles auront été construites. De tous les moyens employés, celui de la planchette nous paraît être le plus expéditif; on trace aussi, par ce procédé, des parcs, jardins, etc., etc.

Avant d'indiquer les méthodes à employer pour réduire proportionnellement les figures de géométrie, nous allons donner la manière de faire une figure semblable à une autre.

FAIRE UNE FIGURE SEMBLABLE A UNE AUTRE.

Il y a plusieurs manières à employer : 1.° S'il s'agit de copier la figure 84, tracez une ligne **AB**, à laquelle vous donnerez même longueur qu'à la ligne **AB** du plan proposé, des extrémités de laquelle vous abaisserez des perpendiculaires auxquelles vous donnerez même longueur qu'à celles du plan; lorsque vous aurez déterminé ainsi les points **A, M, B, C, D, E, F**, etc., vous élèverez des perpendiculaires sur les lignes **AB, BC**, **DE**, etc., aux sinuosités de la figure; et, joignant le sommet de ces perpendiculaires par des lignes droites, vous obtiendrez une figure semblable à celle proposée.

2.º Cette figure offrant beaucoup de sinuosités, il serait plus expéditif d'arrêter dessous une feuille de papier, et de piquer avec la pointe d'une aiguille les points des contours de cette figure; puis, en joignant ces points par des lignes, on obtiendrait une figure semblable. On pourrait aussi la calquer.

3.º Soit la figure ABCDF, *fig.* 86, proposée: divisez cette figure en trois triangles; puis tracez une ligne *ab* égale à AB; prenez avec un compas la grandeur du rayon BD, et avec cette ouverture, et du point *b* comme centre, décrivez un arc vers *d.* Les rayons BD, AD, étant égaux, décrivez avec la même ouverture de compas, du point *a*, un arc qui coupera le premier au point *d :* vous aurez le triangle *adb* semblable à ADB (problème VII).

Ensuite, du point *b*, décrivez, avec un rayon égal à BC, un arc vers *c ,* et du point *d* un autre arc d'un rayon égal à DC, qui coupera le dernier au point *c ;* faites de même pour obtenir le point F; et, joignant tous ces points par des lignes droites, vous aurez une figure semblable à celle proposée, ce qui se prouve par l'égalité des triangles.

4.º On obtiendrait promptement une figure semblable à une autre rectiligne par la méthode des lignes parallèles: tracez *ab, fig.* 86, parallèle à AB; donnez à cette ligne *ab* une longueur pareille à celle AB; menez, avec la règle et l'équerre, au point *a*, une ligne parallèle à AF, à laquelle vous donnerez même longueur que sa correspondante AF : vous déterminerez ainsi la

ligne *af;* faites de même pour tous les autres côtés de la figure proposée, et vous obtiendrez une
figure semblable. Si la figure avait des sinuosités, on les obtiendrait par des perpendiculaires
sur les lignes.

Nota. La direction parallèle des côtés des
deux figures 86, et leurs longueurs semblables,
complètent cette démonstration.

RÉDUIRE UNE FIGURE PROPORTIONNELLEMENT.

Il est souvent nécessaire de réduire une carte,
un plan, une figure quelconque : nous allons indiquer les méthodes les plus en usage dans la
pratique.

1.º Soit la figure 84, qu'il faille réduire dans la
proportion du tiers, du quart, ou de la moitié,
etc.: on ferait une échelle de proportion dans
le rapport désigné, et l'on emploierait la même
méthode que celle expliquée ci-dessus pour la
faire semblable; seulement on donnerait aux
lignes de base et aux perpendiculaires des longueurs proportionnelles prises sur l'échelle dans
le rapport donné.

On réduirait aussi la figure 63 dans un rapport
proposé, en suivant la méthode indiquée pour
la *rapporter.* Il faudrait seulement donner aux
lignes de base des longueurs proportionnelles
prises sur l'échelle faite dans le rapport proposé
(il est bien entendu que les détails seraient rapportés sur la même échelle, suivant la méthode
ordinaire).

2.º On peut réduire une figure en marquant
un point en dedans, et tirant des rayons à tous

ses angles. Nous prendrons pour exemple la figure 87 ABCDE, qu'on propose de réduire dans le même rapport que *ab* est à AB : marquez un point F environ dans le milieu de la figure, et tirez des lignes aux points A, B, C, D, E ; ensuite menez *ab* parallèle à la ligne AB, la ligne *bc* parallèle à BC, ainsi des autres, et vous aurez la figure *abcde* semblable, mais plus petite que la figure proposée à réduire, et dans le rapport demandé. Si au contraire la figure ABCDE eût dû être augmentée dans le rapport de AB à GH, on aurait prolongé les rayons aux points G, H, puis on aurait mené la ligne HI parallèle à BC, IK parallèle à CD, ainsi des autres.

3.º Si l'on propose de réduire la figure ABCDE, *fig.* 88, dans le même rapport que la ligne AB l'est à la ligne *ab,* faites une échelle proportionnelle; ensuite mesurez avec un compas, et sur l'échelle du plan proposé, tous les côtés de cette figure, que vous réduirez dans le rapport désigné par la méthode (des points d'intersection) expliquée pour là figure semblable 86, en donnant aux côtés de cette figure des longueurs prises sur l'échelle de réduction: vous obtiendrez alors une figure proportionnelle ou réduite dans le rapport demandé.

On peut, d'après ce procédé, augmenter proportionnellement une figure quelconque.

Pour faire un plan quatre fois plus grand (en surface), il suffit de doubler l'échelle ; pour le faire au $\frac{1}{4}$, on prendrait la $\frac{1}{2}$, etc.

Les figures 87 et 88 ont leurs côtés parallèles et proportionnels chacune à ceux du ter-

7*

rain, ainsi qu'on le voit par l'inspection de ces figures.

4.º On réduirait facilement ces figures par la méthode des parallèles, expliquée pour la figure semblable 86 : il suffirait seulement de donner aux côtés parallèles des longueurs proportionnelles.

5.º On peut aussi employer *l'angle de réduction* pour la réduction des figures; mais cette manière de réduire est peu usitée dans la pratique : nous avons donc cru superflu d'expliquer ce procédé dans cette nouvelle édition. D'ailleurs les autres méthodes lui sont de beaucoup préférables.

6.º Lorsque la figure que l'on a à réduire est curviligne, *fig.* 91, et présente un grand nombre de détails, comme serait un bois, ou la carte d'un pays, il sera plus expéditif de s'y prendre de la manière suivante :

Supposons qu'il faille réduire dans le rapport d'un quart la figure **ABCD**: divisez-la par carrés; faites une semblable figure *abcd*, mais plus petite, et dont la longueur des côtés soit dans la proportion demandée; divisez-la en autant de carrés que la précédente, et dessinez dans chacun des carrés de la petite figure les détails contenus dans les carrés correspondans de la grande figure, et vous aurez une carte plus petite, et d'autant plus exacte qu'il y aura un plus grand nombre de carrés.

On aurait pu se servir du *pantographe,* qui est un instrument qu'on emploie aussi pour la réduction des figures curvilignes; mais la méthode ci-dessus est préférable.

Nous prendrons pour exemple *la Carte du département de la Côte-d'Or, fig.* 91. Cette figure est réduite sur la nouvelle carte de ce département dressée par M. *J.-B. Noëllat.* Les carrés formés par les degrés de longitude et de latitude ont servi de base à sa réduction. Ces carrés sont un huitième en longueur et largeur de la grande carte : elle sera donc un soixante-quatrième en surface.

Les procédés à employer pour réduire cette carte ou toute autre, sont les mêmes que ceux que nous avons indiqués à la page précédente ; cependant nous allons donner quelques explications essentielles sur la construction d'une carte géographique.

Lorsqu'on aura formé les carrés proportionnels, on déterminera, 1.º la position respective de tous les chefs-lieux du département, d'arrondissemens et de cantons : ces points feront *le fond* de la carte. Après s'être assuré des distances proportionnelles entre ces points principaux, on placera tous les villages (ces derniers points seront déterminés par des perpendiculaires élevées sur les lignes qui forment les carrés). 2.º On tracera les routes suivant leur direction, telles qu'on les voit *figure* 91; les canaux, rivières, ruisseaux, étangs, etc., seront aussi dessinés suivant leurs directions, et par rapport aux communes qu'ils arrosent ou fertilisent; 3.º lorsque tous ces détails seront tracés sur la carte, on fera la lettre, que l'on calculera de manière à éviter la confusion (voy. *fig.* 91); ensuite on dessinera légèrement les montagnés, les bois, les vignes, etc., afin qu'ils ne nuisent point à la lettre.

Les divisions et subdivisions d'une carte se font aussi après la lettre, en ayant égard, dans cet exemple, au nombre de communes formant un arrondissement ou un canton, en déterminant d'abord les plus grandes divisions, pour passer ensuite aux subdivisions : ces limites sont distinguées par des couleurs différentes.

Pour vérifier l'exactitude de la carte réduite, on peut, 1.º tracer de grandes lignes en tous sens, et déterminer les mêmes directions sur la carte qui aura servi de base à l'opération (pour ne point répéter, nous dirons que toutes les observations que nous indiquerons seront faites respectivement sur les deux cartes), et observer les villes, bourgs, villages, etc., qui se trouveront sur ces lignes, ou les distances perpendiculaires proportionnelles de ceux qui s'en éloignent; 2.º vérifier la distance proportionnelle entre chaque point géographique pris à volonté; 3.º vérifier si les polygones formés par les routes, canaux, rivières, etc., sont proportionnels ou semblables; 4.º choisir comme point central d'un cercle telle ville qu'on voudra, et tel autre point qui serait l'extrémité du rayon, et observer tous les points qui se trouveront à égale distance du point central (ou de celui qu'on aura pris pour centre); 5.º toutes les lignes tracées à volonté sur les deux cartes doivent former par leur rencontre des angles égaux.

TROISIÈME PARTIE.

PRINCIPES GÉNÉRAUX

DE LA TRIGONOMÉTRIE RECTILIGNE,

ET

SON USAGE APPLIQUÉ A LA FORMATION DE LA CARTE D'UN PAYS, ETC.

On a vu qu'on a donné la solution d'un grand nombre de problèmes relatifs à l'art de lever les plans, sans avoir eu recours à la trigonométrie; cependant, comme la connaissance de cette partie de la géométrie et l'application de ses principes sur le terrain diminuent beaucoup le travail, et rendent les opérations plus certaines lorsqu'il s'agit de lever un plan d'une grande étendue, c'est pourquoi il est essentiel de s'en rendre la pratique familière. Notre dessein, néanmoins, n'est pas de donner dans cet *abrégé* un traité complet de la trigonométrie : nous exposerons seulement d'une manière succincte ses définitions et ses principes généraux. Nous donnerons aussi la solution de quelques problèmes, pour ensuite enseigner ses différens usages.

DÉFINITIONS.

Nous avons dit « qu'un angle a pour me-

» sure le nombre de degrés renfermés dans
» l'arc compris entre ses côtés, et décrit de son
» sommet comme centre (18); » mais ce ne
´ sont point les angles mêmes qu'on emploie dans
le calcul des triangles : on leur substitue des lignes qui sont proportionnelles aux côtés des
triangles : ces lignes, que l'on appelle des *sinus,*
servent à déterminer la grandeur des angles ;
nous allons les faire connaître.

61. On appelle *sinus droit,* ou simplement
sinus d'un angle ou d'un arc, la perpendi-
culaire abaissée de l'une des extrémités de
cet arc sur le rayon qui passe par l'autre
extrémité du même arc. Ainsi l'angle DCA,
fig. 92, ou l'arc DA (de 45 degrés) aura pour
sinus la ligne droite DE.

On peut dire encore que le *sinus* d'un angle
ou d'un arc est *la moitié de la corde qui sous-*
tend le double de cet arc : car DE est moitié
de DF, qui sous-tend l'arc DAF, double de l'arc
DA (*).

62. Un angle et son supplément ont *le même*
sinus : car on voit par la figure que la droite DE,
sinus de l'arc AD (61), est commune aussi à
l'arc GHD, supplément (19) de l'arc AD.

Le *complément* d'un arc est la différence de
cet arc au quart de la circonférence (19). Ainsi

(*) Le sinus KL de l'angle KCG, de 30 degrés, est égal à la
moitié du rayon CG ou CA : car ce sinus est moitié de la corde
KM, qui sous-tend l'arc KGM de 60 degrés; mais cette corde est
égale au côté de l'hexagone régulier, que nous avons vu être lui-
même égal au rayon (60, *fig.* 26) : donc le sinus d'un arc de 30
degrés est égal à la moitié du rayon.

l'arc **DA** est le complément de l'arc **HD**; et réciproquement, l'arc **HD** est celui de l'arc **DA**.

63. Le sinus du complément d'un arc s'appelle *cosinus* : **DI** sera le cosinus de l'arc **AD**.

64. La partie **AE**, *fig.* 92, du rayon, comprise entre le sinus et l'extrémité de l'arc, s'appelle *sinus-verse;* **HI** est le *cosinus-verse* de l'arc **AD**.

65. La partie **AB** de la perpendiculaire élevée à l'extrémité du rayon **CA**, et interceptée entre le rayon **CD** prolongé , s'appelle *tangente* (*).

On nomme *cotangente* la tangente du complément d'un angle. **HB** est la cotangente de l'arc **AD**.

66. La ligne **CB**, ou le rayon **CD** prolongé jusqu'à la rencontre de la perpendiculaire **AB**, est la *sécante* de l'arc **AD**; celle du complément **CN** s'appelle *cosécante.*

67. Il résulte de la définition que l'on vient de donner des sinus, que le *sinus d'un angle droit est égal au rayon* : car, plus l'arc **AD** sera grand, ou plus le point **D** se rapprochera du point **H**, *fig.* 92, plus aussi son sinus **DE** augmentera; et son cosinus **DI** diminuera jus-

(*) *La tangente de* 45 *degrés est égale au rayon* : car, si l'angle BCA est de 45 degrés, l'angle CAB étant droit, l'angle CBA vaudra aussi 45 degrés; le triangle BCA sera isocèle. A des angles égaux répondent des côtés égaux (49) : donc AB égale AC.
On démontrerait de même que *la tangente d'un arc et celle de son supplément sont égales* : car la tangente de l'arc DKG, supplément de l'arc AD, est GN; les triangles NGC et BAC sont égaux : donc GN est égal à AB; donc aussi la tangente d'un arc plus grand que 90 degrés est égale à celle du supplément de cet arc.

qu'à ce qu'enfin le point **D** tombe sur le point **H**, auquel cas l'arc **ADH**, ou l'angle **ACH**, de 90 degrés, aurait pour sinus la ligne **CH**, ou le rayon; mais, comme le rayon est le plus grand de tous les sinus, c'est par cette raison qu'on l'appelle *sinus total.*

68. Il suit de cette démonstration que la tangente **AB** augmente en raison de la grandeur de l'arc **AD**, et que la cotangente diminue dans la même proportion, jusqu'à ce que, l'arc **AD** étant devenu de 90 degrés, la tangente est infinie, et la cotangente est zéro.

69. Supposez que le rayon d'un cercle soit divisé en 10,000,000 parties égales (ou tout autre nombre qu'on voudra), et que l'on ait calculé le nombre que chaque sinus, chaque tangente et chaque sécante de tous les arcs, depuis une minute jusqu'à 90 degrés, contient de ces parties égales (*); qu'ensuite on ait écrit par ordre dans une colonne toutes les minutes pour le quart du cercle, et que l'on ait écrit aussi dans une colonne, et vis-à-vis de chaque minute, le nombre de parties égales que le calcul aura déterminé: vous aurez alors une idée des tables des sinus, tangentes et sécantes.

Ces nombres ou ces lignes, étant proportionnels aux côtés des triangles, sont employés pour fixer la grandeur des angles. On peut, par

---

(*) Si l'on suppose le demi-diamètre CG divisé en 10,000,000 parties égales, et l'arc KG de 30 degrés, le sinus d'un arc (61) étant la moitié de la corde, ou sous-tendante du double d'un pareil arc, la corde KM, de 60 degrés, étant égale au demi-diamètre (ou au côté de l'hexagone régulier) CG, KL, qui est le sinus de 30 degrés, sera égal à la moitié de CG : il sera donc de 5,000,000 parties.

le moyen de·cette table, assigner quel est le
nombre de degrés d'un angle dont le nombre
de parties du sinus serait connu ; et réciproquement, connaissant le nombre de degrés et minutes d'un angle, on peut assigner le nombre
de son sinus.

70. Les nombres qu'on a trouvés d'après le
rayon qui a servi à construire les tables, s'appliquent aux sinus, tangentes et sécantes de
tel autre cercle qu'on voudra, dont le rayon
sera connu, suivant ce principe : *Dans les cercles inégaux, les sinus, tangentes et sécantes
des arcs .semblables ont même raison aux
rayons de leurs cercles.* (Euclide).

Les rayons AC, AK, *fig.* 94, des deux portions
de cercle ACEF, AKLG, sont inégaux ; mais les
arcs CE, KL, étant semblables, ou d'un même
nombre de degrés, il y a même raison du sinus
BE au rayon AE, que du sinus IL au rayon
AL. Il y aura aussi même rapport de la tangente
CD au rayon AC, que de la tangente KM au
rayon AK, etc. (Voyez les lignes proportionnelles,
problèmes XVI et suivans.)

Après avoir calculé les sinus, tangentes, etc.,
on a aussi calculé leurs logarithmes, qu'on emploie dans le calcul des triangles, comme nous
le ferons voir bientôt. C'est pour cette raison
qu'on a fait des tables qui renferment les logarithmes des sinus et ceux des nombres natu-
rels (*).

(*) Les tables des logarithmes des nombres les plus étendues,
ne vont que jusqu'à 20,000 ; les tables ordinaires ne vont qu'à
10,000 ou 10,800.

PRINCIPES DE LA TRIGONOMÉTRIE.

La trigonométrie est une partie de la géométrie qui enseigne à déterminer trois des six parties d'un triangle, par la connaissance des trois autres parties ; mais dans ces trois choses il faut qu'il y ait au moins un côté.

71. Dans tout triangle, le plus grand angle est toujours opposé au plus grand côté, et réciproquement, etc. (48).

72. Dans tout triangle rectangle, le sinus total est au sinus d'un des angles du triangle comme l'hypothénuse est au côté opposé à cet angle (*fig.* 93).

73. *Dans tout triangle rectiligne* les sinus des angles sont proportionnels aux côtés qui leur sont opposés (*).

Dans le triangle ABC, *fig.* 95, faites BE égal à AC, et abaissez les sinus EF, CD perpendiculaires sur AB : CD sera le sinus de l'angle A par rapport au rayon AC, et EF celui de l'angle B, toujours par rapport au même rayon.

On aura cette proportion : EF, sinus de l'angle B, est à CD, sinus de l'angle A, comme AC, côté opposé à l'angle B, est à BC, côté opposé à l'angle A : d'où il suit cette formule plus simple :

Pour tous les triangles en général.

En tout triangle, le sinus d'un des angles est à son côté opposé, comme le sinus de quelque autre angle est au côté qui lui est respectivement opposé.

(*) Ce principe fondamental est la base de la trigonométrie rectiligne.

Dans la trigonométrie rectiligne on ne considère que deux sortes de triangles : les triangles *rectangles* et *obliquangles;* mais, afin de simplifier, nous ferons connaître des méthodes générales, et applicables à la résolution de toutes les espèces de triangles; et, pour déterminer leurs côtés, nous ne ferons usage dans les calculs que des logarithmes des sinus, et non des tangentes, sécantes, etc.

PROBLÈME.

TROUVER LES DEUX CÔTÉS INCONNUS DANS UN TRIANGLE, PAR LA CONNAISSANCE DES ANGLES ET D'UN CÔTÉ.

Le principe démontré à l'art. 73, *fig.* 95, est, comme nous l'avons dit, applicable généralement à tout triangle quelconque.

L'exemple qui suit le rendra encore plus sensible.

On donne dans le triangle ABC, *fig.* 97, le côté AB de 464 mètres, l'angle A de 95 degrés 37 minutes, et l'angle B de 37 degrés 45 minutes : l'angle C sera donc de 51 degrés 38 minutes (51). On aura les proportions suivantes :

Pour le côté AC.

Le sinus de l'angle C est à la base AB comme le sinus de l'angle B est au côté AC.

Pour le côté CB.

Le sinus de l'angle C est à la base AB comme

le sinus de l'angle **A** est au côté **CB**; ou simplement :

$$C : AB :: B : AC$$
$$C : AB :: A : CB$$

On sait que, pour obtenir le quatrième terme
d'une proportion, il faut multiplier l'un par
l'autre le deuxième et le troisième, et diviser leur
produit par le premier. Donc, en employant les
logarithmes, on opèrera ainsi qu'il suit :

OPÉRATION PAR LOGARITHMES.

Logarithme sinus de l'angle **B**	9,735177
+ logarithme base **AB**........	2,666319
Somme........	12,399496
— logarithme sinus de l'angle **C**.	9,894346
Logarithme du côté **AC**........	2,505150

qui répond à 320 mètres.

Logarithme sinus **A**.........	9,997910
+ logarithme base **AB**.......	2,666319
Somme.......	12,664229
— logarithme sinus de l'angle **C**.	9,894346
Logarithme du côté **CB**.......	2,769883

qui répond à 589 mètres (*).

Nous ferons remarquer, 1.º que nous employons

(*) Le logarithme 2,769883 tombant entre les nombres 588 et
589, il faudrait retrancher une fraction d'unité au nombre 589 ;
mais il est assez rare qu'on ait besoin d'une exactitude aussi rigoureuse dans la pratique.
On a choisi 589, parce que le logarithme 2,769883 est beaucoup
plus près de 589 que de 588.

le même angle **C** et la même base **AB** pour obtenir les longueurs des deux côtés **AC**, et **CB**, ce qui est un très-grand avantage pour les calculs; 2.º que la *formule générale* que nous avons établie pour la résolution de toutes les espèces de triangles, aplanit de grandes difficultés sur cette matière, puisqu'elle dispense de faire les opérations relatives à chaque espèce de triangle; 3.º que, n'employant dans les calculs que les sinus des angles (ou leurs logarithmes), et le logarithme de la base, nous évitons par-là de charger la mémoire du lecteur d'une infinité de mots qui le fatigueraient; nous lui évitons aussi les calculs qu'il serait obligé de faire en employant les autres lignes, pour obtenir un semblable résultat. On conviendra donc que nous avons beaucoup simplifié cette matière, et l'on s'en convaincra encore davantage par la lecture des ouvrages sur la trigonométrie.

De toutes les méthodes qu'on emploie dans les calculs de la trigonométrie, la suivante est la plus courte : nous allons l'appliquer à la figure 97 pour le côté **AC**. Ecrivez le *complément arithmétique* (*) du premier terme
ou de l'angle **C**. 0,105654
Logarithme sinus du troisième
terme ou de l'angle **B**. 9,733177
Et le logarithme de la base **AB** 2,666319

Vous aurez le logarithme du
côté **AC**. 12,505150
(*Nota.* On supprime le chiffre 1 à gauche de

(*) On obtient le *complément arithmétique* d'un nombre en

cette somme, et le reste 2,505150 est le loga-rithme du côté AC) (*).

On voit donc que toutes les fois que l'on con-naîtra deux angles et un côté d'un triangle, il sera toujours facile de déterminer la valeur du troisième angle et celles des deux autres côtés, et l'on peut assurer que presque tous les triangles qu'on mesure sur le terrain se trouvent dans ce cas.

Cependant nous ne pouvons nous dispenser de faire connaître plusieurs problèmes relatifs à la résolution des triangles, quoiqu'il soit rare qu'on ait besoin de les résoudre sur le terrain.

1.º Connaissant l'hypothénuse et les angles ai-gus d'un triangle rectangle, trouver les deux autres côtés.

2.º Connaissant deux côtés et l'angle qu'ils forment, trouver le troisième côté et les autres angles.

3.º Connaissant deux côtés et un angle opposé à l'un d'eux, trouver les autres angles et l'autre côté.

4.º Déterminer les trois angles par la connais-sance des trois côtés.

écrivant au-dessus de ce nombre autant de zéros qu'il y a de chiffres qui le composent, plus *l'unité :* ce qui restera après avoir fait la soustraction, sera le complément arithmétique de ce nombre.

Exemple. On demande le complément arithmétique du loga-rithme sinus de 51 degrés 58′.

	10,000000
Logarithme...........................	9,894546
Complément arithmétique...............	0,105654

(*) Le sinus total ou le rayon des tables étant l'unité suivie de 0, il suffit de retrancher le premier chiffre 1. Le reste sera le logarithme du nombre cherché.

Notre dessein étant (comme on l'a remarqué) de simplifier les démonstrations, nous allons, avant de donner la solution de ces problèmes, enseigner la méthode par laquelle on supplée à la trigonométrie dans l'art de lever les plans. Elle consiste à former sur le papier, avec un rapporteur, des angles égaux à ceux qu'on a observés sur le terrain. *Exemple* : On donne dans le triangle ABC, *fig.* 97, la base CB, de 589 mètres, l'angle B, de 32 degrés 45 minutes, et l'angle C, de 51 degrés 38 minutes. Tracez une ligne indéfinie CB, à laquelle vous donnerez 589 parties d'une échelle de proportion ; ensuite formez au point B, avec un rapporteur, un angle de 32 degrés 45 minutes, et au point C un angle de 51 degrés 38 minutes : les points de section des deux rayons BA, CA, seront proportionnels à la base CB ; l'angle A devra être de 95 degrés 37 minutes, puisque *dans tout triangle les côtés sont proportionnels aux sinus des angles qui leur sont opposés* (73).

« Cette méthode est moins exacte que la pré-
» cédente, en ce que le rapporteur, ou en géné-
» ral l'instrument que l'on emploie pour former
» sur le papier des angles égaux à ceux qu'on a
» observés sur le terrain, ne pouvant être que
» d'un assez petit rayon, on ne peut apporter
» dans la formation de ces angles la même pré-
» cision qu'on obtiendrait en mesurant sur l'é-
» chelle la valeur que le calcul a déterminée
» pour les côtés.

« Mais, comme il est peu ordinaire qu'on ait
» besoin d'une exactitude aussi scrupuleuse, et

» que d'ailleurs la méthode de rapporter les an-
» gles sur le papier est beaucoup plus expéditive,
» *cette dernière doit être regardée comme*
» *étant d'un usage fort étendu, et suffisam-*
» *ment exacte.* » (Bezout, tome I, page 337),
Les problèmes proposés pourront se résoudre
comme ci-dessous.

PREMIER PROBLÈME.

Dans un triangle rectangle *fig.* 96, on donne
l'hypothénuse AC de 600 mètres, l'angle A de
42 degrés 40 minutes, l'angle C de 47 degrés 20
minutes, et l'on demande les longueurs des côtés
AB, CB.

Tracez une ligne indéfinie AC, à laquelle vous
donnerez 600 parties d'une échelle de plan, et
à ses deux extrémités formez avec un rapporteur des angles égaux (problème III, page 46) à
ceux indiqués par la figure, et prolongez les
rayons AB, CB, jusqu'à leur intersection, qui
déterminera le point B. Si le rapport des angles
est juste et la longueur AC proportionnelle, CB
sera perpendiculaire sur AB, et vous connaîtrez
sur l'échelle les longueurs des côtés AB, CB;
mais il est évident que plus l'échelle sera grande,
et plus aussi on pourra se promettre d'exactitude
dans le rapport des angles et celui des côtés.

SECOND PROBLÈME.

Soit le même triangle ACB, *fig.* 96, dans lequel on donne les deux côtés AC de 600 mètres,
CB de 407 mètres, l'angle C de 47 degrés 20 minutes, et qu'on demande la valeur des deux

autres angles et la longueur du côté AB. Tracez
une ligne arbitraire, à laquelle vous donnerez
600 parties d'une échelle de plan; à l'une de ses
extrémités C, formez, avec un rapporteur, un
angle de 47 degrés 20 minutes; donnez au
rayon CB 407 parties de l'échelle; puis joignez
les points A et B par une ligne droite: vous connaîtrez sur l'échelle la longueur du côté AB, et
avec un rapporteur la grandeur des angles A
et B.

TROISIÈME PROBLÈME.

Si dans un triangle ACB, *fig.* 97, on donne
AC de 320 mètres, CB de 589 mètres, et l'angle
A de 95 degrés 37 minutes, et qu'on demande
la valeur des angles C et B, et la longueur du
côté AB, tracez une ligne indéfinie qui représentera la ligne AB; au point A, et sur cette
ligne, formez un angle de 95 degrés 37 minutes;
donnez au rayon CA une longueur proportionnelle de 320 parties de l'échelle du plan; prenez
avec un compas 589 parties sur l'échelle, et du
point C décrivez un arc qui coupera le rayon
AB en un point qui représentera le point B : et
le triangle CAB sera déterminé dans toutes ses
parties : car on voit qu'il sera facile de connaître la valeur des angles C et B, et la longueur
du côté AB, par la méthode indiquée au problème précédent.

QUATRIÈME PROBLÈME.

Si dans le même triangle CAB, *fig.* 97, on
eût donné les trois côtés qui le forment, on au-

rait construit ce triangle par des points d'intersection, comme on l'a indiqué pour le rapport
de la figure 57; ensuite on connaîtrait les angles
en les mesurant avec un rapporteur (*).

USAGE DE LA TRIGONOMÉTRIE.

On sait que l'art de lever les plans consiste
à déterminer sur le papier des points qui soient
entre eux comme le sont ceux du terrain qu'ils
représentent. C'est par la trigonométrie qu'on
détermine ces points qui servent à former la carte
d'une province, d'un pays, un plan d'une grande
étendue; en général c'est par le moyen de la
trigonométrie qu'on mesure les distances qui
sont inaccessibles.

Exemple. S'il s'agit de déterminer les points
D, E, *fig.* 98, et celui du clocher (**), mesurez
une base **CB** de 1000 mètres environ (sur un
terrain qui présentera le moins d'inégalités qu'il
sera possible), des extrémités ou des points de laquelle vous puissiez apercevoir les points dont
vous voulez obtenir la représentation.

(*) Ceux qui désireraient connaître les méthodes rapportées dans
Bezout, Ozanam, Camus, et autres, pour la résolution des trois
derniers problèmes, peuvent consulter ces auteurs; quant à nous,
nous avons cru inutile de grossir cet abrégé par de nombreux
calculs, pour obtenir des résultats semblables. D'ailleurs, notre
dessein étant d'enseigner principalement la pratique de l'arpentage
sur des bases certaines, mais simples, nous renvoyons ceux qui
veulent s'instruire plus à fond dans la science de la géométrie,
aux livres qui en traitent d'une manière plus compliquée, comme
nous l'avons annoncé dans notre avertissement.

(**) Nous avons choisi pour cet exemple quelques-uns des triangles des opérations trigonométriques que nous avons faites pour
la commune de Pontailler-sur-Saône (l'une des villes dont nous avons
levé les plans géométriques).

La base **CB** étant déterminée, au point **C** mesurez les angles BC clocher, **BCD**; marquez un point **A** (le point D n'est pas aperçu de l'extrémité **B**); à ce dernier point, mesurez les angles **CA** clocher, **BA** clocher, **CAD, DAE, BAE**; au point **B** mesurez les angles **CB** clocher, **ABE**; le point **D** étant un de ceux qui ont été déterminés par les observations faites aux points **C** et **A**, on y transporte le graphomètre pour y mesurer l'angle **ADE**.

Nous supposons qu'on ait écrit sur un canevas (qui représente à peu près la situation des objets observés) la valeur des angles observés et la longueur des bases. Cela étant fait, on calculera les autres côtés des triangles par la méthode indiquée au problème, page 136, et l'on rapportera ces triangles par des points d'intersection comme on l'a fait pour la figure 57, d'après la valeur que le calcul aura déterminée pour les côtés.

Nota. Ayant fait un tour d'horizon au point **A**, tous les angles formés de chaque côté du diamètre vaudront 180 degrés, et tous étant pris ensemble vaudront la circonférence ou 360 degrés (17).

Si l'on voulait avoir la représentation d'un plus grand nombre de points, on choisirait l'un des rayons **CD, DE**, ou **BE**, ou chacun d'eux alternativement, et, les considérant comme de nouvelles bases, on ferait à leurs extrémités des observations analogues aux précédentes (*).

(*) Les problèmes relatifs aux figures 82 et 83 se résoudront facilement par le moyen de la trigonométrie, ainsi que tous ceux qui leur sont analogues.

ORIENTER UN PLAN.

On trace ordinairement sur le plan la direction de l'aiguille de la boussole pour indiquer le
nord, *fig.* 98. Pour cet effet, on marque le
nombre de degrés qui se trouvent compris entre
le point N de cette aiguille, et un objet observé.
Dans cet exemple l'angle NA clocher est de 16
degrés 15 minutes. On formera au point A, et
avec la ligne A clocher, un angle semblable de
16 degrés 15 minutes, ainsi qu'on le voit sur
le canevas trigonométrique. La ligne NS représente donc le nord de la boussole; mais, comme
la pointe de l'aiguille aimantée décline vers l'ouest,
pour l'année 1824, de 22 deg. 23 min. $\frac{1}{4}$ (*),
il faut donc, pour obtenir le *nord vrai*, former avec la direction de cette aiguille un angle
semblable de 22 degrés 23 minutes $\frac{1}{4}$ du côté
de l'orient: alors la ligne FD sera la *méridienne,*
c'est-à-dire qu'elle sera dans le plan du méridien. On élève ordinairement sur cette ligne une
perpendiculaire CB pour indiquer l'orient et
l'occident; FD, BC, indiqueront les quatre
points cardinaux, qui sont le *nord,* le *sud,*
l'*est,* et l'*ouest.* Par le moyen de ces points

(*) On appelle déclinaison de l'aiguille l'angle que forme
sa direction avec celle du méridien du lieu. Cette déclinaison
varie : en 1663 elle se dirigeait droit au pôle ; elle est restée deux
ans dans cette position, et s'est continuellement éloignée du pôle
en avançant vers l'ouest; en 1816 la déclinaison était de 22 degrés
25 minutes; en 1817, de 22 degrés 19 minutes ; en 1818, de
22 degrés 26 minutes ; en 1819, de 22 degrés 29 minutes (en
1820, non observée); en 1821, de 22 degrés 25 minutes; en 1822,
de 22 degrés 11 minutes; en 1823, le 29 novembre, à une heure
un quart du soir, de 22 degrés 23 minutes; le 15 juin 1824, à
1 heure 1/4 après midi, elle était de 22° 23' 1/4.

fixes, il sera facile de déterminer ceux intermédiaires : tels sont le nord-est, le sud-est, etc.

MESURER UNE DISTANCE INACCESSIBLE.

On désire connaître la distance du point C
par rapport à une base **AB** dont la longueur est
de 410 mètres, *fig.* 97 bis.

A son extrémité **A**, mesurez l'angle **BAC**, de
64 degrés; et à son autre extrémité **B**, mesurez
'angle **ABC**, de 55 degrés.

Conformément à la formule (73), on a les
proportions suivantes :

Le sinus de l'angle C : la base **AB** :: le sinus
de l'angle B : la base **AC**.

Le sinus de l'angle C : la base **AB** :: le sinus
de l'angle A : côté **CB**.

C : **AB** :: B : **AC**, ou C : **AB** :: A : **CB**

OPÉRATION DES LOGARITHMES.

Logarithme base **AB** 410........	2,61278
+ logarithme sinus de l'angle B	
55 degrés.................	9,91336
	12,52614
— logarithme sinus de l'angle C	
60 degrés.................	9,93753
Logarithme du côté **AC**.........	2,58861

qui répond à 388 mètres.

Logarithme base **AB** 510.......	2,61278
+ logarithme sinus de l'angle A	
64 degrés.................	7,95366
	12,56644

D'autre part. . . . .　12,56644
— logarithme sinus de l'angle C
60 degrés. . . . .　9,93753

Logarithme du côté CB. . . . .　2,62891
qui répond à 526 mètres.

Voici la même opération en faisant usage des *complémens arithmétiques.*

Complément arithmétique du logarithme sinus de l'angle C 60 degrés. . . . .　0,06247
+ logarithme base 410. . . . .　2,61278
+ logarithme sinus de l'angle B
55 degrés. . . . .　9,91336

Logarithme du côté AC. 12,58861
qui est le même que celui qui est le résultat de la première proportion (en retranchant le premier chiffre à gauche), et qui, par conséquent, répond à 388 mètres.

Complément arithmétique du logarithme sinus de l'angle C 60 degrés. . . . .　0,06247
+ logarithme base 410. . . . . . .　2,61278
+ logarithme sinus de l'angle A
64 degrés. . . . .　9,95366

Logarithme du côté CB. . . . .　12,62891
qui est le même que celui qu'on a obtenu pour résultat de la seconde proportion, et qui, par conséquent, répond à 526 mètres (en retranchant le premier chiffre à gauche).

De ces deux méthodes de calculer un triangle, la seconde est sans doute la plus prompte, et l'on a vu qu'elles sont également exactes : on adoptera donc celle qu'on voudra.

Nous pensons qu'au moyen de ces exemples, que nous avons exposés avec toute la clarté possible, on n'éprouvera aucune difficulté à faire ces sortes de *calculs,* qui sont une des bases principales de la *géométrie pratique,* puisque c'est, comme nous l'avons déjà dit, par le calcul des triangles qu'on détermine les points principaux de la carte d'un pays, d'un plan d'une grande étendue, etc.

MESURER UNE HAUTEUR AU PIED DE LAQUELLE ON PEUT ALLER.

On demande la hauteur du clocher **AE,** *fig.* **99.** Eloignez-vous de cet édifice de deux ou trois fois sa hauteur, si cela est possible : soit la distance **BE** (supposé qu'on ne puisse pas s'en éloigner davantage), que vous ferez mesurer; étant au point **E,** disposez le graphomètre verticalement, et que son diamètre fixe soit dans une situation horizontale, ce que l'on fait au moyen d'un fil à plomb (on attache le fil derrière le point de 90 degrés; il doit raser l'instrument, et répondre au centre); ensuite faites mouvoir l'alidade jusqu'à ce que vous aperceviez par les pinnules le sommet **A** de l'édifice : alors vous aurez un triangle rectangle **ADC,** dont vous connaîtrez l'angle **CDA** de 28 degrés 30 minutes, l'angle **ACD,** qui est droit, et le côté **CD** ou **BE** (les lignes **CD** et **BE** étant parallèles et de même longueur).

Connaissant dans ce triangle les trois choses essentielles, il sera facile de calculer ses autres parties par ce que nous avons dit précédemment; cependant nous allons encore obtenir par le calcul le côté AC. (Voyez l'article 73). Il est évident que l'on a cette proportion :

Le sinus de l'angle A est au côté CD comme le sinus de l'angle D est au côté AC.

OPÉRATION PAR LOGARITHMES.

Logarithme sinus de l'angle D, 28
degrés 30 minutes.......... 9,67866
+ logarithme base (100 mètres)
CD....................... 2,00000

Somme...... 11,67866
— logarithme sinus de l'angle A 9,94389

Logarithme du côté AC........ 1,73477
qui répond à 55 mètres, auxquels il faut ajouter la hauteur CB ou DE de l'instrument, pour avoir la hauteur totale de AB.

MESURER UNE HAUTEUR AU PIED DE LAQUELLE ON NE PEUT PAS ALLER.

Étant éloigné à une distance suffisante de l'édifice dont on veut connaître la hauteur, on plantera un piquet au point D, *fig.* 100; un autre au point A, dans l'alignement de BD; et audit point A on mesurera avec un graphomètre l'angle CAD, et au point D l'angle CDA; cela étant fait, on connaîtra les angles du triangle CDA, et le côté DA, que l'on aura fait mesurer: il sera alors facile de trouver le côté CD (75).

Dans le triangle rectangle CBD on connaîtra,

avec l'angle droit **B**, l'angle **D** : car, l'angle **CDA**
étant de 146 degrés, l'angle **CDB**, supplément
de l'angle **CDA**, sera de 34 degrés (21); de plus,
l'hypothénuse **CD** étant connue, il sera facile de
trouver la mesure du côté **CB** (problème 1).

Nota. Ce problème peut aussi se résoudre
comme le précédent pour le triangle **ACD**, *fig.*
99.

Les problèmes relatifs aux figures 98, 99,
100, ainsi que tous ceux qui leur sont analogues, peuvent se résoudre avec un rapporteur
d'après la méthode que nous avons indiquée.
Nous allons seulement expliquer le rapport de
la figure 100.

Tracez une ligne indéfinie **AB**; marquez sur
cette ligne la longueur proportionnelle de **AD**,
et aux extrémités de cette ligne formez les
angles **A** et **D** : vous obtiendrez le point **C** par
intersection; prolongez suffisamment le côté
AD; placez une règle parallèlement sous cette
ligne, le long de laquelle vous ferez glisser une
équerre jusqu'à ce que son côté droit rencontre
le point **C**, et tracez **CB** : vous obtiendrez par
ce moyen deux triangles semblables à ceux que
vous aurez observés sur le terrain, et dont les
côtés seront en rapport avec la base **AD** : donc
vous connaîtrez **CB** sur l'échelle, et sans faire
aucun calcul.

On peut aussi déterminer la hauteur **AB**,
fig. 100 *bis,* sans instrument. Prenez deux bâ-
tons, dont l'un soit le double de l'autre en hauteur; placez-les de manière que l'intervalle **CD**
soit égal à **DG**, et que **FG** soit dans la direction

8*

de A : vous prolongerez FG en E, et vous aurez la ligne EB égale à AB.

On obtiendrait également la hauteur AB en plantant verticalement un bâton dont la longueur (non compris celle enfoncée en terre) sera connue; on mesurera en même temps l'ombre du bâton et celle de la tour; ensuite on fera cette proportion : l'ombre du bâton CD est à la hauteur du bâton FC, comme l'ombre de la tour BC est à la hauteur de la tour AB.

On peut, au moyen d'une seule base exactement mesurée, obtenir un grand nombre de points trigonométriques en calculant les côtés d'un grand triangle comme serait le triangle BA clocher, *fig.* 98. Car, connaissant les longueurs B clocher, A clocher, ces lignes serviront de bases à d'autres triangles, ainsi de suite. On pourrait donc déterminer par ce procédé une infinité de points qui ne seraient pas aperçus dans le plan de la base principale CB ou AB : nous en donnerons un exemple dans la figure 101. Il suffirait dans ce cas de mesurer seulement deux angles dans chacun des nouveaux triangles (supposant que les points observés soient en plaine ou accessibles).

DÉTERMINER LES POINTS PRINCIPAUX DE LA CARTE D'UN PAYS.

Pour faire la carte d'un pays, il serait nécessaire d'avoir une base d'une ou plusieurs lieues; mais, comme une base de cette longueur-là ne serait pas facile à trouver à cause des obstacles que présente le terrain, il faut, au moyen d'une base **CD**, *fig.* 101, de 1000 à 1200 mètres, mesurer celle qui doit servir à l'opération dont il s'agit. Supposons que les extrémités de cette seconde base soient les deux éminences **A** et **B** (au-dessus desquelles on aura fait placer deux signaux) : au point **A** on mesurera les angles que forment avec la base **AB** les rayons **AE, AF, AG**, etc., **AL, AN**, etc.; et au point **B** on mesurera les angles que forment avec la même base **AB** les rayons **BE, BF, BG**, etc., **BL, BN**, etc. ; dans chacun de ces triangles on connaîtra un côté qui leur sera commun, et deux angles : il sera donc facile de les déterminer.

Lorsque les principaux points sont déterminés, on obtient ensuite par des opérations accessoires, et sur des bases auxiliaires, les principaux coudes des routes, rivières et canaux, les montagnes, étangs, bois, et généralement tous les objets qu'on veut figurer sur la carte. On a déjà vu que l'exactitude des détails d'une carte ou d'un plan dépend du plus grand nombre de points qu'on aura déterminés par les moyens que nous avons fait connaître.

Nous allons actuellement indiquer la manière de lever le plan d'une commune avec tous ses détails.

LEVER LE PLAN D'UNE COMMUNE.

D'après ce que nous avons dit dans la seconde partie de cet ouvrage et sur la trigonométrie, on pourrait être à même de lever le plan d'une commune, puisqu'il ne s'agirait, dans ce cas, que de l'application et des développemens des principes que nous avons démontrés. Cependant l'explication de la figure 102 aplanira les difficultés qu'on pourrait encore éprouver sur le terrain lorsqu'il faut opérer dans de grandes dimensions.

La figure 102 représente une commune dont nous supposons qu'il faille lever le plan. Voici l'ordre dans lequel on doit procéder à cette opération : on fait d'abord la reconnaissance du territoire de cette commune, en parcourant les lignes qui forment sa circonscription. Dans cet exemple, les extrémités de ces lignes sont les bornes n.ºs 1, 2, etc., jusqu'à la borne 11, et revenant à la première (*). Ensuite on détermine, dans le milieu du territoire, des lignes dont on fait mesurer exactement les longueurs, et sur lesquelles on fait des observations analogues aux figures 97 et 100. Supposons donc que l'on ait déterminé d'après ces procédés les points A, B, C, D, E, F, G, H, I, Q, et les bornes n.ºs 1, 2, 3, 5, 6, 8, et 11 : ces points serviront à faire le fond du plan topographique que l'on se propose de faire. Ayant déterminé la position de tous ces points (et d'un plus grand nombre d'autres qu'on n'a pas marqués pour ne point trop charger la figure), on connaîtra par le calcul les distances qui existent entre eux, et leur situation respective. C'est sur ces lignes, comme on va le voir, qu'on lèvera tous les détails nécessaires.

(*) On dresse ordinairement un procès-verbal des longueurs qui existent entre chaque borne , ainsi que des angles formés par les lignes du périmètre de la commune; ce procès-verbal est signé du maire de la commune et de ceux des communes adjacentes, etc.

OBSERVATION ESSENTIELLE. Le géomètre chargé de la *triangulation* d'une commune doit
relever autant de points qu'il lui est possible;
et il faut qu'il les choisisse de manière que
ceux qui doivent figurer les détails puissent
établir facilement leurs opérations secondaires
sur des bases déterminées et de peu de longueur, et former tous les raccordemens nécessaires sur les points de première opération.

Les opérations trigonométriques étant faites,
on lèvera le plan du périmètre (ou des lignes
qui forment la circonscription) de la commune
de cette manière : les points I et la borne 11
ayant été observés, on les prolongera jusqu'à la
borne 10, et l'on cotera la longueur de ce prolongement (*); on se transportera au point C;
la borne 5 étant déterminée, on mesurera la
distance dudit point C à la borne 4, et celle qui
existe entre la 4.ᵉ et la 5.ᵉ; ensuite on mesurera
la longueur de la borne 6 à la borne 7, et de
cette dernière au point E; de ce point on mesurera la distance à la borne 9, qui est un point
trigonométrique d'où l'on déterminera des lignes
dont la dernière aboutira au point G; du point
G on déterminera d'autres lignes qui se dirige-
ront au point de la borne n.° 10; sur ces lignes
on lèvera les détails de la rive nord de la rivière.

On voit que les lignes de la circonscription
de la commune ont été déterminées par des

_____

(*) Quoique la longueur de la ligne I borne 11 ait été trouvée
par le calcul, puisqu'elle est un des côtés du triangle AI borne
11, on la mesurera, ainsi que toutes les distances qui existent
entre chaque borne.

observations trigonométriques et par des points d'intersection obtenus sur les lignes de base. On mesurera aussi quelques lignes transversales, comme de la borne 3 à la borne 10, de la borne 4.e à la 9.e, ou au point G si cela est possible.

On rapportera sur le papier le plan de toutes ces lignes ; ensuite on lèvera celui de tous les chemins intérieurs de la commune, de la manière suivante :

On placera un graphomètre au point f, déterminé par le calcul, d'où l'on mesurera les angles entre le point Q et un jalon planté du côté de N, et entre ce dernier jalon et un autre placé du côté de B; de ce dernier jalon on prendra une direction au point B; on reviendaa au premier jalon, qu'on a fait planter du côté de N, d'où l'on prendra une direction au point N, et l'on continuera ainsi jusqu'au point I, duquel on reviendra au point B; on lèvera sur toutes ces lignes les détails extérieurs des maisons et les chemins. Du point B on lèvera la partie du chemin au point a (dont on aura marqué la rencontre sur la ligne de la borne 1.re à la 2.e, ainsi qu'on a fait pour toutes les rencontres des chemins sur les lignes du périmètre). Sur cette ligne on marquera un point à l'embranchement de la route avec le chemin, d'où l'on partira pour lever la partie de ladite route jusqu'à sa rencontre avec la ligne I borne 11 (du périmètre); ensuite on reviendra au point B, d'où on lèvera la partie du chemin au point b; de là on retournera au point Q, d'où on lèvera la partie du chemin au point e; et du même point Q on

lèvera sur la ligne QD les détails du chemin
jusqu'à son embranchement au point D; et de
ce point, apercevant les points c et d (où l'on
aura fait planter des jalons ou signaux), on
mesurera ces deux lignes, sur lesquelles on lèvera
les portions de chemin à droite et à gauche,
aux points désignés, rapportant les lignes de tous
ces chemins avec leurs détails. On aura alors les
plans de tous les polygones qui forment l'ensemble de la commune: c'est ce qu'on appelle le
plan de masse. Il est très-essentiel que ce plan
soit d'une grande exactitude, puisqu'il doit servir
de base aux opérations du *parcellaire,* ainsi
que nous allons le démontrer.

Après avoir rapporté le *plan de masse,* et s'être
assuré de son exactitude par les mesures et
les directions, on procèdera à la levée du plan
du village. On le circonscrit ordinairement entre
plusieurs lignes : dans cet exemple, sur la ligne
QG on marque un point O; sur la ligne GH
un point N; sur la ligne BC un point K; et
sur la ligne CQ un point R. Comme on a
marqué le point L sur la ligne KN, on a la ligne
OL, sur laquelle on marque un point J, et sur
la partie QO de la ligne QG on marque un point
P. On aura alors renfermé le village entre les
lignes KR, RQ, QP, PJ, JL, LK, c'est-à-dire
dans un hexagone irrégulier. On lèvera sur ces
lignes les détails extérieurs de tous les jardins;
on mesurera dans l'intérieur des diagonales, et
les détails des maisons s'obtiendront par la
méthode indiquée pour la figure 67; ensuite
on procèdera à l'opération du parcellaire, ainsi
que nous allons l'expliquer.

On est dans l'usage de considérer une commune comme étant divisée par *sections*. Dans cet exemple, la section C est renfermée entre les points *e,* Q, *f,* N, I, borne 10, G, borne 9, borne 8, et *e.*

Nous prendrons pour exemple la section D. On fera remarquer que les lignes qui circonscrivent la section sont levées géométriquement, ainsi que la partie comprise entre les points *g, f,* N, *g.* Afin d'avoir les plans de chaque pièce de terre, on marquera sur la ligne BI les points S, T, U, V; et sur la ligne n.º 1, borne 11, on marquera les points Y, Z, etc. Ensuite on prendra sur la ligne du chemin *a*B les largeurs de chacune des pièces (pour plus de commodité, on cotera ces mesures, ainsi qu'on l'a indiqué à la note page 81, les mesures cumulées étant plus faciles à rapporter); sur la ligne BI on cotera les distances BS, ST, TU, etc., ainsi que les distances n.º 1 Y, YZ, etc., prises sur la ligne n.º 1 à la borne 11 ; on mesurera aussi la ligne du n.º 11 au point I, sur laquelle on prendra les largeurs de chaque pièce, comme on l'a fait pour la ligne *a*B; ensuite on marquera la rencontre de chaque pièce sur chacune des lignes S n.º 1, TY, UZ, etc. ; ayant coté exactement sur un canevas tous ces détails, on les rapportera sur les lignes de base, et l'on aura les plans parcellaires des héritages renfermés dans le polygone D.

On procèdera ensuite aux opérations parcellaires de la partie *g*NIB*g* du polygone, à l'orient du village, et contigu au premier. Les

lignes qui le forment, étant déterminées par
les opérations précédentes, serviront à lever le
parcellaire.

Sur la ligne GN marquez les points de rencontre a', n, L, o. Les points g, h, étant déterminés, mesurez les trois côtés du triangle
hjg. Sur le côté jg vous formerez le triangle
$ja'g$, en mesurant la ligne ja'. (Le point a' a
été marqué sur la ligne gN). Sur ja' marquez
le point k; sur jk déterminez le triangle jmk,
en mesurant les côtés km, jm. Vérifiez la longueur mn; mesurez aussi ml, nl : vous aurez
déterminé le triangle nml. Les points l et o
étant déterminés, mesurez d'abord la longueur
to, ensuite la ligne ol. Sur ol déterminez le
triangle opl, en mesurant op, pl, et sur le côté
op élevez une perpendiculaire au point q. Sur
BI marquez les points i, s, v; les points i et l
étant déterminés, mesurez la ligne il, sur laquelle vous élèverez une perpendiculaire au point
b'. Sur les lignes HB, HA, marquez leurs points
de rencontre e' et d' sur la ligne ps. Les points
u et v étant déterminés, mesurez la ligne uv et
la distance Ix, qui est la rencontre de la ligne
IH avec la ligne uv.

Il faudra aussi mesurer plusieurs diagonales,
comme ji, $b's$, ip, np, etc. : ces diagonales
serviront à vérifier l'exactitude de l'opération.

Si l'on a bien compris cette explication (qui
n'est que le développement de tout ce qu'on
a dit précédemment), il sera facile d'obtenir
les plans des héritages renfermés entre les
lignes de la section D, lesquels on rapportera

par des points d'intersection et par les points de rencontre desdits héritages sur les lignes d'opération.

On emploierait les mêmes procédés pour lever le parcellaire de tous les polygones circonscrits par les chemins, et qui forment l'ensemble de la commune, ou, comme nous l'avons dit, *le plan de masse.*

Remarque. Les géomètres du cadastre forment *le plan de masse* ou *d'ensemble* au fur et à mesure qu'ils déterminent les différens polygones de la commune sur les lignes trigonométriques. Ainsi ils le font donc en même temps que le parcellaire, et il n'est achevé qu'à la fin des opérations générales et parcellaires. Cette marche paraît plus prompte, et ne change rien aux opérations que nous avons expliquées.

Ce plan, rédigé dans un petit rapport, représente l'ensemble de la commune, chemins, rivières, bois, etc., etc.

Chaque section est rapportée sur une feuille particulière, et offre les plans des propriétés individuelles renfermées dans chacune de ces divisions principales.

En levant le plan des chemins, on a pu vérifier les distances des points observés, sur lesquels on s'est dirigé; on voit aussi comment ces points, qui servent à former le fond de la carte d'un pays, sont nécessaires pour obtenir les objets de détail qu'on veut y figurer. Cependant nous donnerons encore un dernier exemple de la manière de lever le parcellaire avec la planchette.

Supposons qu'on ait rapporté sur la planchette les points F, G, borne 8 et borne 9 : placez bien horizontalement la planchette au point F, en faisant correspondre le point du plan avec celui du terrain. Placez l'alidade sur la ligne FG, et tournez la tablette (sans déranger l'alidade), jusqu'à ce que vous aperceviez à travers les pinnules le point G, auquel on aura fait planter un jalon. Fixez une aiguille verticalement au point F représenté sur la planchette; faites tourner le centre de l'alidade autour de l'aiguille, et dirigez-la successivement sur les points du terrain b, c, d, e, etc., et tracez les rayons visuels Fc, prolongé en v, Fb, Fd, Fe, etc.; et, ayant déterminé par des longueurs proportionnelles les points b, c, d, e, etc., tracez les lignes bc, cd, de, etc.; transportez ensuite la planchette à l'un des points déterminés, sur l'un des rayons duquel vous puissiez apercevoir plusieurs objets de détail que vous lèverez comme à l'ordinaire.

Ayant ainsi fixé les points a, f, g, h, r, q, tracez les lignes $ba, af, fg, gh, rq, qo, om, my$: vous aurez alors déterminé les lignes $hg, gf, fa, ab, bc, cd, de, er, rq, qo, om$, et my.

Sur la ligne GF déterminez un point I, et sur gh un autre point i; ensuite, sur les lignes yG, Ii, et i borne 9, levez les sinuosités de la rivière.

L'opération du terrain sera terminée; mais il sera bon de mesurer quelques diagonales, telles que cf, cr, etc. Voici une vérification qu'on peut obtenir pendant le cours de l'opération (*) : *lorsque vous avez placé et orienté la planchette à un point quelconque du terrain, et déjà déterminé sur cet instrument, en posant la pinnule sur ce point et sur ceux fixés sur le plan de la tablette, vous devez apercevoir à travers les pinnules leurs correspondans du terrain,* ainsi que nous l'avons dit pour les raccords de la planchette, *fig.* 127.

Nota. L'explication que nous venons de donner n'est qu'une conséquence de ce que nous avons enseigné pages 127, 128, 129, et suivantes.

Pour orienter ce plan, *fig.* 102, on a observé au point n.° 2 l'angle formé par l'aiguille de la boussole *ns,* et la ligne de la seconde borne à la troisième, et l'on a tracé sur le plan cette direction, qui forme avec la ligne observée un angle de 25 degrés : ainsi l'on voit la manière de tracer cette ligne sur une carte ou sur un plan.

_____

(*) On voit que cette méthode peut servir à vérifier des points que l'on soupçonnerait douteux, sur un plan ou une carte topographique, ainsi qu'à ajouter des objets de détail qu'on aurai omis.

On a vu aussi qu'il n'y a qu'une seule manière de déterminer les points qui servent à faire le fond d'un plan, et pour former le plan de masse; mais que les méthodes qu'on emploie pour lever le parcellaire, dépendent de la figure du terrain : c'est pourquoi nous avons fait usage de trois procédés différens pour obtenir les détails de trois polygones de la figure 102. On peut aussi se servir avec succès de la boussole, de l'équerre, ou de la planchette, pour lever les objets de détail; mais il faut toujours avoir le soin de faire correspondre les lignes qui servent de base à ces opérations secondaires, avec celles qui auront été déterminées par des observations trigonométriques; par ce moyen on obtiendra un plan qui sera exact dans son ensemble ainsi que dans ses détails.

DES PLANS VISUELS.

Afin de compléter cette troisième partie, nous allons parler des plans visuels.

Un plan visuel est un dessin qui représente la figure d'un terrain quelconque, et la situation respective des objets qui existent sur sa surface, mais qui n'est point proportionnel au terrain (ou qui l'est seulement *approximativement*).

Il est utile de savoir tracer ces sortes de plans, dont on fait souvent usage : nous supposerons, par exemple, qu'on désire avoir la représentation des objets tracés sur la figure 127 (on suppose aussi le cas où l'on n'aurait aucun instrument).

On se placera à un point quelconque, comme en F (où l'on fera planter un piquet). De ce point on tracera d'abord sur le papier une ligne FE indéfinie (de manière à avoir assez d'espace pour figurer tous les objets qu'on doit représenter à droite et à gauche de cette ligne), et une autre au moulin à vent G (*); et, ayant remarqué que

---

(*) Afin de déterminer l'angle EFG avec quelque précision, on pourrait se servir d'un rapporteur, *fig.* 28 (les rapporteurs qui servent à cet usage se font ordinairement en bois), où serait adaptée une petite règle mobile, comme CD; et, fermant un œil, et élevant le centre du rapporteur au-dessus du point F, on dirigerait le rayon CA du rapporteur sur la ligne FE du terrain; en le tenant dans cette position, on ferait mouvoir la règle mobile dans la direction de FG : par ce moyen on connaîtrait la valeur de l'angle EFG. On fera observer que si l'on a placé le centre du rapporteur sur le point F, et le rayon CA sur la ligne indéfinie FE, on pourra tracer la direction FG sur le papier, sans qu'il soit besoin seulement de connaître le nombre de degrés de l'angle EFG. On voit que cette manière de tracer les angles est fort expéditive; c'est pourquoi on pourrait l'employer pour faire un croquis d'opération.

le point X est plus éloigné de F qu'il ne l'est de
E, on le marquera à-peu-près dans cette même
proportion (*); on figurera le point Y à la moitié environ de la distance de FX, et à droite
de cette ligne (tel qu'on le voit en la figure),
et l'on figurera la partie XY de la rivière; au
point Y on tracera l'angle visuel XYZ, on
donnera à la ligne YZ une longueur approximative, et l'on figurera la partie de la rivière
entre ces deux points; étant au point Z (que
l'on marquera à gauche du point *i*, qui est dans
l'alignement de FG), on tracera l'angle visuel
YZR; sur le rayon ZR on déterminera le
point Q par la longueur approximative ZQ,
et le point R par la longueur approximative de QR;
on figurera entre ces points la partie ZQ*k*
de la rivière, et le cours d'eau *k*R; revenant
au point *k*, on marquera le point S (en traçant le rayon visuel *k*S, et lui donnant une
longueur approximative); on estimera la distance RT; et, ces deux points étant marqués sur
le papier, on dessinera le courant d'eau ST; on
figurera aussi le déchargeoir, le glacis, etc. Ensuite on se transportera au point Q, d'où l'on
tracera l'angle ZQK; ayant déterminé le point
K (**), on figurera le moulin; ensuite on marquera le point U, par l'observation du rayon
*k*S (c'est-à-dire suivant que ledit point U sera

(*) Si l'on a acquis l'usage de faire les pas d'un mètre, on
aura bientôt fait de mesurer la ligne FX : alors on donnera à cette
ligne une longueur beaucoup plus approximative que celle qu'on
pourrait donner à la vue seulement.

(**) Si l'on a mesuré avec ces pas la ligne FX, on pourrait déter-

à droite ou à gauche du prolongement de ce rayon); et l'on figurera la partie SŮ de la rivière ; cela étant fait, on reviendra au point *i*, on évaluera la largeur de la rivière, et l'on déterminera le point O ; du même point *i*, on marquera le point *f* vis-à-vis du point Z. On donnera une longueur approximative au rayon *fg*, sur lequel on figurera la haie vive, les arbres, etc. ; et, remarquant que l'angle *g* est à peu près droit, on le tracera de même sur le papier, en prolongeant son second côté jusqu'à la rencontre du rayon FE. On se transportera ensuite au point O ; et, ayant tracé l'angle visuel QOP, on figurera la ligne courbe de la haie vive jusque vis-à-vis du point P ; ensuite on figurera les maisons proche du moulin, dans leur lieu respectif ; on alignera l'angle sud-est de la maison (adjacente au clos) avec l'angle *g* de la haie, et l'on prolongera cet alignement jusqu'au pied de la montagne ; on donnera à ce prolongement une longueur approximative à l'extrémité de laquelle on plantera un piquet ; on déterminera un point L ; ensuite on tracera l'angle visuel formé par le piquet (qui sera le sommet de l'angle) et les points L, M : ces trois points suffiront pour figurer le contour de la montagne (on pourra encore déterminer un point à droite s'il est nécessaire), qu'on dessinera sur le papier, ainsi que

miner approximativement le point K, par l'observation des angles KXF, XFK.

Il est certain que cette opération ne serait pas fort exacte ; mais aussi il n'est question ici que de tracer un plan visuel, ou un *figuré* du terrain, et nous indiquons les moyens pour y parvenir.

le moulin à vent, qui doit être l'extrémité du rayon FG; on figurera également les bois, et généralement tous les objets qui pourront être aperçus.

On emploierait les mêmes procédés pour figurer les détails représentés dans la partie ACEF de cette même figure.

Nota. Si l'on s'est servi d'un rapporteur pour former les angles, et qu'on ait mesuré la longueur des côtés avec ses pas, on pourra se flatter (si l'on a bien figuré tous les détails) d'avoir un bon *figuré* du terrain, ou le plan visuel qu'on s'était proposé d'obtenir.

Les plans visuels nous conduisent naturellement à parler des plans de campagne que l'on trace dans les camps, et souvent sous les batteries de l'ennemi. On sent bien que la promptitude qu'on apporte ordinairement dans ces sortes d'opérations ne permet guère d'obtenir un résultat rigoureusement exact : cependant il suffira, pour cet objet, que ces plans soient justes dans leurs bases, et que les détails soient dessinés dans leurs positions respectives.

Supposons, par exemple, que deux armées ennemies soient en présence : l'une campée au-delà de la rive septentrionale, l'autre en-deçà de la rive méridionale de la rivière représentée dans la figure 127. Le général de cette dernière armée a besoin de la carte du pays occupé par l'ennemi : on mesurera une base, la plus longue qu'il sera possible, et la plus proche des objets qu'on doit figurer, comme

serait la base **CD**; on marquera plusieurs points
sur cette base, où l'on fera autant de stations.
Supposons que par l'observation des angles
(faite sur chacune des parties de la base) on
ait déterminé les points c, b, d, **E**, g, f, **O**,
P, K, G, V, X, Y, Z, Q, U, et un bien plus
grand nombre d'autres : ces points serviront
à figurer tous les détails dont on désirerait la
représentation sur le plan ; car, ayant obtenu
les points c et b, on tracera la ligne cb. Le
point d étant déterminé, on aura la ligne cd;
on dessinera la maison, et l'on figurera la haie;
au point g on tracera la ligne gf; et les points
O, P, serviront à figurer la haie; le point **G**
sera celui du moulin à vent, qu'on dessinera;
et, ayant déterminé quelques points autour de
la montagne, on la figurera; les points **V, X,**
Y, Z, Q, U, serviront à tracer la rivière; le
point **K** déterminera la place où l'on doit dessiner le moulin; on peut aussi figurer les cours
d'eau, le glacis, le déchargeoir, etc. Enfin, lorsqu'on aura obtenu les principaux points de la
carte, on figurera tous les objets intermédiaires
(c'est-à-dire, entre les points observés). Il
faut donc apporter tous les soins possibles pour
former *le fond de la carte :* car l'exactitude
des détails dépendra uniquement de cette première opération. On écrira sur le plan les noms
des objets qu'on y aura figurés; ensuite on y
tracera la *méridienne*.

Nota. Si l'on s'est servi d'une planchette,
le plan se fera sur les lieux, avec tous ses dé-

9

tails, ce qui serait plus expéditif : on pourrait, pour cet objet, adapter une lunette d'approche à l'alidade, pour apercevoir les objets de plus loin.

Si l'on s'est servi d'un graphomètre ou d'un autre instrument, on rédigera le plan après avoir pris sur les lieux toutes les données nécessaires.

Ces sortes de plans sont très-utiles, et même indispensables, à un général d'armée, pour connaître la situation du camp ennemi, ses retranchemens, les endroits fortifiés, les lieux élevés, les endroits où la rivière est guéable, ceux où l'on peut construire des ponts, les aqueducs qui se trouvent sur le cours de la rivière, etc.; et il sera toujours facile de représenter tous ces détails sur le plan topographique par les méthodes que nous avons indiquées.

Une manière fort expéditive serait de déterminer sur le papier les points principaux du pays, qu'on pourrait prendre sur une carte topographique, et de remplir à la vue leurs intermédiaires. On emploierait ce moyen pour faire les reconnaissances militaires, lorsque le temps et les circonstances ne permettraient pas de faire usage d'instrumens de géométrie.

C'est la représentation de tous ces objets qui détermine le général à prendre la position qu'il jugera être la plus convenable, soit pour former un plan d'attaque, se ménager une retraite, faire sauter les ponts, tourner des montagnes pour surprendre ou envelopper l'ennemi, etc., etc.

Les bornes que nous nous sommes prescrites dans cet ouvrage ne nous permettent pas de nous étendre davantage sur cette matière, dont nous n'avons donné seulement qu'une courte exposition. Nous renvoyons le lecteur qui désirerait en savoir davantage sur cet objet, aux livres qui en traitent d'une manière particulière. D'ailleurs nous ne nous sommes proposé, dans cet *abrégé*, que d'enseigner la pratique de l'arpentage, du nivellement, de la stéréométrie, et du lavis, et il nous reste encore beaucoup de choses à dire sur ces matières.

QUATRIÈME PARTIE.

DU TOISÉ DES SURFACES PLANES,

ET

DE LA DIVISION DES TERRAINS.

DU TOISÉ DES SURFACES PLANES.

Nous avons considéré l'étendue comme ayant trois dimensions : longueur, largeur, et épaisseur ou profondeur. Nous allons la considérer dans *cette partie* sous les deux premiers rapports, c'est-à-dire sous celui des surfaces ou superficies.

Ce qu'on entend en général par *toisé des surfaces*, c'est la méthode de faire les multiplications nécessaires pour évaluer les surfaces lorsqu'on en a mesuré toutes les dimensions nécessaires, comme nous allons l'expliquer.

Avant de donner la manière d'obtenir par le calcul la superficie d'une figure quelconque,

1.º Nous renvoyons le lecteur à l'art. 42, p. 20, concernant les bases et les hauteurs des figures ;

2.º Nous posons en principe qu'un triangle est moitié d'un parallélogramme de même base et de même hauteur que lui : car, si de l'angle A, *fig.* 104, du triangle ABC on tire AD, parallèle à BC, et de l'angle C la ligne CD, parallèle à AB, on aura un parallélogramme ABCD, de même base et de même hauteur que le triangle ABC, et l'on démontrera que les triangles ABC, ADC, sont égaux à cause des parallèles (44). De plus, le côté AC leur est commun : donc la proposition ci-dessus est vraie.

Cette démonstration s'applique à tous les triangles, comme on le voit par l'examen des triangles EGH, *fig.* 104, et ACD, *fig.* 16, qui sont moitié des parallélogrammes EGHF et ACDB;

3.º Qu'on distingue les quadrilatères en quadrilatères simplement dits, trapèzes, et parallélogrammes : nous avons déjà parlé de ces figures;

4.º Que les parallélogrammes qui ont même base et même hauteur sont égaux en surface (56), quelle que soit leur inclinaison.

5.º Qu'il suit de ce principe que les triangles qui ont même base et même hauteur sont égaux en surface.

MESURER UNE SURFACE OU L'AIRE D'UNE FIGURE.

C'est chercher combien de fois cette surface contient une autre surface connue. La mesure qu'on emploie est le carré. C'est pour cela qu'on nomme *quadrature* l'évaluation des surfaces.

Exemple.

Mesurer la surface de la figure ACBD, *fig.* 103, c'est déterminer combien cette figure contient de carrés tels que *abcd.* Si le côté *ab* est d'un mètre, c'est déterminer combien la surface ACBD contient de mètres carrés.

On obtiendra cette surface en multipliant le nombre de mesures contenues dans sa longueur BD, par celles contenues dans sa largeur CD, et le produit exprimera le nombre des mesures carrées contenues dans ce rectangle. Par exemple : si BD contient *ab* six fois, et que CD contienne *ab* cinq fois, le rectangle ACBD contiendra 30 carrés tels que *abcd,* ou 30 mètres carrés.

Remarque. Si *ab* était une fraction de l'unité, comme, par exemple, un carreau qui aurait six pouces de chaque face, alors il ne produirait que trente-six pouces carrés. Car, en prenant l'unité pour terme de comparaison, un carreau qui aurait un pied ou un mètre de toutes faces, ne produirait qu'un pied ou un mètre carré.

On voit qu'il est essentiel de déterminer l'espèce de mesure courante qu'on emploie comme terme de comparaison. Le mètre étant la mesure prescrite pour toute l'étendue de la France, nous n'avons employé dans ce traité que cette seule espèce de mesure. D'ailleurs, comme nous avons des ouvrages qui traitent de la comparaison des différentes mesures autrefois en usage (*), il sera toujours facile, lorsque l'on connaîtra une surface en mètres carrés, de connaître son rapport avec une surface d'une autre espèce proposée, soit en perches carrées, pieds carrés, etc. (**).

MESURER LA SURFACE D'UN PARALLÉLOGRAMME INCLINÉ.

Un parallélogramme quelconque est égal en surface à un autre (quelle que soit l'inclinaison de ses côtés) qui aurait même base et même hauteur que lui.

Les deux parallélogrammes ABCD, et ECFD, fig. 24, de même base et de même hauteur, sont égaux en surface.

Ces deux parallélogrammes ont une partie commune ECBD : ainsi leur égalité dépend de celle des triangles ACE, BDF. Or nous allons prouver que ces deux triangles sont égaux : car AC est égal à BD, ces lignes étant des parallèles comprises entre parallèles (47); et par la même raison, CE est égal à DF. D'ailleurs l'angle ACE est égal à l'angle BDF : ces deux triangles ont donc un angle égal compris entre deux côtés égaux chacun à chacun (52); ils

---

(*) Le *Nouveau Système des Poids et Mesures*, par M. Lu-cotte, inspecteur des eaux et forêts, et M. Noirot, arpenteur-vérificateur à Dijon, peut être regardé comme le meilleur ouvrage qu'on ait fait sur cette matière. Ce volume se vend 1 fr. 50 c. chez *Bonnefond-Dumoulin*, libraire, à Dijon, et chez les principaux libraires de la Côte-d'Or.

(**) Voyez, dans le même ouvrage, l'exemple cité à la conversion des mètres carrés en journaux, etc.

sont donc égaux. Donc aussi les parallélogrammes
ACBD et **ECDF** sont égaux (ce qui est
conforme à la démonstration donnée par Bezout).

D'après ce principe, si la base commune **CD**
des deux parallélogrammes **ACBD** et **EFCD** est
de 14 mètres, et leur hauteur commune **AC** ou
FG [à cause des parallèles (47)], de 20 mètres,
ils auront chacun en surface 280 mètres carrés; et, puisqu'*un triangle est moitié d'un pa-*
rallélogramme qui aurait même base et
même hauteur que lui, le calcul des triangles
CEF, CDF, du parallélogramme **EFCD** compris
entre les parallèles **AC, FG,** donnera aussi le
même résultat.

Donc, en résumé, la surface d'un parallélogramme quelconque est égale au produit des parties de sa base multipliées par les parties de sa
hauteur, ou simplement au produit de sa base
par sa hauteur. Ainsi la surface de la figure 19
(ou le terrain qu'elle représente) est égale à **CD**
$\times$ **AF**; et la figure 18 sera égale à **AB** $\times$ **EF.**

MESURER LA SURFACE D'UN TRIANGLE.

Puisqu'un triangle est moitié d'un parallélogramme qui aurait même base et même hauteur
que lui, il faut donc, pour en obtenir la surface,
multiplier sa base par sa hauteur, et prendre la
moitié du produit. Ainsi, pour avoir la surface
du triangle **ABC,** *fig.* 10, il faut multiplier le
nombre de mesures contenues dans sa base **AC**
par le nombre de celles contenues dans la perpendiculaire **DB**; ou, si l'on a considéré **CB**

9*

comme base, on multipliera **CB** par **AB**; mais
on est dans l'usage de prendre le plus grand côté
pour base.

Dans le triangle obtusangle **ABC**, *fig.* 11, il est
préférable de prendre le côté **AC** pour base, par
exemple, au côté **CB** (quoiqu'on obtiendrait
le même résultat). Dans le premier cas **BE** serait la hauteur, et dans le second cas **AD** serait
la hauteur du triangle **ABC**; mais le choix de
la perpendiculaire **AD** exigerait plus de travail
sur le terrain, et même au cabinet : il faut donc
toujours prendre le plus grand côté pour base.

La surface et la base d'un triangle étant connues, on obtiendra la perpendiculaire en divisant le double de sa surface par sa base.

La surface de la figure 18 est égale à **CD** $\times$
EF, ou à celle de ses deux triangles.

MESURER LA SURFACE D'UN TRAPÈZE.

Lorsqu'il s'agit de mesurer la surface d'un
trapèze, on le considère comme s'il était divisé
en deux triangles par une diagonale; on calcule la valeur de chacun de ces triangles, et l'on
prend la moitié de leurs sommes réunies : ainsi
la surface du trapèze **ACDB**, *fig.* 20, est égale à
la moitié de **AD** $\times$ **BF**, **AD** $\times$ **EC** : donc il
suffira de mesurer (sur le terrain ou sur le
papier) seulement la diagonale **AD** et les perpendiculaires **BF**, **EC**.

Autre manière. Ajoutez ensemble les deux
côtés parallèles, prenez la moitié de leur somme,
et multipliez-la par la perpendiculaire menée
entre ces deux côtés parallèles (*Bezout.*) Donc la

surface du trapèze *fig.* 20 pourrait être exprimée ainsi :

$$\frac{AB+CD}{2} \times GH.$$

En supposant **AB** de 18 mètres, **CD** de 30
mètres, la largeur moyenne 24 mètres doit être
multipliée par la hauteur **GH**, supposée de 32
mètres. Le résultat sera 24 × 32, ou 768 mètres carrés, ou 7 ares 68 centiares.

MESURER LA SURFACE D'UN POLYGONE RÉGULIER.

Un polygone régulier, *fig.* 26, ayant tous
ses côtés égaux, et les perpendiculaires abaissées du centre sur les côtés étant égales, il doit
être considéré comme étant formé par des triangles semblables qui ont leur sommet au
centre **E**: donc, pour avoir la surface d'un polygone régulier, il faut multiplier l'un des côtés
par la moitié de la perpendiculaire, et multiplier ce produit par le nombre des côtés.
Exemple : Le côté **HD** (ou tout autre) est de
57 mètres ; et la perpendiculaire **EF**, qu'on
nomme *apothème*, de 52 mètres : j'aurai donc
26 × 57 × 6 = 8892 mètres carrés, ou 88
ares 92 centiares, pour la surface de l'hexagone
régulier **ABCDHG.**

MESURER LA SURFACE D'UN POLYGONE IRRÉGULIER.

Pour avoir la surface d'un polygone irrégulier (ou d'un polygone quelconque), il faut le
partager en triangles par des diagonales (57),
comme on le voit en la figure 25 ; on calcule
séparément la surface de chacun de ces triangles;

et, réunissant tous leurs produits, on a la surface totale du polygone. Voici comme on dispose ces sortes de calculs (on assigne une lettre à chacun de ces triangles, lorsque leur nombre n'excède pas 25) : Supposez qu'on ait mesuré toutes les bases et toutes les hauteurs des triangles de la figure 25 ; vous écrirez ces mesures comme il suit (effectivement, ou sur l'échelle du plan) :

	Bases.		Hauteurs.		
a	85	$\times$	24	$=$	2040 mètres.
b	104	$\times$	40	$=$	4160
c	104	$\times$	33	$=$	3432
d	75	$\times$	28	$=$	2100

Produit............ 11752 mètres.

Ayant écrit le nombre de mesures contenues dans les perpendiculaires, il faut prendre la moitié du produit pour avoir la surface réelle...................... 5866 m. c.

La surface du polygone **ABCEDF** sera de 58 ares 66 centiares.

On peut aussi diviser un polygone irrégulier en rectangles et carrés, et le surplus en triangles. On fera les calculs des rectangles et carrés ; ensuite on évaluera les triangles ; et, ayant réuni leurs produits à celui des carrés, on pourrait obtenir la preuve du premier calcul fait par triangles.

D'ailleurs il sera toujours prudent de se procurer cette preuve lorsqu'il s'agit d'une propriété d'une certaine étendue. Quelques géomètres calculent deux fois la surface de leurs

plans; ou, après avoir fait les premiers calculs,
ils les font faire une seconde fois par un autre.

Nota. Afin d'obtenir avec le plus d'exactitude
possible la surface d'une figure quelconque, il
faut la rapporter sur une échelle d'une grande
dimension; et, lorsqu'on l'aura calculée, on la
réduira par quelqu'un des moyens qu'on a indiqués pour la réduction des figures.

Comme presque toutes les figures qu'on a
à mesurer sur le terrain sont irrégulières, on
doit regarder cette méthode comme étant d'un
usage général. Si les bases et les hauteurs de ces
triangles (de la figure 25 et de toute autre) peuvent être mesurées sur le terrain, on obtiendra
les surfaces de ces figures sans en faire les plans :
mais il se présente souvent des obstacles qui
empêchent qu'on ne puisse mesurer toutes ces
lignes. On pourrait aussi, si le terrain n'est pas
embarrassé, mesurer les côtés de ces triangles,
les rapporter sur une échelle de plan, comme le
sont ceux des figures 25 et 57, et les calculer
sur l'échelle; mais lorsque les figures sont très-
irrégulières, comme le sont les figures 66, 68,
69, et 84, on en lève les plans géométriques, et
l'on calcule leurs surfaces sur l'échelle du plan :
c'est ainsi qu'on obtient les surfaces des bois, des
étangs, rivières, etc. Cette méthode est adoptée
par le cadastre, puisque c'est par son moyen
qu'on calcule les plans des communes : elle doit
donc être regardée comme étant suffisamment
exacte; d'ailleurs elle est aussi beaucoup plus
expéditive dans un grand nombre de cas.

Lorsqu'il s'agit d'évaluer les surfaces des îles,

royaumes, provinces ou départemens, on trace
des carrés sur la carte, dont les côtés sont en proportion avec l'échelle de cette carte: tels sont ceux
tracés sur la figure 91. Chaque carré représente
une lieue, ou 1000 mètres carrés, etc. On compte
le nombre de ceux qui sont *remplis,* et l'on évalue
ceux qui ne le sont qu'en partie. La surface du
département de la Côte-d'Or, évaluée d'après
cette manière, est de 876,956 hectares.

MESURER LA SURFACE D'UN CERCLE.

On peut considérer un cercle comme un polygone régulier d'une infinité de côtés. D'après
cette définition, *la surface d'un cercle doit
être égale au produit de la circonférence
par la moitié du rayon.* Afin d'être en état
de trouver la surface d'un cercle quelconque,
dont le diamètre serait connu, on voit qu'il est
nécessaire de connaître le rapport d'un cercle à
un diamètre déterminé. Voici quelques-uns de
ces rapports : ARCHIMÈDE a trouvé qu'un cercle
qui aurait 7 pieds de diamètre aurait 22 pieds
de circonférence; on se sert aussi du rapport de
100 à 314; mais le plus exact de tous est celui
d'*Adrien* MÉTIUS, de 113 à 355. Si donc on
demande la surface d'un cercle ABED, *fig.* 5,
qui aurait 75 mètres de diamètre, on aurait
cette proportion :

$$113 : 355 :: 75 : x$$

Ayant trouvé que le quatrième terme de cette
proportion est de 235 mètres 62 centimètres, je
multiplie ce nombre par la moitié du rayon,

c'est-à-dire par 18 mètres 75 centimètres, et j'ai 4417 mètres 88 centimètres carrés, ou 44 ares 17 centiares 88 milliares, pour la surface du cercle proposé.

MESURER LA SURFACE DU DEMI-CERCLE.

DAB, *fig*. 5 : multipliez DHA, moitié de la demi-circonférence, par le rayon CD: vous aurez l'*aire* demandée.

MESURER LA SURFACE D'UN SEGMENT DE CERCLE.

Pour avoir la surface d'un segment AIHA, *fig*. 5 (23), il est évident qu'il faut retrancher du secteur ICADI la surface du triangle ACI.

MESURER LA SURFACE D'UN SECTEUR DE CERCLE.

La surface d'un secteur (27) est égale au produit de l'arc qui lui sert de base, par la moitié du rayon.

On a vu que dans un même cercle les longueurs des arcs sont proportionnelles à leurs nombres de degrés : ainsi, lorsqu'on connaîtra la longueur de la circonférence, on pourra toujours déterminer celle d'un arc d'un nombre de degrés proposé, en faisant cette proportion :

360 degrés : nombre de degrés de l'arc proposé :: la longueur de la circonférence : celle de ce même arc.

Donc, s'il s'agit de trouver la surface du secteur ICADI, *fig*. 5, de 117 degrés, dans une circonférence dont le diamètre DB est de 75 mètres, je calcule la longueur de cette circon-

férence, que je trouve, comme ci-dessus, de 235
mètres 62 centimètres; j'aurai alors cette proportion :

360 degrés : 117 degrés :: 235,62 : x

Ayant trouvé que le quatrième terme de cette
proportion est 76 mètres 58 centimètres, qui
est la longueur de l'arc proposé, je multiplie ce
nombre par la moitié du rayon, c'est-à-dire par
18 mètres 75 centimètres, et j'ai 1435 mètres
88 centimètres carrés, ou 14 ares 35 centiares
88 milliares, ou simplement 14 ares 36 centiares, pour la surface du secteur **ICADI** de
117 degrés.

MESURER LA SURFACE D'UNE ELLIPSE.

*La surface d'une ellipse est égale à celle
d'un cercle qui aurait pour diamètre une
ligne moyenne proportionnelle entre les
deux axes de cette ellipse :* donc le rapport
de la surface du rectangle **HIKL,** *fig.* 51, fait
par les deux axes **AC, BD,** à la surface de cette
même ellipse, est le même que celui du carré du
diamètre d'un cercle à la surface de ce cercle,
qu'on a trouvé être de 1000 à 785; ainsi, pour
avoir la surface d'une ellipse, il faut mesurer
ses deux axes, et faire de leur produit le troisième terme d'une proportion dont les deux
premiers sont déterminés.

Exemple. L'axe **AC** est de 42 mètres, et
l'axe **BD** de 30 mètres: la surface du rectangle **HIKL** sera donc de 1260 mètres carrés; on
aura cette proportion :

1000 : 785 :: 1260 : x

et le nombre 989, qu'on a pour réponse, est celui des mètres carrés que contient la surface de l'ellipse qu'il fallait mesurer.

On obtiendra la preuve de cette opération par le problème **XVIII**, *fig.* 56 : car la ligne proportionnelle entre les deux axes AC, BD, est de 35 mètres 50 centimètres. Ce nombre peut être considéré comme la longueur du diamètre d'un cercle; et la surface d'un cercle qui aurait 35 mètres 50 centimètres de diamètre, serait de 989 mètres 68 centimètres carrés; la différence 68 centimètres avec le premier résultat peut être regardée comme nulle; donc la proposition est vraie.

Autre manière. Supposez une ellipse dont le grand axe soit de 20 mètres, et le petit de 12 mètres : multipliez 20 par 14, le produit sera 280 mètres. Ensuite faites une règle de trois dont le premier terme sera 14, et le second 11. Multipliez 280 par 11 : vous aurez 3080 mètres, que vous diviserez par 14, et vous aurez 220 mètres carrés, ou 2 ares 20 centiares, pour la surface ou l'aire de l'ellipse.

MESURER LA SURFACE D'UNE PARABOLE.

La surface d'une parabole ARB, *fig.* 52, est égale aux deux tiers d'un rectangle APQB formé par la base AB et l'axe RC de cette parabole : ainsi, si l'on donne la base AB de 84 mètres, et l'axe RC de 45 mètres, on aura un produit de 3780 mètres carrés, dont les deux tiers, 2520 mètres, seront le nombre de mètres carrés contenus dans l'espace parabolique ARB.

MESURER LA SURFACE D'UNE COURONNE.

On appelle *couronne* l'espace compris entre
les deux circonférences concentriques AIGH et
BDEF, *fig.* 7. Il est évident que, pour avoir
la surface de cette couronne, il faut calculer
séparément les surfaces de chacune de ces circonférences, et retrancher la plus faible de la
plus forte : le reste sera la surface de la couronne
qu'il fallait mesurer.

A l'égard de la figure mixtiligne 8, on aurait cinq triangles et trois segmens à calculer.

Pour la figure curviligne 9, on aurait quatre
segmens et deux triangles à calculer.

La surface de la figure 18 est égale au produit de la base AC par la moitié de BD, ou au
double du triangle ABC ou ADC.

On obtiendra aussi cette surface en multipliant la base CD par la hauteur EF, comme
on a fait pour la figure 19.

Dans le premier cas, la base AC est de 28
mètres, et la perpendiculaire abaissée du point
B sur cette base est de 10 mètres; ce qui donne
une surface de 280 mètres carrés.

Dans le deuxième cas, la base CD est de 17
mètres 50 centimètres, et la hauteur EF de
16 mètres : le produit de ces deux nombres est
égal au premier résultat, ce qu'il fallait démontrer
(échelle fig. 36).

MESURER LA SURFACE D'UN OVALE
(*figure* 50).

Mesurez les secteurs CAHL, LEG, IDC,

BIKG, ainsi qu'on l'a indiqué à la page précédente. De ces quatre secteurs retranchez le losange HDKE, qui est commun aux deux grands secteurs, et ce qui restera sera l'aire de l'ovale.

MESURER LA SURFACE D'UN CHAMP.

Avant de passer à la division des terrains, nous allons encore donner un exemple sur l'arpentage et le calcul de la surface (ou superficie) d'une pièce de terre dont la figure se rencontre le plus fréquemment.

Nous avons coté sur la figure 109 toutes les dimensions du terrain, telles que nous les avons trouvées.

Pour obtenir la surface d'une pièce de terre analogue à la figure 109, on peut faire usage de trois procédés différens.

Premier procédé. On divisera la pièce en plusieurs quadrilatères à-peu-près rectangulaires, en faisant placer des jalons l'un vis-à-vis de l'autre sur les côtés AE, FK de la pièce, ayant soin que les lignes AB, BC, etc., FG, GH, etc., soient droites.

Cette préparation étant faite, on mesurera les côtés AB, FG, AF, BG du premier quadrilatère AFBG; on fera de même pour les autres quadrilatères BGCH, CHDI, DIEK.

Pour calculer la contenance de cette pièce, on additionnera ensemble les deux longueurs AB, FG, et les deux largeurs AF, BG; on prendra, 1.º la moitié de la somme de AB, FG, et 2.º la moitié de la somme de AF, BG; et, multipliant la moitié de AF+BG par la moitié de AB+FG, on obtiendra la surface du quadrilatère AFBG.

On appliquera le même procédé aux trois autres quadrilatères de cette figure, et, réunissant les résultats des calculs de ces quatre quadrilatères, on obtiendra la surface de la pièce de terre représentée par la figure 109.

Un moyen plus expéditif, et qu'on emploie ordinairement, est de mesurer la longueur moyenne LM de chacun des quadrilatères, et les deux largeurs AF, BG; mais il faut toujours mesurer ces largeurs d'équerre autant que possible, et jamais obliques ou diagonales : car on obtiendrait une fausse surface. *Exemple :* Dans la figure 112 C, la longueur méridionale est DE et non DF. Le triangle FDE se mesure séparément.

Nota. Nous ferons remarquer que les côtés AB, FG, AF, BG, ne diffèrent pas sensiblement (ce qu'il sera toujours facile de voir au premier coup d'œil). Ce procédé est juste, parce que les mesures moyennes des longueurs et des largeurs transforment en un rectangle chacun des quadrilatères de cette figure. Et l'on sait que la surface d'un rectangle est le produit de sa hauteur (ou sa largeur), multipliée par sa base (ou sa longueur).

Deuxième procédé. Après avoir partagé le terrain en plusieurs quadrilatères, on mesure les quatre côtés de chacun d'eux, et une diagonale, comme on le voit en la figure 109 : ces quadrilatères seront alors divisés chacun en deux triangles.

Les deux triangles du quadrilatère **CHDI** sont **HCD**, **HID**, ainsi des autres.

Connaissant les trois côtés de ces triangles, on les rapportera (toujours sur une grande échelle), et on les calculera suivant la méthode ordinaire ; après quoi on prendra la moitié de leur produit, qui exprimera la surface de la pièce arpentée.

Troisième procédé. Si sur les bases **HD**, **IE**, *fig.* 109, des triangles des deux derniers quadrilatères, on élève sur le terrain, et avec une équerre d'arpenteur, des perpendiculaires aux points **C**, **I**, **D**, **K**, on sera dispensé de rapporter ces triangles, parce que, connaissant la base et la hauteur de chacun d'eux (ces mesures seront plus exactes que si elles étaient déduites d'après l'échelle de plan), on pourra faire les calculs sur le terrain, et obtenir de suite la superficie de la pièce arpentée (de même que d'après le premier procédé).

On fera à volonté usage de ces trois procédés ; mais le dernier nous semble préférable parce qu'il est plus *géométrique.*

Voici les résultats d'après chacun de ces procédés.

Le 1.er donne.............21 ^{ares} 92 $^{cent.}$
Le 2.e donne..............21   79
Le 3.e donne.............21   75

                              05   46

On pourrait prendre le $\frac{1}{3}$.... 21   82 pour la surface réelle de la pièce *fig.* 109.

C'est ici le lieu d'avertir que lorsque deux ou

plusieurs arpentages d'une même pièce ne diffèrent entre eux que du *centième*, cette différence est considérée comme nulle dans la pratique.

Cette latitude est aussi applicable à la longueur des lignes.

Quelques arpenteurs prétendent qu'on peut accorder une latitude d'un *cinquantième* pour les parcelles ; mais celle du centième doit suffire si l'on opère avec exactitude.

Voici un cas qui peut souvent se présenter : la pièce arpentée, *fig.* 109, en adoptant le premier résultat (21 ares 92 centiares), est trop faible par rapport au titre, qui indique qu'elle doit contenir en surface $\frac{5}{4}$ de journal (25 ares 71 centiares, le journal de 360 perches de 9 pieds $\frac{1}{2}$ chacune). On arpentera dans ce cas les deux pièces qui limitent au nord et au midi la pièce arpentée, et l'on comparera les contenances obtenues aux titres respectifs qu'on devra produire. Nous supposons que la pièce au midi ne contienne pas plus que l'énonce le titre, mais que la pièce au nord, qui ne doit contenir qu'un journal, soit de 38 ares 78 centiares : elle a donc en plus 4 ares 40 centiares ; alors on fera la contenance de la pièce, *fig.* 109, en prenant sur la pièce au nord 396 mètres carrés, qu'il faut calculer d'après la longueur développée de la ligne ABCDE. Cette longueur étant de 102 mètres 20 centimètres, on ajoutera à la pièce *fig.* 109 3 mètres 87 centimètres de largeur sur toute la longueur de ladite pièce, parce que 102 mètres 20 centimètres $\times$ 3

mètres 87 centimètres $=396$ mètres carrés, ou 3
ares 96 centiares qui manquaient à la pièce dont
il s'agit. Ensuite on plantera les bornes, et l'on
dressera le procès-verbal de cette opération, où
l'on indiquera exactement les différentes largeurs du champ, etc., conformément aux modèles
que nous avons rapportés à la fin de cette quatrième partie de notre ouvrage.

Il arrive souvent qu'après avoir arpenté plusieurs pièces de terre, on trouve que les unes sont
plus fortes, et les autres plus faibles en raison
des contenances énoncées dans les titres. Dans
ce cas il convient de faire des répartitions proportionnelles, comme nous allons l'expliquer.

Supposons que l'arpentage de quatre pièces
de terre donne les résultats suivans :

	ares	cent.
Pour la première.........	17	80
Pour la seconde...........	23	30
Pour la troisième.........	32	60
Pour la quatrième.........	52	00
Masse de l'arpentage......	125	70

Et que les titres partiels réclament,

		ares	c.
Pour la première ($\frac{1}{2}$ journal.)		17	14
Pour la seconde ($\frac{3}{4}$)		25	71
Pour la troisième (1)		34	28
Pour la quatrième (1 $\frac{1}{2}$)		51	42
Masse des titres.........		128	55

Voici la formule générale applicable à tous
les cas semblables.

La masse des titres est à la masse de l'ar-
pentage comme l'énoncé d'un des titres est à
la portion proportionnelle qui lui est rela-
tive.

Dans cet exemple on aura la proportion suivante :

titres.   arpentage.

$128^{ar}\ 55^c : 125^{ar}\ 71^c :: 17^{ar}\ 14^c : x$

Le 4.me terme donne 16 ^{ares} 76^c, 1.$^{ère\ portion.}$

Partant de ce terme
de comparaison, la 2.me
portion sera de. 25   14
    La troisième, de. . . . 33   52
    La quatrième, de. . . 50   28

Total. 125   70 égale la masse
de l'arpentage (à moins d'un centiare), ou preuve
des calculs.

Les portions proportionnelles étant ainsi préparées, il s'agit de consommer l'opération sur
les lieux. Voici la marche qu'on doit suivre : il
faut d'abord comparer le résultat de l'arpentage
de chaque pièce avec la portion qui lui est
relative, et diminuer ou augmenter chacune
d'elles en raison du rapport qui a servi de base à
l'opération.

Exemple. La première pièce rendra 1 are 4
centiares, qui étant ajoutés à la deuxième, cette
dernière contiendra 24 ares 34 centiares : donc
il faudra reprendre sur la troisième 80 centiares, et cette dernière ne contiendra plus que
31 ares 80 centiares. On prendra donc 1 are 72
centiares sur la quatrième pièce (pour complé-

ter ses portions proportionnelles); et cette dernière sera réduite à 50 ares 28 centiares, qui
est ce qu'elle doit contenir (comme on l'a vu),
d'après le rapport qui a réglé les contenances de
chaque héritage.

Remarque. Ces augmentations ou diminu-
tions de contenance se font en calculant les largeurs à prendre ou à rendre à chacune des pièces
en raison des longueurs de chacune d'elles. Par
exemple, la première pièce doit rendre 1 are 4
centiares ou 104 mètres carrés à la deuxième :
la longueur de cette pièce étant de 220 mètres,
il faudra y prendre 0 mètre 47 cent. de largeur ; mais, comme en arpentage on néglige les
centimètres, on prendra 0 mètre 5 décimètres.
On fera de même pour les autres pièces.

Voici une manière prompte et commode pour
faire les parts proportionnelles : supposez que,
trois pièces de terre étant arpentées, la première
donne en surface............ 33 $^{ares.}$ 40 $^{cent.}$
la deuxième................ 24   15
et la troisième............., 50   00

Total............ 107   55

On suppose que les titres réclament pour
la première................ 1 $^{journ.}$
la deuxième................ $\frac{3}{4}$
et la troisième.............. 1 $\frac{1}{2}$

Dans ce cas il y aura de l'avantage à réduire
chaque part en quarts de journal : vous aurez donc
pour la première $\frac{4}{4}$; pour la seconde, $\frac{3}{4}$; et
pour la troisième, $\frac{6}{4}$: ce qui fait en tout $\frac{13}{4}$.
Ensuite vous diviserez 107 ares 55 centiares ou

10

10755 mètres carrés par 13. Vous aurez 8 ares 27 cent., ou 827 mètres carrés (le reste peut être négligé). Pour faire la part du premier, vous multiplierez 8 ares 27 cent. (ou le $\frac{1}{13}$ de 10755 mètres carrés) par 4; pour former celle du second, vous multiplierez ce même nombre par 3; pour déterminer la part du troisième, vous multiplierez ce même quotient par 6, et vous aurez formé ainsi les trois parts proportionnelles. S'il y avait eu des huitièmes, on aurait réduit chaque part en huitièmes, etc.

Mais lorsqu'il y a un certain nombre de perches à ajouter aux journaux et parties du journal, comme dans l'exemple suivant, il faut déterminer la valeur de la perche, ainsi qu'on va l'expliquer.

Exemple. Trois pièces de terre donnent en surface :

	ares.	cent.
Pour la première..........	35	40
la deuxième................	69	50
la troisième................	27	30
Total...........	132	20

Les titres réclament pour

	journ.	perc.
la première..............	1	15
la deuxième.............	2	25
la troisième.............	$\frac{3}{4}$	20

Il faut dans ce cas réduire chaque part en perches. Pour la première vous aurez. . 375 perc.
la deuxième...................... 745
la troisième...................... 290

Total des perches........ 1410

Il faut actuellement diviser la masse de l'arpentage, 15220 mètres carrés, par 1410 perches : il viendra au quotient 9 mètres 37586. La part de chacun se formera en multipliant ce quotient par le nombre de perches relatif à chaque portion.

Nota. On fera observer qu'on doit pousser les décimales au moins à 5, comme dans cet exemple, parce que, ce résultat devant être multiplié par 375, 745, 290, les différences seraient d'autant plus sensibles, que le multiplicateur serait plus grand.

On voit aussi que la valeur de la perche est toujours en raison des contenances des pièces arpentées.

OBSERVATION SUR LES SURFACES.

Le résultat des surfaces obtenu par la dismensuration seulement, ou par les mesurages et les plans, doit toujours être en rapport avec les mesures de longueur et les angles des lignes qui forment le périmètre de la figure dont on veut avoir la surface.

En effet ces mesures doivent être en rapport avec les plans : car un plan est la figure proportionnelle du terrain qu'il représente (voy. l'art *des Plans géométriques,* page 69).

Ces considérations nous engagent naturellement à signaler un abus qui ne se renouvelle que trop fréquemment, surtout dans les campagnes. On voit un grand nombre d'individus qui ne connaissent pas même les premiers élémens de la géométrie, exercer la profession d'*arpenteur,* et usurper la confiance des propriétaires

crédules, que ces individus entraînent souvent
dans des contestations, et même dans des procès
ruineux, en mettant en œuvre des procédés vi-
cieux qui reposent sur une routine que n'ad-
mettent point les principes de l'art.

Afin de prévenir ces abus, qui nuisent à la société en même temps qu'ils tendent à avilir une
profession honorable, et à affaiblir la confiance
que ceux qui l'exercent sous le rapport des principes doivent inspirer, il serait à désirer que le
gouvernement, dont la sollicitude s'étend à
tout ce qui peut contribuer au bien général et
particulier des citoyens, remît en vigueur les
ordonnances de nos anciens rois touchant *les
arpenteurs et l'arpentage.*

Le ministère des arpenteurs était libre et honorable : c'est pourquoi la récompense qui leur
était donnée n'était point appelée *salaire,* mais
honoraires, comme celle des avocats. Parmi une
foule d'ordonnances qu'il serait inutile de rapporter, nous ne citerons qu'un passage de l'édit
de Henri IV, du mois de mai 1597; il y est
dit : « *Ne prendra arpenteurs qui voudra.*
» *Il est défendu à toutes personnes de s'im-*
» *miscer à faire aucun arpentage, mesu-*
» *rage, etc., sans être pourveu par lettres*
» *patentes de Sa Majesté, et receu aux siéges*
» *des Tables de marbre, etc.*

Nous terminerons ces observations en ajoutant que si les arpenteurs jouissaient de la con-
sidération et de la confiance qui doivent être
attachées à leur profession, ils seraient encore
plus pénétrés des obligations que leur impose
leur ministère.

DÉ LA DIVISION DES TERRAINS.

On est souvent obligé de partager un terrain entre plusieurs héritiers : il est donc nécessaire de connaître la manière d'y parvenir. Plusieurs livres enseignent des méthodes pour diviser un triangle, un parallélogramme quelconque, en plusieurs parties égales : par *exemple,* à diviser le parallélogramme ADCB, *fig.* 107, en trois parties égales, comme on le voit, en tirant des rayons du point A aux points F et E. Le point F marque le tiers de la distance CD, et E le tiers de la distance CB (voy. OZANAM, *Traité de l'Arpentage*). Cette proposition est exacte; mais, 1.° les cultivateurs pour lesquels l'arpenteur opère, demandent des divisions régulières, et faciles à cultiver; 2.° il faut souvent partager des pièces de terre en parties inégales; et 3.° ces terrains qu'on a à partager sont très-irréguliers. Ces considérations nous engagent à donner des règles générales qui peuvent avoir leur application dans la pratique, puisque c'est le but principal que nous nous sommes proposé dans cet ouvrage.

S'il s'agit de diviser un triangle en plusieurs parties égales, on sera toujours à même de le faire par l'explication donnée pour la figure 33, et d'après ce qu'on a dit sur les lignes proportionnelles.

Nous indiquerons encore les méthodes ci-après, comme étant promptes et commodes.

S'il s'agit de diviser en trois parties égales le triangle ABC, *fig.* 12, sur l'un des côtés BC,

formez la demi-circonférence BKC; divisez CB
en trois parties égales; et des points de division
D, F, élevez les perpendiculaires DK, FI; puis,
du point C comme centre, décrivez les arcs KE,
IG, tombant sur le diamètre BC; ensuite des
points G et E, menez les lignes GL et EM, parallèles à BA : ces lignes diviseront le triangle ABC
en trois parties égales en surface.

Si l'on donne le triangle CAB, *fig.* 14, à diviser en trois parties égales, on divisera la base en
autant de parties égales, par les points D, E;
d'où l'on mènera les droites DA, EA, qui satis-
feront à la question.

On divisera un pentagone régulier en trois
parties égales en divisant chacun de ses côtés en
trois parties égales : ensuite on mènera par trois
des divisions, de cinq en cinq, les rayons C*d*,
C*e*, C*f*, qui diviseront le pentagone proposé
fig. 86.

Lorsqu'on divise un terrain, il faut avoir égard
à la surface de ce terrain, et se souvenir que les
surfaces sont en rapport avec les carrés des lignes,
fig. 103.

Supposons actuellement qu'on soit sur le terrain, et qu'il faille partager en deux parties
égales le parallélogramme TNOQ, *fig.* 105 : il
suffira seulement, dans ce cas, de planter deux
piquets, l'un au point U, et l'autre au point S,
c'est-à-dire au milieu des lignes NO, TQ : car
on formera avec la ligne US parallèle aux lignes
OQ, NT, deux parallélogrammes semblables
NTSU, USQO; et de plus, la surface du parallélogramme NTQO étant de 462 mètres carrés

(surface égale à celle du rectangle **NPRO**), si l'on multiplie 10 mètres 50 centimètres, moitié de **NO**, par **NP**, qui est la hauteur commune des deux parallélogrammes semblables (voyez le problème relatif à la surface d'un parallélogramme incliné), on aura pour résultat 231 mètres carrés pour la surface du parallélogramme **NTSU** ou **USQO**, ce qui satisfait à la question proposée.

On aurait pu aussi partager ce parallélogramme en deux parties par la ligne *xy*, et l'on aurait démontré de même l'égalité des deux parallélogrammes N*xy*O, *x*TQ*y*.

S'il fallait diviser en trois parties égales le rectangle **ACBD**, *fig.* 106, on partagerait en trois parties égales les lignes **AB**, **CD**, et l'on planterait des piquets aux points de division **E**, **F**, **G**, **H**.

En effet, on se propose d'avoir sur le terrain trois parties égales en contenance : la ligne **AB** ou **CD** a 51 mètres de longueur, et la ligne **AC** en a 19. La surface du rectangle **ACBD** sera donc de 969 mètres carrés; **CG**, qui est le tiers de **CD**, aura 17 mètres de longueur, qui, étant multipliés par **AC**, produiront une surface de 323 mètres carrés, égale au tiers de la surface du grand rectangle **ACBD**, qu'il fallait partager.

Si l'on propose de partager en trois parties égales le parallélogramme **DABC**, *fig.* 107, il faut diviser en autant de parties égales les côtés **DA**, **CB**, et planter des piquets aux points de division *g*, *h*, *i*, *k*, et l'on aura trois parallélogrammes semblables, **D**_g_i**C**, _ghki_, et _h_**AB**_k_, qui auront pour base commune **AB**, et pour hauteur une ligne *lm ;* donc on aura :

$$AB \times no = \text{trois fois } AB \times lm$$

donc chacun des trois parallélogrammes semblables est le tiers de **DABC**, ce qu'il fallait démontrer.

On divisera en deux parties égales le trapèze *fig.* 20, en abaissant du milieu des deux parallèles **AB** et **CD** la perpendiculaire **GH**.

S'il eût fallu le diviser en trois parties égales, on aurait marqué deux points sur ses deux parallèles, qui les auraient divisées en trois parties égales, et d'où l'on aurait tiré des droites qui auraient satisfait à la question.

Nous pourrions encore multiplier les exemples pour diviser les triangles et les figures régulières en plusieurs parties égales ou proportionnelles; mais nous préférons indiquer la manière de diviser les pièces de terre irrégulières en parties égales ou inégales en surface, suivant les différens cas qui peuvent se présenter, comme étant d'une utilité plus générale.

S'il faut partager en trois parties égales une pièce de pré représentée par la figure 108, comme elle est irrégulière, il conviendra d'abord d'en lever le plan géométrique, et d'en calculer la surface, qu'on trouvera être de 807 mètres carrés : il faut donc faire trois portions, chacune de 269 mètres carrés.

On tracera sur le plan des lignes qui le diviseront en trois parties à peu près égales; on calculera la première ; et, après avoir comparé

le résultat, on y ajoutera, s'il est trop faible, ou
l'on en retranchera, s'il est trop fort, ce qu'il
faudrait ajouter ou retrancher pour avoir une
surface égale au tiers de la surface totale. (Ces
additions ou soustractions se feront comme pour
la figure 111.)

Supposons que, d'après ce procédé, on ait
divisé la figure 108 en trois parties, dont les
points de division seraient e, f, g, h : on mesurera sur l'échelle la longueur De, qui est de
8 mètres 50 centimètres, et la ligne droite eg,
de 13 mètres; on mesurera également la longueur Af, de 14 mètres 50 centimètres, et celle
fh, qui est de 12 mètres 40 centimètres.

Après avoir fait cette préparation, et écrit ces
mesures sur un canevas, on se transportera
sur les lieux, où l'on déterminera avec la chaîne
des longueurs pareilles à celles trouvées sur l'é-
chelle du plan, et l'on fera planter des piquets à
leurs extrémités.

Il sera bon aussi de vérifier les autres côtés
de cette pièce, qui doivent être tous proportionnels avec ceux du plan si ce dernier est
fait avec exactitude, ce que l'on suppose toujours.

On peut aussi, après avoir arpenté cette pièce,
et fait les calculs sur le terrain, former avec l'é-
querre d'arpenteur les portions dont il s'agit. Ce
procédé serait plus expéditif, mais on ne doit
l'employer que lorsqu'on a acquis beaucoup d'u-
sage dans la pratique.

Supposons qu'après avoir arpenté la pièce
de terre représentée par la figure 110, le cal-

10*

cul ait donné 40 ares 40 centiares pour la contenance de cette pièce, et qu'on veuille la
partager en trois portions inégales, de manière
que la portion A soit de 14 ares 40 centiares;
celle désignée par la lettre B, de 13 ares 14
centiares; et celle désignée par la lettre C, de
12 ares 86 centiares.

Après avoir tracé sur le plan les lignes de
préparation, et fait les calculs nécessaires pour
obtenir les lignes de division, on déterminerait sur le terrain les portions désignées, de
la même manière qu'on l'a fait pour la figure
108.

On propose de déterminer sur le terrain une
coupe de 3 hectares 5 ares, *fig.* 111, à prendre
dans un bois et dans un lieu désigné. Si
l'on avait le plan du bois dans lequel on doit
prendre la coupe, il serait facile, d'après ce que
nous avons dit sur l'usage de la boussole, de
déterminer la tranchée; mais si l'on n'a pas le
plan de ce bois, et que l'on veuille seulement
délimiter sur le terrain la coupe ABCD, il faut
d'abord examiner les directions des lignes AC,
AB: car on conçoit que si le bois était de
figure carrée ou rectangulaire, il suffirait seulement de mesurer 187 mètres et quelques
dixièmes de A en C, autant de A en B, et du
point C de mener dans le bois, avec la boussole,
une ligne parallèle à la ligne AB, et de même
longueur: la coupe serait délimitée, parce que,
la racine carrée du nombre 35000 étant 87
et une fraction, si l'on détermine une figure
carrée dont les côtés seraient chacun de 87

mètres, etc., cette figure aurait une surface de 35000 mètres carrés, et satisferait à la question proposée. Mais, l'angle A étant aigu, il faudra donner plus de mesures à la ligne AB qu'à la ligne CD pour obtenir une coupe à peu près régulière, comme on le voit par la figure 111. Supposons qu'après avoir eu égard à ce qu'on vient de dire, on ait levé le plan des lignes AB, AC, CD: on fera planter un piquet à chacune des extrémités de la ligne DB, et l'on rapportera le plan ACDB, qu'on calculera pour en connaître la surface. Dans cet exemple la surface de la figure 111 est de 3 hectares 65 ares 12 centiares: donc elle est trop forte de 15 ares 12 centiares, ou de 1512 mètres carrés, qu'il faudra retrancher. On mesurera d'abord sur l'échelle la longueur de la ligne DB, qu'on trouvera être de 216 mètres; ensuite, considérant le nombre 1512 comme un dividende, et le nombre 216 comme un diviseur, le quotient 7 sera le nombre de mètres qu'il faudra retrancher de D en C, et également de B du côté de A, puisque

$$216 \times 7 = 1512$$

Toute l'opération sur le terrain consistera donc à planter deux piquets, l'un au point d, et l'autre au point b, distans de 7 mètres des points D et B qu'on avait d'abord marqués.

Nous ferons encore observer qu'il faut que les plans soient rapportés dans de grandes dimensions, afin d'obtenir les mesures des lignes avec plus de précision. On pourra ensuite les réduire d'après quelques-uns des procédés que nous avons indiqués pour la réduction des figures.

Pour obtenir un résultat *rigoureusement exact*, il faudrait que la partie *d*DB*b* fût réellement rectangulaire; mais la différence est si légère, qu'on peut la considérer comme nulle. Cependant si l'on eût levé une surface beaucoup plus grande que la première, de 3 hectares 65 ares 12 centiares, les lignes *b*B, *d*D, auraient été plus grandes, et par conséquent auraient influé sur le résultat en raison de leur inclinaison avec la ligne DB (quoique cette différence serait légère): on aurait toujours opéré comme ci-dessus, sauf à déduire ou à ajouter une petite quantité égale à la différence du rectangle à l'inclinaison des lignes *d*D, *b*B, à l'égard de la ligne DB considérée comme base.

Voici encore un procédé qu'on pourrait employer pour déterminer sur le terrain la coupe de bois fig. 111. Connaissant l'angle CAB et la longueur AC (supposant AC droit), et concevant la perpendiculaire EC, on ferait cette analogie : *Le sinus de l'angle* E *est au côté* AC *comme le sinus de l'angle* A *est à* EC. Cette perpendiculaire serait de 190 mètres.

Nous ferons observer qu'on connaîtrait facilement la perpendiculaire EC; 1.º en formant avec le rapporteur l'angle CAE (ou CAB) de 65 degrés; 2.º en donnant au côté AC une longueur proportionnelle; et 3.º en abaissant avec l'équerre et la règle la perpendiculaire du point C sur

AE prolongé : vous connaîtrez **CE** sur l'échelle qui aura proportionné le côté **AC**.

Dans cet exemple, ayant calculé le triangle **AEC** (le triangle **AEC** équivaut à peu près à la surface comprise entre la ligne **AB** et la charrière du bois), de 61 ares 50 centiares, et retranché cette surface de la coupe désignée, 3 hectares 50 ares, il restera 2 hectares 88 ares 80 centiares. Alors, considérant cette quantité comme un dividende, et 190 comme un diviseur, le quotient 152 indiquerait le nombre de mesures qu'il conviendrait de donner aux lignes **EB** et **CD** (supposant encore que **CD** soit perpendiculaire sur **EC**).

Mais comme les lignes de circonscription des bois sont ordinairement sinueuses, et qu'il n'est pas toujours possible de mettre en usage le principe que nous venons d'expliquer pour déterminer une coupe de bois, voici une autre manière qu'on pourra employer.

On voit que lorsqu'on a le plan, on sait toujours combien on doit ajouter ou retrancher à la coupe qu'on doit délimiter ; mais ce que nous avons dit pourra guider pour ne pas *lever* ou beaucoup trop, ou beaucoup moins, afin de n'être pas obligé d'ajouter ou de retrancher une surface considérable à la première opération, ce qui pourrait faire soupçonner la justesse du coup-d'œil ou l'habileté de celui qui opère.

Nous pensons qu'il est inutile d'expliquer la manière de diviser le bois **ABCD** en plusieurs coupes égales ou inégales, et dans telle direction qu'on pourrait le désirer, parce qu'il suffirait de tracer ces coupes sur le plan au cabinet, et de déterminer sur le terrain les extrémités de ces lignes par des piquets, comme on l'a fait pour la figure 108.

On pourrait écrire un volume sur la manière de diviser les bois et les terrains quelconques ; d'ailleurs leurs figures et plusieurs circonstances qui dépendent des localités, peuvent donner lieu à autant de problèmes qui exigeraient toute l'attention d'un bon arpenteur ; mais l'exemple que nous venons de donner (*), et tout ce qu'on a dit dans ce traité, pourra, avec l'usage, suffire pour se guider dans ces sortes d'opérations. Ceux qui désireraient en savoir davantage, peuvent consulter la Géodésie de *L. Puissant.*

Si l'on proposait de faire le *terrier* d'un domaine ou d'une commune, d'après ce que nous avons dit à l'égard des plans et des surfaces, il serait facile de faire ce travail.

1.º On commencerait par arpenter chacune des pièces de terre qui doivent former ce terrier. 2.º Après avoir rédigé les plans, on assignerait un numéro à chaque pièce. 3.º On ferait un état général par colonnes à la suite des plans : cet état indiquerait les numéros des plans, la nature du terrain, la contenance de chacune des pièces, et enfin la contenance générale

---

(*) Il faut, lorsqu'on fait un partage, avoir égard à la qualité du terrain, aux servitudes qui y sont affectées, et à une multitude de circonstances qui dépendent uniquement des localités, et que par conséquent on ne peut expliquer ici.

du domaine ou de la commune dont on aurait fait l'arpentage. On fait relier toutes ces feuilles par ordre, et on leur donne le nom de *Terrier*.

Plusieurs personnes demandent l'énonciation des surfaces en anciennes mesures : c'est pourquoi on fera deux colonnes pour cet article : dans l'une on écrira la surface en nouvelles mesures, et dans l'autre cette surface comparée.

Il est évident que, si l'on connaissait le rapport du mètre à la perche, on pourrait, en faisant une règle de trois, réduire les mètres en perches, et réciproquement, etc.

Exemple. 3428 mètres carrés, ou 34 ares 28 centiares, égalent 360 perches de 9 pieds et demi (ou le grand journal). Si l'on voulait réduire la surface de la figure 110 en perches de cette espèce, cette surface étant de 4040 mètres carrés, on aurait cette proportion :

$$3428 : 4040 :: 360 : x$$

Le quatrième terme est 424 et trois dixièmes environ : ce nombre exprimera des perches carrées de 9 pieds et demi chacune.

Mais en se servant des tables de comparaison de MM. Lucotte et Noirot, que nous avons citées note (*), page 200, l'opération est beaucoup plus simple, puisqu'elle se réduit à une addition. On cherchera dans la première colonne de la table page 30 (du livre cité) le nombre de perches comparées aux 40 ares, qu'on additionnera avec le nombre de perches que donnent 40 centiares, de cette manière :

Pour 40 ares. . . . 1 journ. 60 perch. 025
Pour 40 centiares. 0   4   200
_____
Total. . . . . 1 journ. 64 perch. 225

on 424 perches 2 dixièmes. On voit que ce second résultat est à fort peu de chose près pareil au premier.

Nous allons, d'après le rapport des mètres carrés au grand journal, déterminer le nombre de mètres carrés qui forme le petit journal de 240 perches, qui est en usage en Auxois :

$$360 : 3428 :: 240 : x = 2285 \text{ mm. (ou 2286)}$$

qui font les $\frac{2}{3}$ de 3428 mètres, de même que 240 perches sont les $\frac{2}{3}$ de 360.

Donc, s'il s'agissait de convertir 24804 mètres en petits journaux de 240 perches, ou aurait cette proportion :

$$2285 : 24804 :: 240 : x = 2605 \text{ perches.}$$

Nota. Pour obtenir des journaux, il faut diviser le nombre de perches 2605 par 240, nombre de perches contenues dans le journal ; le surplus évalué par les parties aliquotes du journal, il viendra 10 journ. $\frac{1}{4}$ et 25 perch.

Voici une méthode prompte et commode pour réduire les ares en perches carrées : il suffit de séparer par un trait le dernier chiffre sur la droite, de prendre moitié des chiffres restans, en avançant d'une place sur la droite, d'additionner, et l'on aura des perches carrées.

Exemple.

On propose de réduire en perches carrées 34 ares 29 centiares.

OPÉRATION.

ar.   c.
34   2|9
 1 71
———————
360 p. 0 — 360 perches carrées.

Autre Exemple.

                                   ar.   c.
On donne à réduire 22 8|6
                                  1 1 4
                             ———————
                             240 p. 0 — 240 perch. carr.

Si l'on proposait à réduire 12 ares 84 centiares, il faudrait opérer comme il suit :

     ar.   c.
     12 8|4
      0 6 4
     ——————
134 p. $\frac{8}{10}$ — 134 perch. carr. $\frac{8}{10}$

Ce procédé repose sur ce qu'un are valant 10
perches $\frac{1}{2}$, il convient d'abord de séparer un
chiffre sur la droite du nombre de mètres carrés proposés, plus ajouter $\frac{1}{20}$ au résultat de la
division par dix.

D'après cette méthode, les tables de réduction
des mètres carrés en perches carrées deviennent
inutiles.

DU BORNAGE.

« Le bornage est un contrat synallagma-
» tique. Il suffit, pour sa validité, qu'il soit signé
» par les parties intéressées , dans la forme
» de toutes les conventions de même nature,

» puisque le Code civil ne l'a soumis à aucune
» formalité particulière. De là il suit que l'on
» ne doit plus avoir égard aux dispositions cou-
» tumières qui exigeaient, avant le Code, qu'un
» bornage fût fait par autorité de justice. On
» ne doit recourir aux tribunaux que quand les
» parties ne sont pas d'accord, par exemple,
» lorsque l'une refuse de procéder au bornage,
» ou quand elles ne peuvent pas convenir d'ex-
» perts.

» Pour parvenir à faire un bornage à l'amia-
» ble, trois experts sont convenus entre les par-
» ties. A cet effet il est naturel que chacune
» nomme le sien, en sorte qu'elles n'ont plus à
» s'accorder que sur le troisième. L'acte par le-
» quel les parties nomment des experts énonce
» les héritages dont il s'agit de marquer les li-
» mites, d'après les titres, qui sont remis aux
» experts. En vertu de ce pouvoir contenu dans
» cet acte synallagmatique signé par chacun des
» propriétaires, les experts procèdent d'abord
» à l'examen des titres, puis à l'arpentage des
» terres, ensuite à la reconnaissance des an-
» ciennes bornes s'il en existe, enfin à poser les
» bornes nouvelles. De leurs différentes opé-
» rations ils dressent procès-verbal. »

Il nous reste à parler des procès-verbaux. Un
procès-verbal est un acte qui constate le résultat
d'une opération faite légalement. L'arpenteur
doit y mentionner, 1.º l'époque à laquelle il
procède à la reconnaissance de l'héritage dont il
fait la dismensuration ; 2.º en vertu de quels
pouvoirs il opère, si c'est d'après les formalités

de justice ou à l'amiable; 3.º il y désignera les
confins de la pièce arpentée; 4.º il mentionnera
la présence des personnes intéressées à cette
opération, telles que le propriétaire du champ et
ses voisins, etc.; 5.º la contenance totale de là
pièce, et ses subdivisions s'il doit y en avoir;
6.º le nombre de bornes plantées pour délimiter
l'héritage, la distance qui existe entre chacune
d'elles, leur situation, etc.; enfin il faut qu'un
rapport ou procès-verbal exprime clairement le
but et le résultat de l'opération, afin de prévenir toutes contestations qui pourraient s'élever par
la suite au sujet de l'opération dont il s'agit.

Dans le cas où les contenances énoncées aux
titres des parties ne se trouveraient pas dans les
pièces arpentées, il faudrait, du consentement
des propriétaires ou de leurs fondés de pouvoir,
faire des réductions proportionnelles. Comme
ce cas peut souvent se présenter, nous avons
joint le procès-verbal ci-après, afin de donner
un exemple de ces sortes de pièces.

MODÈLE D'UN PROCÈS-VERBAL D'ARPENTAGE.

*Nous, soussigné, J.-B. MASTAING, arpen-
teur à Dijon, expert nommé par MM.
Pierre L...., propriétaire, Etienne M.... et
Nicolas C....., cultivateurs à Haute-V....,
département de la Côte-d'Or, déclarons
qu'en vertu d'un procès-verbal de la Justice de Paix de Dijon (section nord), en
date du..... 1824, qui nous autorise à délimiter et borner, dans la proportion des
droits des sieurs susnommés, une pièce de*

*terre sise sur le territoire de la commune
de .... climat dit ...*

*Nous nous sommes transporté sur les lieux
le ....* 1825, *pour, conformément au procès-verbal précité, procéder à l'opération
dont il s'agit. Après avoir pris connaissance
des titres respectifs, et en présence des parties, nous avons reconnu,* 1.º *que la pièce
totale,* fig. 112, *est confinée, savoir : au
nord, par une terre appartenant au sieur...
et une haie-vive ; au levant, par un mur et
deux pièces de terre aux sieurs .....; sur
cette ligne, et à la séparation desdits héritages, il existe une ancienne borne; au midi, par des murs de clôture avec lesquels
elle fait* crosse; *au couchant, par une pièce
de terre audit sieur* Pierre L....

2.º *Qu'elle contient en surface* deux hectares quatorze ares quatre-vingt-dix-sept centiares (six journaux un quart et sept perches cinq
dixièmes), *au lieu de* deux hectares vingt-
deux ares quatre-vingt-deux centiares (six journaux et demi) *que réclament tous les titres
réunis : d'où il résulte une perte, pour la to-
talité, de* sept ares quatre-vingt-cinq centiares
(quatre-vingt-deux perches quatre dixièmes),
*et par conséquent celle d'*un are vingt-deux
centiares *par journal.*

*Nous avons ensuite procédé au bornage
de chaque portion* (*). *La pièce désignée au*

(*) Il est bien entendu qu'avant de procéder au bornage, on suppose qu'on ait fait tous les calculs nécessaires afin que, les bornes étant plantées, chaque pièce soit de la contenance indiquée

plan sous la lettre A, *contiendra désormais*
seize ares cinquante-trois centiares au lieu de dix-
sept ares quatorze centiares (un demi-journal)
qu'elle devait contenir selon le titre (*), *et
a été délimitée par cinq bornes figurées au
plan ci-joint.*

La première..... (**).

La seconde pièce, désignée sous la lettre
B, *contiendra désormais* seize ares cinquante-
trois centiares, *comme la première, au lieu
de* dix-sept ares quatorze centiares (un demi-
journal) *qu'elle devrait contenir selon le titre, et a été délimitée par six bornes figurées
au plan ci-joint.*

*Enfin la troisième et dernière pièce, dé-
signée par la lettre* C, *contiendra désormais*
un hectare quatre-vingt-un ares quatre-vingt-
neuf centiares (cinq journaux cent dix perches), *au lieu d'*un hectare quatre-vingt-huit
ares cinquante-quatre centiares (cinq journaux
et demi) *qu'elle devrait contenir selon le*

---

au rapport. Il arrive souvent qu'il faut retrancher ou ajouter aux
pièces, en raison de leur contenance réelle : on fera d'abord
cette préparation au cabinet, ensuite on consommera l'opération
sur le terrain.

(*) On rappelle au rapport 'la date du titre, le nom du no-
taire qui l'a reçu, etc.

(**) Voyez ce que nous avons dit à l'égard des bornes, page
235. Nous ajouterons qu'on place les bornes sur les lignes de séparation des héritages, et sur les deux terrains, et qu'on enterre à
leur pied une pierre cassée d'appareil, afin de faire connaître dans
la suite l'endroit où elles auront été plantées. On mentionne
aussi si elles sont en pierres brutes, ou façonnées avec le mar-
teau, etc.

titre, et a été délimitée par sept bornes figurées au plan précité.

Attestons que les différens corps d'héritages mentionnés au présent acte ont été délimités dans la proportion des droits respectifs des susdits codivisionnaires, et qu'en outre chacun d'eux jouira, jusqu'après les récoltes prochaines, du terrain qu'il possédait avant ladite opération.

De tout quoi nous avons rédigé le présent procès-verbal pour servir et valoir ce que de raison, et nous nous sommes soussigné avec les parties.

Fait à Haute-V.... le..... 1825.

Nota. Il faudra faire signer le procès-verbal par les parties; en cas de refus, le faire signifier, etc.

Comme ici il y a trois copartageans, il faudra écrire :

Fait triple à.... Une expédition du présent a été remise à chacune des parties.

On est dans l'usage, lorsqu'on procède à la délimitation d'une propriété d'une certaine étendue, de joindre au procès-verbal un tableau dont le modèle se trouve à la page suivante.

Tableau indicatif *de la longueur des lignes, de l'ouverture des angles (ou des directions), qui déterminent la circonscription de la propriété (ou du bois, etc.) de M....., sise au climat dit......., sur la commune d......., arrondissement d........, département d.......*

DU BORNAGE.

PROPRIÉTÉS LIMITANTES.	DÉSIGNATION de chaque partie de la ligne de circonscription.	LONGUEURS		Valeur des angles formés par les lignes de circonscription (par les lignes droites seulement.)	OBSERVATIONS.
		en lignes droites.	développées.		
1.re colonne.	2.	3.	4.	5.	6.
Chemin de Belleneuve.	AB	65m 5	67	106° 50'	
Total des mesures en lignes droites.....		mèt.			
Id. en lignes développées.			mèt.		

Certifié, etc.

Fait à   le

Nous allons donner un exemple qui pourra suffire pour former ce tableau : supposons qu'après avoir levé, rapporté, calculé, etc., le plan de la figure 64, on ait mesuré sur le terrain les lignes **AB**, **BC**, **CD**, et les autres lignes qui forment la circonscription de cette propriété (*), ainsi que les angles formés par ces lignes, ou, si l'on s'est servi d'une boussole, on doit coter les directions des lignes **AB**, **BC**, **CD**, etc.

On désignera dans la première colonne les propriétés limitantes; dans la seconde (et pour la première ligne du tableau), on écrira **AB**; dans la troisième on mentionnera la longueur de cette ligne; dans la quatrième on énoncera la longueur développée de cette ligne; dans la cinquième on écrira le nombre de degrés que l'aiguille aura marqué pour ladite ligne **AB** (comme on l'a fait pour la figure 72). Dans la sixième colonne on consignera les observations s'il en est besoin.

On continuera de même pour chaque ligne de la circonscription de la propriété dont il s'agit, et à la fin du tableau on énoncera les totaux des mesures en lignes droites, et enfin celle du contour de la propriété arpentée.

Nous supposons ici qu'il s'agisse d'une propriété beaucoup plus étendue que celle repré-

---

(*) Il faut, autant qu'il est possible, que ces lignes de circonscription soient déterminées à leurs extrémités par des bornes ou des arbres remarquables, situés aux angles principaux de la propriété qu'on délimite.

sentée par la figure 64; mais elle suffit pour un exemple.

Modèle d'un procès-verbal pour l'arpentage de plu-
sieurs pièces de terre situées sur différens climats,
et partageables entre plusieurs.

Acte de bornage entre les sieurs **J. B**...... et Albert **C.**......, cultivateurs à **H.**...... **V.**....

Nous....... *soussigné* (mettre sa qualité, *arpenteur,* ou *instituteur,* etc.), *demeurant à.*.....*déclarons que les sieurs Albert C.*.... *et J. B.*.....*cultivateurs à H.*....*V.*.......*, arrondissement de.*.., *désirant jouir divisé-*
ment de plusieurs pièces de terre formant
partie des lots à eux échus dans le partage
de fonds fait entre eux le 8 janvier 1823, *enregistré à Dijon le.*.... *suivant, nous ont*
appelé pour faire leur sous-partage partiel
(il n'y avait qu'une certaine quantité de pièces partageables, comme cela arrive souvent), *con-*
formément à l'acte précité, nous dispensant
de toute formalité de justice.

Etant autorisé par lesdits sieurs C......., *nous nous sommes transporté sur les lieux*
le 27 *octobre* 1823, *en présence des parties,*
et, à la vue des titres, nous avons procédé à
l'opération dont il s'agit.

Désirant nous assurer, avant de tracer
les lignes de partage, des contenances énon-
cées dans l'acte ci-dessus relaté, afin de
faire une juste répartition, nous avons ar-

11

penté *les pièces partageables. Après avoir fait
les calculs nécessaires, nous sommes retourné
sur les lieux pour planter les bornes.* Il faudra
désigner le nombre de pièces partageables, les
climats où elles sont situées, la contenance de
chacune d'elles, la situation respective des bornes
qui déterminent les lignes de partage, et les confins de ces propriétés.

Des plans seront annexés au procès-verbal, et
l'on énoncera sur ces plans les contenances en
chiffres, ainsi que les différentes distances qui
existent entre chaque borne, et les longueurs
et largeurs totales des pièces arpentées.

A la suite des plans on ajoutera :

*Par le présent acte de bornage, les pièces
de terre y désignées demeurent limitées inva-
riablement entre lesdits sieurs J. B.... et Albert
C..., sans que, par la suite, l'un ou l'autre
puisse jamais élever aucune contestation, et
se troubler réciproquement dans la jouissance
des propriétés dont il s'agit.*

*Nous attestons qu'il a été convenu entre les
sieurs J. B... et Albert C..., qu'ils supporte-
ront également les frais résultant de ladite
opération ; nous déclarons en outre que lesdits
sieurs J. B.... et Albert C.... nous ont constamment servi d'indicateurs ; que les lignes de
séparation ont été déterminées en leur présence ; et qu'eux-mêmes, étant d'un commun
accord, ont planté les bornes mentionnées au
présent acte.*

Ce que nous affirmons sincère et véritable :

*en foi de quoi nous nous sommes soussigné
avec les parties, et avons clos le présent procès-verbal pour servir et valoir ce que de raison.*

*Fait double : une expédition a été remise
à chacune des parties.*

A H....V...., le 15 novembre 1823.

Modèle de procès-verbal pour l'arpentage, l'estimation
et le partage de différentes pièces de terre entre plusieurs.

*Nous, etc., déclarons qu'en vertu de la
procuration qui nous a été passée en date
du.... par les sieurs...., enregistrée le...,
laquelle nous autorise à délimiter, estimer,
et partager dans la proportion des droits
respectifs desdits sieurs..., tous* (exprimer
leur nombre) *copartageans, d'après le partage fait entre eux par-devant..., enregistré
le..., nous nous sommes transporté sur les
lieux, où étant, accompagné des sieurs...,
et à la vue de l'acte précité, nous avons procédé à l'opération dont il s'agit.*

*Nous avons d'abord vérifié les contenances
des pièces de terre énoncées dans l'acte précité, et pris tous les renseignemens nécessaires sur la nature des climats et la valeur des terres qui font l'objet de ladite
opération* (ces renseignemens peuvent s'obtenir d'après le revenu des terres par journal,
auprès des anciens du pays, et par l'usage, qui
ne peut s'acquérir que par l'expérience); en-

suite nous avons formé les lots ainsi qu'il suit (*), savoir :

PREMIER LOT.

N.º 1. *Une pièce de terre, etc.*

Il faudra assigner un numéro à chacun des lots ; énoncer les nom,. prénoms, etc., du copartageant auquel il est échu ; mentionner quelles sont les pièces de terre qui forment respectivement ces lots, la contenance de chacun d'eux, sa valeur, les climats, les aboutissans, etc.

Après avoir désigné et détaillé chaque lot suivant son numéro d'ordre, on terminera le procès-verbal par l'une des formules indiquées aux modèles de procès-verbaux précédens.

On pourra annexer au procès-verbal le tableau dont le modèle se trouve à la page suivante, et qu'il sera toujours facile de remplir, puisqu'il doit être le résultat de l'opération, pour laquelle on a dû se procurer toutes les données nécessaires.

____

(*) Lorsqu'on aura obtenu la contenance des pièces, et après l'estimation des terres, on fera les lots sur ces bases, c'est-à-dire en ayant égard à la contenance et à la valeur des terrains. On voit donc qu'un ou plusieurs copartageans pourraient avoir plus ou moins de contenance, suivant le rapport de la valeur du terrain qui constituera son lot, ou que cette quantité sera proportionnelle à la qualité ou à la valeur du terrain. Il sera bon alors de rédiger la minute des plans sur une très-grande échelle, et de tracer sur ces plans toutes les lignes de division d'après les calculs nécessaires ; ensuite on retournera sur place pour déterminer ces lignes et planter des bornes.

TABLEAU, etc.

N.os des lots.	NOMS des copartageans.	CLIMATS.	CONTENANCES.	REVENU par année et par journal.	VALEUR DES TERRES par journal.	OBSERVATIONS.

Nota. On peut encore ajouter à ce tableau une colonne avant celle d'observations, qui serait intitulée : *valeur de chaque lot.*

Le total de cette colonne serait celui du montant de l'estimation générale mentionnée au procès-verbal.

Nous pensons qu'il serait superflu de donner une instruction particulière pour remplir cet état, puisqu'il doit présenter, ainsi que nous l'avons dit, le résultat de l'opération que nous supposons être consommée.

Nous espérons qu'au moyen des modèles ci-dessus, et de ce que nous avons dit sur les procès-verbaux (page 234), on sera toujours à même de rédiger un procès-verbal; d'ailleurs il suffit qu'un procès-verbal explique clairement le but et le résultat d'une opération, et qu'on ait observé, en le rédigeant, les formalités prescrites en pareil cas, pour qu'il soit valable.

DE L'EXAMEN DES TITRES.

Cet article est l'un des plus importans de notre ouvrage. Avant d'admettre un titre qui est produit, on doit d'abord recourir *à l'origine* du fonds dont il s'agit. Ces renseignemens peuvent s'acquérir, 1.º en consultant les anciens terriers (en faisant encore attention s'il y a eu des échanges, morcellemens, etc. : en ce cas les titres d'acquisition ou d'échange devront être produits), ou autres documens que l'arpenteur pourrait se procurer; 2.º par les dé--

clarations des anciens habitans de la commune
où l'on opère, et encore par les joignans, que
leur intérêt personnel engage à examiner rigoureusement les prétentions de leurs voisins de
propriétés.

Lorsqu'il arrive qu'un joignant ou copartageant ne produit pas de titres, il faut avoir
égard à la jouissance, et faire préférablement
la contenance à celui qui produit un titre incon-
testable.

On ne doit pas non plus admettre trop légèrement des déclarations qui peuvent être exagérées, et faites par des fermiers qui ignorent le
plus souvent la contenance des terres qu'ils cultivent. Cependant on doit préférer les plus anciennes déclarations; s'il en existe plusieurs, on
doit les comparer, et ne se prononcer qu'après
un mûr examen.

Il faut aussi avoir égard aux confins, aux noms
des climats, etc... Mais, comme ces objets sont
sujets à varier, c'est pourquoi l'on doit toujours
recourir à *l'origine du fonds* : car deux pièces
de terre peuvent aboutir, par exemple, au nord
et au sud, sur les mêmes chemins, et être limitées
à l'orient et à l'occident par des propriétaires
de même nom, et cependant être différentes
en contenance. Nous insistons sur cet article,
parce que l'arpenteur ne saurait apporter trop
d'attention pour s'éviter de commettre des erreurs qui pourraient être préjudiciables à l'une
des parties, en faveur de ceux qui, trop sou-

vent, cherchent à tromper son jugement, ne pouvant corrompre sa religion (*).

Cet examen nous engage naturellement à signaler un abus qui est souvent la source de contestations et de procès ruineux entre les propriétaires de biens territoriaux. En effet il n'est
pas rare que le possesseur d'un héritage puisse
produire plusieurs titres pour la même propriété, et que les contenances énoncées dans ces
titres, diffèrent entr'elles sensiblement.

Souvent aussi il arrive que les contenances
énoncées dans les titres des parties sont plus
fortes que la surface réelle du climat ou du canton dont ils devraient exprimer la surface. Dans
ce cas le géomètre est obligé à faire des répartitions proportionnelles telles que nous en
donnons des exemples page 216. Mais si cependant les déclarations faites par des fermiers
quelquefois séduits par de certains propriétaires
se trouvaient être exagérées, ou que les vendeurs énonçassent dans les actes de ventes des
contenances plus fortes que celles qu'ils pos-
sèdent, il en résulterait que, malgré la pru-
dence et l'exactitude que le géomètre pourrait
apporter dans l'exécution de son opération, la
fraude obtiendrait un succès nuisible aux justes
droits des autres copartageans.

(*) Nous parlons ici avec entière connaissance de cause, ayant été
forcé de rejeter plusieurs titres dans l'intérêt de la justice, qui doit
être l'unique base des actions humaines, et non pas *l'intérêt* personnel, comme quelques publicistes l'ont écrit contre la morale publique et à la honte de l'humanité.

Il suit encore de là que l'arpenteur, ne trou‑
vant point le compte dans les pièces dont il
fait la dismensuration, est obligé de donner
à ses opérations des limites beaucoup plus éten‑
dues que celles fixées naturellement par les pro‑
priétés qui font l'objet de l'expertise qui lui
est soumise, parce que dans cette circonstance
il se trouve dans la nécessité d'établir, comme
nous l'avons dit, une répartition de contenance
entre tous les héritages du canton dont on sup‑
pose que ferait partie la propriété qu'il aurait à
borner.

Il serait donc beaucoup à désirer qu'on pût
trouver un moyen sûr de parer à des inconvé‑
niens aussi graves; et certes c'est un objet
assez important pour mériter toute l'attention
du gouvernement, puisqu'il doit intéresser tous
les propriétaires territoriaux, et régulariser leurs
droits respectifs sur des bases certaines et inva‑
riables.

Voici donc ce que nous proposerions pour
parvenir à ce but, que semblent commander
également la justice et la plus saine raison. Ce
serait de rendre *une loi qui défendît aux no‑
taires de mentionner dans leurs actes au‑
cune contenance qui n'eût été vérifiée‑ et at‑
testée par un arpenteur connu et qui aurait
mérité la confiance de quelque administra‑
tion, lequel joindrait à son opération le
plan des lieux avec les dimensions géné‑
rales de l'héritage à vendre ou dont on
aurait fait la déclaration; lesquelles pièces*

11*

*seraient anne.rées à l'acte de vente ou à la dé-
claration qui aurait été faite., etc., etc.*

Il nous semble que cette marche pourrait
par la suite remédier aux inconvéniens que
nous avons signalés ci-dessus, et dont nous pouvons chaque jour apprécier les fâcheux résultats.

Nota. Nous ne pouvons, dans cette circonstance, nous empêcher de manifester notre éton-
nement *de la légèreté* avec laquelle la plupart
de MM. les notaires accueillent des déclarations faites par des gens qui ignorent souvent
la contenance des héritages qu'ils cultivent, ou
qui pourraient avoir intérêt de les tromper, ou
écrivent dans leurs actes, et sans précaution, les
contenances que les vendeurs leur déclarent sans
aucune preuve de la véracité de leur énoncé.

Nous soumettons ces réflexions (qui ne nous
ont été suggérées que par un pur sentiment
de justice) aux personnes à qui leurs hautes
fonctions donnent assez d'influence pour se-
conder des vues tout en faveur du bien public, et qui, si elles étaient un jour réalisées,
seraient un nouveau bienfait du gouvernement,
dont tous les actes tendent à l'utilité *publique.*

Nous terminons ici nos observations sur les
titres, pour parler du nivellement. Nous n'a-
vons fait que quelques additions à ce petit traité
(qui a reçu l'approbation des gens de l'art),
parce qu'il renfermait déjà tout l'essentiel de
la matière, et qu'il peut suffire aux besoins or-

dinaires de la société. Nous ajouterons même
qu'il a concouru à l'accueil favorable que le
public a bien voulu faire aux éditions précédentes.

Les personnes qui désireraient se procurer
d'autres modèles sur *les expertises* en général
et sur *les arbitrages,* peuvent consulter avec
confiance les chapitres XII et XIII (1.re édit.) ou
VIII et IX (2.me édit.) du GUIDE GÉNÉRAL EN
AFFAIRES, *Dijon,* NOELLAT, *Imprimeur-Editeur,*
1825, qu'on n'a point rapportés ici pour ne pas
trop grossir cet ouvrage.

CINQUIÈME PARTIE.

DU NIVELLEMENT.

Le nivellement est une opération qui nous fait connaître la hauteur d'un lieu à l'égard d'un autre, c'est-à-dire la différence de leur distance au centre C de la terre, *fig.* 113. Le point K est moins élevé que le point G, ou, ce qui est la même chose, le point K est moins éloigné du centre de la terre que le point G. *Niveler,* c'est se servir du niveau (*) pour connaître la différence de cette élévation entre deux ou plusieurs points.

Une ligne dont tous les points sont également éloignés du centre de la terre, comme AIB, est une *ligne du niveau vrai ;* la forme de la terre étant sphérique, cette ligne sera un arc de cercle qui aura le même centre que la terre.

Mais la ligne de visée que donne le niveau est un rayon visuel, comme IG, qui forme toujours un angle droit GIC avec le demi-diamètre IC de la terre. On peut considérer ce rayon

(*) Voyez la description de cet instrument, pag. 259, figure 115.

visuel comme une tangente dont l'extrémité G
est éloignée du point G en raison de la grandeur
de ce rayon visuel.

Ce rayon visuel IG, parallèle à l'horizon,
s'appelle *ligne du niveau apparent,* pour la
distinguer de la ligne du niveau vrai, qui est une
ligne courbe, comme on vient de le démontrer.

Si un observateur est placé en un point A sur
la surface du globe AGH, etc., *fig.* 114, et que
la tangente AE soit le rayon visuel qu'il ait dirigé parallèlement à l'horizon, le point E sera le
point du niveau apparent, le point G celui du
niveau vrai, et la différence GE du rayon TG à
la ligne TE sera la hauteur du niveau apparent,
c'est-à-dire la quantité dont le point E est plus
élevé que le point G du vrai niveau.

TROUVER DE COMBIEN UN POINT DU NIVEAU APPA-RENT EST PLUS ÉLEVÉ QUE LE POINT CORRES-PONDANT DU VRAI NIVEAU.

La ligne AE, *fig.* 114, étant parallèle à l'horizon, et formant un angle droit avec le rayon
AT de la terre, pour connaître l'élévation du
point E à l'égard du point G, on imaginera la
ligne TE tirée du centre au point E; on aura un
triangle EAT (qui sera rectangle au point A, d'où
l'observation aura été faite), duquel on connaîtra
deux côtés, le rayon AT de la terre, qui a été
trouvé, d'après des calculs fort exacts, être de
3,269,297 toises, et le côté AE, qu'on aura mesuré. Il sera alors facile de trouver l'hypoté-
nuse TE; et, en ôtant le rayon ou demi-diamètre

de la terre AT ou TG, le reste GE représente
l'élévation du point du niveau apparent E au-
dessus du point du vrai niveau G.

AUTRE MANIÈRE. Le carré formé sur l'hypo-
ténuse est égal aux carrés des deux autres côtés
(EUCLIDE, *prob.* XLVII, *liv.* 1.ᵉʳ) : donc, pour
connaître la hauteur GE, *fig.* 114, d'un point
du niveau apparent E, il faut ajouter le carré du
rayon de la terre AT, avec le carré de la ligne
AE du niveau apparent, extraire la racine carrée
de leur somme, et de cette racine soustraire
le rayon AT ou TG; le reste exprimera la hauteur du point du niveau apparent E au-dessus
de celui du vrai niveau G.

Exemple. Supposons que le point du niveau
apparent E soit distant de 600 toises (1169 mètres 424 millimètres) du point A, d'où il a été
observé, et qu'on veuille savoir de combien ce
point E est élevé au-dessus du point du vrai niveau G : il faudra carrer le nombre 3,269,297
toises, qui est la longueur du rayon de la terre,
et le nombre 600 toises, ajouter ensemble ces
deux résultats, et extraire la racine carrée de leur
somme; enfin, lorsqu'on aura obtenu cette racine,
on en soustraira le même rayon 3,269,297, et
les quatre pouces que l'on trouve pour reste sa-
tisfont à la question proposée.

Connaissant de combien l'extrémité d'un rayon
de 600 toises s'élève au-dessus du vrai niveau,
il sera facile actuellement de trouver la hauteur
de tout autre point du niveau apparent dont
on connaîtra la longueur du rayon visuel.

Exemple. Si l'on demande quelle est la hauteur du niveau apparent d'un point éloigné de 400 toises du point d'où il a été observé, on aura cette proportion :

Le carré de 600 toises est à 4 pouces comme le carré de 400 toises est à la hauteur du niveau apparent du point proposé. Le quatrième terme, 1 pouce 9 lignes un tiers ou 4 points, satisfait à la question.

En supprimant les zéros, qui sont en même nombre dans le premier et dans le deuxième terme, on aura :

$$36 : 16 :: 4 : x$$

ou

$$36 : 4\ p. :: 16 : 1\ p.\ 9\ l.\ 4\ p.$$

C'est sur ce principe qu'on a calculé la table des haussemens du niveau apparent. Nous avons joint ici cette table calculée en toises et parties de la toise, pour la commodité des personnes qui sont encore dans l'usage de se servir de la toise dans les opérations du nivellement.

Nous avons aussi calculé en mètres et parties du mètre une table des haussemens du niveau apparent, laquelle fera aussi connaître une troisième manière d'obtenir les corrections du même niveau. On pourra juger laquelle de ces méthodes est la plus prompte : elles sont également exactes.

On conçoit actuellement comment les lignes du niveau apparent peuvent servir à en déterminer d'autres qui soient du vrai niveau. On peut cependant négliger de rectifier le niveau apparent lorsque les distances n'excèdent pas 100 toises ou environ 200 mètres, parce que les différences du rayon visuel à la ligne du vrai niveau sont si petites, qu'elles peuvent être considérées comme nulles dans la pratique, où l'on a rarement besoin d'une exactitude aussi rigoureuse.

N° 1.er

TABLE DES HAUSSEMENS DU NIVEAU APPARENT.

DISTANCES.	HAUSSEMENS OU CORRECTIONS.			OBSERVATIONS.
Toises.	Pieds.	Pouces.	Lignes.	
50	0	0	0 $\frac{1}{3}$	Cette Table a été calculée par M. PICARD, de l'Académie des Sciences, d'après la supposition que le rayon de la terre est de 3,269,297 toises.
100	0	0	1 $\frac{1}{3}$	
150	0	0	3	
200	0	0	5 $\frac{1}{3}$	
250	0	0	8	
300	0	1	0	
350	0	1	4 $\frac{1}{3}$	
400	0	1	9	
450	0	2	3	
500	0	2	9 $\frac{1}{3}$	
550	0	3	4 $\frac{1}{3}$	
600	0	4	0	
650	0	4	8 $\frac{1}{3}$	
700	0	5	5 $\frac{1}{3}$	
750	0	6	3	
800	0	7	1 $\frac{1}{3}$	
850	0	8	0 $\frac{1}{3}$	
900	0	9	0	
950	0	10	0	
1000	0	11	1	
1250	1	5	4	
1500	2	1	0	
1750	2	10	0 $\frac{1}{3}$	
2000	3	8	5 $\frac{1}{3}$	
2500	5	9	5 $\frac{1}{3}$	
3000	8	4	0	
3500	11	4	1 $\frac{1}{3}$	
4000	14	9	9 $\frac{1}{3}$	
4500	17	12		

N.° 2.

TABLE DES HAUSSEMENS DU NIVEAU APPARENT.

DISTANCES.	HAUSS. OU CORR.	OBSERVATIONS.
Mètres.	Mètres.	
100	0,0008	
200	0,0031	
300	0.0083	
400	0,0125	
500	0,0193	
600	0,0282	
700	0,0361	
800	0,0501	
900	0,0634	
1000	0,0783	
1100	0,0919	
1200	0,1150	
1300	0,1523	
1400	0,1534	
1500	0,1761	
1600	0,2004	
1700	0,2262	
1800	0,2536	
1900	0,2826	
2000	0,3131	
3000	0,7045	
4000	1,2523	
5000	1,9569	
6000	2,8180	
7000	3,8555	
8000	5,0100	
9000	6,3405	
10000	7,8028	

Cette Table a été calculée par l'auteur de cet ouvrage, d'après la valeur du mètre, qui est la dix-millionième partie du quart du méridien terrestre. Le cercle du méridien ayant 40000000 de mètres de contour, son diamètre sera de 12738853 mètres, et son rayon de 6369427 mètres. Les corrections ou abaissemens étant entre eux comme les carrés des distances, les nombres suivans ont servi de terme de comparaison pour chacune de ces distances.

Le carré de 6000 mètres divisé par 12738853 donne 2m,818 pour quotient : donc on formera cette Table en faisant autant de règles de proportion qu'il y a de distances. Pour la première on aura : le carré de 6000 est à 2m, 818 comme le carré de 100 est à 8 dix-millièmes; ainsi des autres.

Il y a un moyen pour s'éviter d'avoir égard aux différences du niveau apparent au niveau vrai, ou à la *correction du niveau :* c'est de placer l'instrument au milieu de la distance des deux points dont on veut connaître la pente. Car si je place le niveau, par exemple, au point **I**, *fig.* 113, qui est le milieu de la distance des points **K** et **H**, il serait alors inutile, quel que soit l'éloignement de ces points entre eux, d'avoir égard à la correction du niveau, parce que, ces deux points étant également éloignés du centre de la terre **C**, les lignes **CK**, **CH**, seront égales; et par conséquent les quantités **LK**, **EH**, dont elles diffèrent du rayon terrestre, seront égales : donc, etc.

DESCRIPTION DU NIVEAU D'EAU ET DE LA MIRE.

La figure 115 représente un niveau d'eau. Cet instrument est composé d'un tuyau de fer-blanc creux, **IDEK**, de 12 à 15 lignes de diamètre (27 à 34 millimètres); sa longueur **DE** est d'environ 4 pieds (1 mètre 30 centimètres); il est coudé à angles droits aux deux extrémités **D, E,** pour y recevoir deux tuyaux de verre de 3 à 4 pouces de hauteur (81 à 108 millimètres), que l'on fait tenir avec du mastic. Par-dessous et au milieu de cet instrument est attachée une virole pour le placer sur son pied.

L'usage de cet instrument exige une autre pièce qu'on nomme la mire. C'est une planchette carrée d'environ 32 ou 33 centimètres de toutes faces, partagée en quatre parties par deux lignes qui se coupent perpendiculairement en un point C, *fig.* 116, qu'on nomme le *point de mire.* On arrête cette planchette sur une règle, de manière que la ligne NO soit perpendiculaire à la longueur de la règle, qui doit entrer à coulisse dans une rainure le long d'un double-mètre ou d'une double-toise FG; nous supposerons dans les exemples suivans que ce sera un double-mètre divisé en parties égales (ces divisions sont arbitraires). On peut faire glisser la planchette NO le long de la règle, et l'y fixer par le moyen d'une vis de pression.

FAIRE UN NIVELLEMENT SIMPLE (*) EN SE SERVANT D'UN NIVEAU D'EAU.

On veut connaître la différence de hauteur entre le point G et le point H (on suppose ici que le point G n'est éloigné que de 200 mètres environ du point H).

Après avoir placé le niveau au point H, *fig.* 115, et versé de l'eau dans l'un des tuyaux de verre, de manière qu'il y en ait environ jusqu'aux deux tiers de chacun, on envoie au point G un aide qui y présentera la mire dans une situation verticale, et qui fera glisser la planchette le long de la règle jusqu'à ce que l'observateur placé au point A aperçoive le point de mire C dans le prolongement du rayon visuel (ou de la ligne d'eau) AB : alors on fera un signal au *porte-mire*, afin qu'il arrête la planchette dans cette position, et l'on évaluera sur les divi-

(*) On appelle nivellement *simple* celui qu'on peut faire en une seule station.

sions de la règle la hauteur **CG**, qu'on écrira sur des tablettes.

Supposons que l'on ait trouvé 1 mètre 97 centimètres pour cette hauteur, et que celle du niveau soit de 1 mètre 47 centimètres : si du plus grand de ces nombres on soustrait le plus petit, le reste 50 centimètres sera la quantité dont le point G est plus élevé que le point **H** (*).

. Si l'on veut savoir quelle est la différence de hauteur du point **A** au point **B**, *fig*. 117, distans l'un de l'autre de 450 mètres, placez votre niveau au point **G**, qui est à-peu-près le milieu de la distance des deux points dont on veut connaître la pente (**); envoyez un aide présenter la mire au point **A**; étant placé au bout **E** de l'instrument, dirigez le rayon visuel **EC**, faites arrêter la mire dans cette position, et écrivez sur des tablettes la hauteur **CA**; ensuite envoyez *le porte-mire* au point **B**, et dirigez le rayon visuel **FD**; écrivez aussi la hauteur **DB**.

Supposez que la hauteur **CA** soit de 62 centimètres, et celle **BD** de 2 mètres 78 centimètres : le point **A** sera plus élevé que le point **B** de 2 mètres 16 centimètres.

(*) Il sera bon de faire choix d'un *porte-mire* intelligent, et très-attentif aux signaux que lui fera l'observateur, et dont il l'aura instruit avant de l'employer.

(**) Il faut faire mesurer la distance entre les deux points où l'on fera placer la mire, et compter sur le terrain, d'un point à l'autre, un nombre de pas égal à la moitié du nombre de mètres qu'on aura trouvés avec la chaîne. Il sera bon pour cela de s'accoutumer à faire les pas d'un mètre, ce qui devient fort commode pour placer l'instrument à peu près au milieu de la distance des deux points de mire.

S'il arrivait que la hauteur **DB** fût plus grande que la double-règle, on attacherait la planchette à une perche, et l'on évaluerait cette hauteur avec le mètre et ses parties.

Nota. Le niveau d'eau, quoique fort simple, est très-commode en ce qu'il exige peu de préparation. Il est vrai que la portée de cet instrument ne s'étend qu'à de moyennes distances; mais on pourra toujours, en se servant de ce niveau, faire des nivellemens d'une grande étendue en augmentant le nombre des stations; d'ailleurs, par ce moyen, on obtiendra la pente d'une plus grande quantité de points intermédiaires, ce qu'il est souvent fort essentiel de connaître.

L'usage de cet instrument est fondé sur ce que l'eau, dès qu'elle n'a aucun mouvement, se place naturellement de niveau, c'est-à-dire qu'elle est toujours d'égale hauteur par rapport au centre de la terre, où l'on doit rapporter toutes les opérations du nivellement.

DESCRIPTION DU NIVEAU D'AIR.

L'étendue que nous nous sommes proposée dans cet abrégé ne nous permet pas de donner la description de tous les niveaux. On en a inventé de plusieurs sortes. Le plus commode pour les opérations de campagne, est le *niveau à bulle d'air, fig.* 118. Cet instrument, long d'environ 30 à 35 centimètres, et d'un diamètre proportionné, est fait en cuivre, et a une forme cylindrique. Il est découvert au-

dessus et au milieu, afin qu'on puisse apercevoir un tuyau de verre qu'on y a enchâssé,
et rempli, à quelques gouttes près, d'esprit-de-
vin, ou d'autre liqueur qui n'est point sujette à
se geler. Il y a deux vis de pression au-dessous
pour le mettre de niveau. On connaît que cet
instrument est de niveau lorsque la bulle d'air
s'arrête précisément au milieu ; car jusqu'à ce
qu'il soit dans cette position, la bulle d'air,
comme la plus légère, court vers le haut pour
remplir le vide. A l'un des bouts E de cet instrument on a placé un verre oculaire, et à son
utre bout F on a adapté un verre objectif.
Dans l'intérieur du tuyau on a disposé deux fils
de soie qui se coupent à angles droits, et que
l'on fait accorder avec le point de mire. On a
aussi adapté un genou à ce niveau, que l'on pose
sur un pied pareil à celui du graphomètre.

Ceux qui désireraient connaître la description
de plusieurs autres sortes de niveaux, peuvent
consulter les traités de MM. PICARD (*tome VI
des Mémoires de l'Académie*), BEZOUT, et L.
PUISSANT.

MANIÈRE DE RECTIFIER LE NIVEAU A BULLE D'AIR.

Avant de se servir d'un niveau à lunette, il
sera prudent de s'assurer de sa justesse. Il y a
plusieurs manières de faire cet examen; nous
indiquerons la plus ordinaire. On place le niveau
à un point arbitraire D, *fig.* 118, auquel on dispose cet instrument horizontalement, en sorte
que la bulle d'air soit dans le milieu du tuyau;

alors on enverra présenter la mire à une distance
de 100 mètres environ, comme au point G;
l'observateur fera hausser ou baisser la tablette
jusqu'à ce que le rayon visuel EA ait rencontré
le point de mire; tournant ensuite la lunette,
et regardant par son autre bout F, l'observateur
dirigera un second rayon visuel au même point
A. S'il arrive que la soie ou le filet de la lunette
donne dans le même point, c'est une marque
que le niveau est juste; mais si, au contraire, le
rayon visuel donnait plus haut ou plus bas que
le premier point observé, par exemple au point
B, alors le point C, qui marque le milieu de
la différence, sera le vrai point du niveau apparent.

FAIRE UN NIVELLEMENT EN SE SERVANT D'UN NIVEAU A BULLE D'AIR.

On désire savoir s'il est possible de conduire
les eaux de la source marquée A, *fig.* 119, dans
le réservoir marqué B. Les deux termes de ce
nivellement étant fort éloignés, il faudra faire
plusieurs stations. On choisira un lieu commode,
par exemple le point D, situé sur l'éminence.
On enverra quelqu'un au point A, qui fera glisser le long d'une perche la règle qui porte la
planchette; et, ayant ajusté le niveau, on dirigera le rayon KC; on fera mesurer la distance AD,
que l'on suppose être de 957 mètres, et la hauteur CA, de 3 mètres 978 millimètres, que l'on
cotera sur des tablettes.

On tournera ensuite la lunette du côté de la

perche qu'on aura fait planter au point **I**, de sorte que l'oculaire **K** soit tourné du côté de l'œil de l'observateur (c'est-à-dire que le point **K** prendra la place du point **L**); on fera mesurer la distance **DI**, de 523 mètres, et la hauteur **EI**, de 7 mètres 247 millimètres.

On transportera l'instrument en un point **H**, duquel on puisse aller d'une seule visée au point **B**, dernier terme du nivellement. Après avoir fait la préparation nécessaire, comme on l'a expliqué ci-dessus, on dirigera un rayon visuel **NF** sur la mire qu'on aura fait poser sur le point **I**; et du même point on dirigera aussi un autre rayon visuel **MG** sur la mire qu'on aura fait présenter sur le point **B**; on fera mesurer les distances **IH**, **HB**, que l'on suppose être de 487 mètres, et 429 mètres, et les hauteurs **FI**, **GB**, que l'on suppose, **FI** être de 3 mètres 730 millimètres, et **GB** de 2 mètres 682 millimètres.

Voici la manière d'écrire ces différentes mesures :

On fera un état par colonnes, pareil à celui ci-après; on écrira dans la colonne intitulée *arrières* les hauteurs de la mire résultant des visées dirigées du côté de A; dans la colonne intitulée *avans* on écrira les hauteurs de la mire qui résulteront des visées dirigées du côté de **B**; et l'on cotera dans chacune des colonnes intitulées *longueurs* celles des rayons visuels relatifs à chaque point de mire, ainsi qu'il suit :

N.º 1.

ARRIÈRES.	LONGUEURS.	AVANS.	LONGUEURS.
CA 3,978	AD 957	EI 7,247	DI 523
FI 3,730	IH 487	GB 2,682	HB 429

N.º 2.

Le tableau n.º 2 présente les hauteurs corrigées.

ARRIÈRES (hauteurs corrigées).	LONGUEURS.	AVANS (hauteurs corrigées).	LONGUEURS.
CA 3,915	AD 957	EI 7,228	DI 523
FI 3,710	IH 487	GB 2,670	HB 429
7,625	1444	9,898	952

Longueurs, 2396 mètres.

Avans.........9,898
Arrières.......7,625

Reste.........2,273 pour la pente
depuis la source **A** au réservoir **B**.

Il est souvent plus expéditif d'écrire sur ses tablettes les hauteurs de la mire telles qu'on les obtient sur le terrain, en se réservant de faire ensuite les corrections nécessaires relativement au haussement du niveau apparent. L'état n.° 1.ᵉʳ peut être considéré comme étant les notes faites sur les lieux ; celui n.° 2 exprime les hauteurs corrigées d'après la table n.° 2.

La distance totale du point **A** au point **B** étant de 2396 mètres, si l'on divise la pente 2 mètres 273 millimètres par cette longueur, on trouvera qu'il y a pour chaque centaine de mètres 0 mètre 0947 dix-millièmes de pente.

Lorsqu'on nivelle des points placés à de grandes distances, comme de 2 à 3000 mètres, etc., non-seulement on doit avoir égard au haussement du niveau apparent au-dessus du niveau vrai, mais il faut encore prévenir les *réfractions :* quoique peu sensibles dans un temps calme ou serein, elle ne laissent pas néanmoins de nuire à l'exactitude du nivellement dans de longues distances.

La réfraction est lorsque le rayon visuel se trouve accidentellement rompu par l'effet des vapeurs, des exhalaisons et autres météores, qui, en s'élevant ou en tombant de l'atmosphère sur l'horizon, peuvent courber la mire. Mais la méthode la plus simple et en même temps la plus exacte est de placer le niveau à peu près à égale distance des deux points *arrière* et *avant,* comme nous l'avons déjà fait remarquer. Par ce moyen on évitera les corrections dues à la réfraction, et à la différence du niveau apparent au niveau vrai (page 259).

Nous avons donné l'exemple ci-dessus pour

n'omettre aucune explication sur la partie que nous traitons; mais il est fort rare qu'on ait besoin, dans la pratique, d'avoir égard à la différence du niveau vrai au niveau apparent, parce qu'il sera presque toujours facile de placer le niveau à des distances à peu près égales des points qu'on veut niveler (page 259), et que d'ailleurs on a vu qu'on pourrait négliger, sans commettre d'erreurs sensibles, de rectifier le niveau apparent lorsque les distances n'excèdent pas 150 ou 200 mètres, ces différences étant presque insensibles.

Nota. Ayant été employé aux opérations qu'on a faites pour déterminer le point de partage du Canal de Bourgogne, nous n'avons jamais, même une seule fois, rectifié le niveau apparent pendant le cours d'un nivellement de plus de 18 à 20 lieues, et où il fallait opérer sur un terrain qui présentait souvent de grandes difficultés.

FAIRE, AVEC UN NIVEAU D'EAU, UN NIVELLEMENT COMPOSÉ.

Lorsque les deux termes extrêmes d'un nivellement sont fort éloignés, et que l'on est obligé de faire plusieurs stations pour arriver de l'un à l'autre, le nivellement est alors *composé.*

Supposons qu'il faille obtenir la pente du point A au point B, *fig.* 120. On examinera d'abord le terrain, afin de choisir les endroits qui paraîtront être les plus commodes pour y

placer le niveau, en observant cependant que
les points où l'on fera présenter la mire ne
soient guère plus éloignés du niveau de 150 ou
200 mètres : on pourrait alors ne pas faire attention au haussement du niveau apparent; mais
il conviendra, pour plus de précision, de placer constamment l'instrument entre deux termes successivement (comme pour la figure
117). Ce que nous disons à l'égard du niveau
d'eau, doit s'appliquer à tous les niveaux dont
on ferait usage, parce que par ce procédé on
simplifiera les opérations en s'évitant des calculs
pénibles.

Dans cet exemple on suppose qu'on ait choisi
les points Q, R, S, T, *fig.* 120, éloignés l'un
de l'autre de 240 ou 250 mètres environ : on y
fera planter des piquets; et l'observateur, étant
placé au point Q, après avoir envoyé deux
aides présenter la mire aux points A et U, dirigera les rayons visuels LC, LD, et écrira sur des
tablettes, 1.º la hauteur CA, qu'on suppose être
de 1 mètre 50 centimètres, dans la colonne intitulée *arrières;* et la hauteur DU de 0 mètre
50 centimètres, dans la colonne intitulée *avans.*
On fera ensuite transporter le niveau à la seconde station R, d'où l'on dirigera les rayons
NE, NF, et l'on écrira les hauteurs EU, FV,
comme on l'a fait pour la première station, et
l'on se conduira de même pour les deux autres
stations S, T.

Le nivellement étant terminé, on ajoutera
ensemble respectivement les hauteurs écrites

dans chacune des colonnes; et ayant soustrait le plus petit nombre du plus grand, le reste sera la quantité dont le point B sera plus élevé au-dessus du point A.

Afin de rendre cet exemple plus sensible, nous avons écrit toutes ces hauteurs telles que nous les avons trouvées sur le terrain, en y ajoutant les distances entre chaque point de mire.

ARRIÈRES.		DISTANCES.		AVANS.	
CA	1,50	AU	252	DU	0,50
EU	1,76	UV	223	FV	0,72
GV	1,97	VX	237	HX	0,47
IX	2,00	XB	282	KB	0,82
	7,23		994		2,51

Arrières. 7,23
Avans. 2,51
_____
Reste. . . . . 4,72 pour la pente du point A au point B. Si l'on veut connaître combien il y a de pente par 100 mètres, etc., on opèrera comme pour l'exemple précédent.

On aurait pu se dispenser d'écrire les hauteurs DU, FV, HX; n'écrire que les hauteurs CA, ED, GF, IH, et retrancher de leur somme la dernière hauteur KB : car l'élévation du point B au-dessus du point A pourrait être exprimée ainsi :

$$CA + ED + GF + IH - KB = B.$$

Le résultat serait semblable à celui qu'on a obtenu. En n'écrivant point ces hauteurs, il faut les marquer par un trait au crayon sur la mire : par exemple, on aurait marqué ainsi le point D, auquel on aurait tenu la mire pour évaluer la hauteur ED. Mais, outre que la mire ne serait point fixée sur une base solide, en suivant cette méthode on est obligé d'écrire dans des colonnes séparées les hauteurs en montant et celles en descendant. Cette attention pourrait troubler les commençans; mais on obtient toutes ces hauteurs par le procédé que nous avons indiqué comme étant le plus simple et le plus expéditif; d'ailleurs c'est celui qu'on a constamment suivi dans les opérations de nivellement, lors de l'examen du point de partage du Canal de Bourgogne.

L'explication que nous venons de donner est pour aider à se rendre raison de ces sortes d'opérations; mais, notre but étant de simplifier et de diminuer les difficultés qu'on peut éprouver sur le terrain, nous indiquons les méthodes les plus simples, désirant moins disserter sur la théorie qu'enseigner une bonne pratique D'ailleurs ce que nous avons dit sur les principes du nivellement explique la raison

de tous les problèmes qu'on pourrait présenter
à résoudre sur le terrain.

NIVELER DEUX TERMES ENTRE LESQUELS IL SE RENCONTRE DES HAUTEURS ET DES FONDS.

Lorsqu'il s'agit de niveler deux points fort
éloignés l'un de l'autre, il se rencontre assez
ordinairement des *hauteurs et des fonds* qui
obligent d'opérer tantôt en montant, et tantôt en descendant. L'exemple de la figure
121 fera connaître l'avantage de notre méthode sur les autres : « car on serait obligé de
» partager les tablettes en deux colonnes, afin
» d'écrire dans l'une toutes les hauteurs que
» l'on trouverait en montant, et sur l'autre
» toutes celles que l'on trouverait en descen-
» dant. » (OZANAM, *Traité du nivellement;*
Paris, 1805).

Mais cette attention, comme nous l'avons
fait observer, embarrasserait ceux qui n'auraient pas encore acquis l'usage du terrain,
et leur ferait commettre des erreurs qui in-
flueraient sur le résultat de l'opération ; au
lieu qu'en suivant la manière que nous avons
indiquée, on opèrera comme pour la figure
120.

Supposons, pour exemple, qu'il faille niveler
les deux points A et B, *fig.* 121. On fera les
mêmes préparations que pour l'exemple précédent, en ayant soin de faire placer le niveau toujours entre deux points de mire. Supposons aussi que l'on ait dirigé les rayons

visuels **CD**, **EF**, **GK**, etc., et qu'on ait obtenu les mesures telles qu'elles sont écrites dans l'état ci-dessous. Si l'on retranche les hauteurs de la troisième colonne de celles de la première, le reste exprimera la différence des hauteurs que l'on se propose de connaître.

RÉSULTAT DU NIVELLEMENT DE LA FIGURE **121.**

ARRIÈRES.		DISTANCES.		AVANS.	
CA	1,47	AI	100	DI	0,82
EI	1,32	IH	120	FH	0,38
GH	1,62	HM	130	KM	1,05
LM	0,64	MX	112	OX	1,02
NX	0,52	XY	140	PY	1,91
QY	0,92	YZ	168	RZ	0,06
SZ	1,23	ZJ	166	TJ	1,03
UJ	1,53	JB	152	VB	1,62
	9,25		1088		7,89

Arrières........ 9,25
Avans......... 7,89

1,36, pente du point A au point B. Ce dernier point est élevé au-dessus du premier de la quantité de **1** mètre 36 centimètres.

Nota. Il y a plusieurs manières de vérifier

12*

l'exactitude d'un nivellement. 1.º Si l'on a fait le nivellement en descendant, on peut le faire en remontant, et le résultat doit être le même.

2.º Connaissant la hauteur entre deux points, on peut s'écarter de la direction qu'on aura d'abord suivie ; et, quels que soient les détours que l'on ferait, si, partant d'un de ces points, l'on arrive à l'autre, le résultat doit être semblable au premier nivellement ; et cela doit être : car ces points seront toujours à leur hauteur respective par rapport au point central du globe terrestre, auquel toutes les opérations de nivellement doivent être comparées.

FAIRE UN PLAN DE NIVELLEMENT.

Les ouvrages qui traitent du nivellement ne disent presque rien sur la manière de faire un plan de nivellement, parce qu'on se borne ordinairement à connaître seulement le résultat des opérations ; mais il est souvent très-utile de savoir faire les plans dont il s'agit, pour obtenir la coupe ou le profil d'un terrain, d'une montagne, etc.

On imaginera d'abord ce terrain coupé par un plan vertical. Nous prendrons pour exemple la figure 122, qui est le plan de la figure 120. Elle représente le profil de la montagne dont on a fait le nivellement, coupé par le plan vertical ACDE, dans lequel on concevra, à une hauteur arbitraire **AC**, une ligne horizontale **CD**.

Voici la manière de rédiger ce plan.

On trace une ligne indéfinie **CD**, sur laquelle on marque les distances qu'on aura mesurées successivement entre deux termes; et de chacun de ces points on abaissera, avec l'équerre, des perpendiculaires ou *ordonnées* (*) indéfinies, auxquelles on donnera des longueurs calculées de la manière suivante.

On choisira d'abord une ordonnée arbitraire, mais plus grande que la différence résultant de l'opération. La différence de hauteur entre les points **A** et **B**, *fig.* 120, n'étant que de 4 mètres 72 centimètres, nous avons choisi le nombre 6 pour l'ordonnée de comparaison. La première ordonnée sera entière, comme on le voit. Afin d'obtenir la seconde, qui doit déterminer le point **U**, on retranchera de l'ordonnée principale la première hauteur écrite dans la colonne des *arrières*, en ajoutant au reste la première hauteur écrite dans la colonne des *avans*, et l'on continuera ainsi successivement jusqu'au dernier point de mire.

Nous donnerons pour exemple de ces sortes de calculs ceux de la figure 120 (voyez le résultat du nivellement de cette figure, page 270).

(*) Un nombre qui sert de terme de comparaison à d'autres nombres.

L'ordonnée principale détermine le point A.

6,00 ordonn.
1,50 arrière.
————
4,50
0,50 avant.
————
5,00 U.
1,76 arrière.
————
3,24
0,72 avant.
————
3,96 V.
1,97 arrière.
————
1,99
0,47 avant.
————
2,46 X
2,00 arrière.
————
0,46
0,82 avant.
————
1,28 B.

On voit que les *ordonnées*, dans cet exemple, vont toujours en diminuant jusqu'à la dernière; mais dans l'exemple de la figure **121** elles sont tantôt plus grandes et tantôt plus courtes, à cause des bas-fonds que présente le terrain.

Il serait sans doute inutile de démontrer que le profil du terrain sera d'autant plus exact, qu'on aura déterminé un plus grand nombre de points de mire.

Les *ordonnées* étant calculées, on n'éprouvera aucune difficulté pour rapporter le plan : nous dirons seulement qu'on se sert ordinairement de deux échelles, l'une pour les hauteurs, et l'autre pour les largeurs. L'échelle des longueurs pour les figures 122 et 123 est la figure 36, en considérant l'une de ses subdivisions pour 100 mètres, et celle des hauteurs de ces mêmes figures est la même échelle, en considérant la ligne **AB** pour 10 mètres.

Si l'on veut vérifier l'exactitude du plan, il faut mener au point **A** une parallèle à la ligne **CD**, et **EB** sera la quantité dont le point **B** sera plus élevé au-dessus du point **A** (voyez le résultat du nivellement, *fig.* 121, page 273).

Nota. La figure 122 étant le plan de la figure 120, cette dernière doit être considérée comme le canevas de l'opération. Plusieurs sont dans l'usage de figurer les coups de niveau, comme on le voit en cette figure (120), et d'écrire en chiffres les hauteurs *arrières* et *avans* sur ce figuré, ainsi que les longueurs entre chaque station. (Cette méthode est également bonne.)

USAGE DU NIVELLEMENT.

Nous ne parlerons que de ses principaux usages, parce que cet article, étant fort étendu, ne peut être traité avec assez de détails dans un *abré-*

gé. Le nivellement reçoit son application dans un grand nombre de cas. On a vu, *fig*. 119, qu'il sert à faire connaître s'il est possible de conduire les eaux d'un lieu à un autre. C'est pourquoi l'on fait usage du nivellement pour pratiquer des canaux : c'est par son moyen qu'on détermine la hauteur des écluses et les lieux où elles doivent être faites, par la connaissance de la pente du terrain : en effet le nombre des écluses d'un canal dépend de la hauteur donnée à la chute d'eau.

On est souvent obligé, dans la confection d'un canal, de percer des montagnes (*). Supposez qu'un canal doive être aligné dans la direction de AH, *fig*. 124 : il passera donc sous la terre. La lettre G marque le point où doit commencer l'ouverture de la montagne. Afin de connaître la longueur GH, on lève le plan de la ligne GDFH en même temps qu'on en fait le nivellement. Il est bien entendu que ces deux opérations doivent s'accorder avec celles qu'on a faites pour le canal jusqu'au point G, ou plutôt ces opérations ne sont qu'une suite des précédentes.

L'opération du terrain étant terminée, on rapportera le plan de nivellement comme on l'a fait pour la *fig*. 122. La figure 124 sera le profil de la montagne sous laquelle doit être aligné le canal. On connaîtra donc la longueur du souterrain GH, et la hauteur CD ou EF de la mon-

(*) Le Canal de Bourgogne a son point de partage à Pouilly-en Auxois, où il passe sous un souterrain.

tagne. Il sera alors facile de calculer, par la connaissance de la longueur, de la largeur et hauteur qu'on donnera au souterrain, combien il faudra extraire de mètres cubes de roche ou de terre, etc. La hauteur déterminera la profondeur des puits ou des ouvertures qu'on pratiquera pour renouveler l'air atmosphérique dans l'intérieur du souterrain.

Si l'on désire savoir s'il est possible de conduire dans le canal les eaux de telle source, ou de telle rivière, etc., on opèrera comme on l'a fait pour la figure 119.

Lorsqu'on doute si le volume ou la quantité d'eau destinée à alimenter le canal serait suffisante, on forme des réservoirs ou bassins d'un niveau supérieur au canal, dans lequel les eaux s'écoulent au besoin par le moyen de rigoles.

On suppose qu'on se trouve dans ce cas, e qu'on propose de faire un bassin ou étang dans l'emplacement ADB, *fig.* 125. Il faut d'abord déterminer la hauteur de la chaussée, ainsi que sa direction. Si la hauteur est de 6 mètres, et sa direction dans l'alignement de AB, on choisira un point C sur le bord de la rivière et pris entre ces deux points; puis on s'élèvera du niveau de l'eau, dans la direction de A ou de B, jusqu'à ce qu'on ait trouvé un point qui soit élevé de 6 mètres au-dessus du point C. Supposons, pour exemple, que ce point soit celui désigné par la lettre B : on y fera planter un piquet (de manière que, la mire étant sur ce piquet, le rayon visuel rencontre le point de mire); et, ayant placé le niveau au milieu des points **A** et **B**, on dirigera un rayon visuel sur la mire qu'on aura fait présenter sur le piquet **B**; on enverra ensuite un aide présenter la mire à la même hauteur, dans la direction de **A**; on fera éloigner ou rapprocher la mire (sans déranger la tablette), toujours dans cette direction, jusqu'à ce que l'observateur rencontre le point de mire dans le prolongement du rayon visuel qu'il aura dirigé; ayant trouvé ce point, on y fera planter un piquet **A**; les points **A** et **B** étant de *niveau*, la ligne dont ils sont les extrémités sera la chaussée de l'étang.

On voit, 1.º que la longueur de la chaussée d'un étang dépend de son plus ou moins d'élévation au-dessus du niveau de l'eau; 2.º que, pour obtenir un point qui soit de même niveau qu'un autre, il faut prendre une hauteur sur ce point, et faire présenter la mire sur le terrain (sans déranger la tablette), jusqu'à ce qu'enfin on ait rencontré le point de mire dans le prolongement du rayon visuel. Nous allons bientôt donner un exemple sur cet objet.

Si l'on fait construire de suite la chaussée du bassin ou de l'étang, l'eau de la rivière, étant retenue par cette chaussée, formera une masse d'eau **ADB** dont tous les points seront de même niveau que les points **A** et **B**.

Mais si l'on ne veut faire qu'un essai, comme on a fait pour les opérations du Canal de Bourgogne, on opèrera de la manière suivante:

On conçoit qu'il s'agit, dans ce cas, de déterminer des points qui soient tous d'un même niveau. Si donc on pouvait apercevoir plusieurs de ces points d'un même endroit, on y ferait planter des piquets, comme on a fait pour le point A; mais à cause des obstacles qui se présentent ordinairement, on fera plusieurs stations. Dans cet exemple, on transportera le niveau en un point à peu près entre G et B; on prendra une hauteur de la mire sur le piquet B, et l'on enverra la mire, en montant, jusqu'à ce qu'on ait trouvé un point de même niveau que le point B. Nous supposerons que ce point soit G, où l'on fera planter un piquet; on transportera ensuite le niveau, toujours en montant, au-delà du piquet G, sur lequel on prendra une hauteur de la mire, qu'on reportera au point E, et l'on continuera ainsi jusqu'au point D.

On connaîtra qu'on aura trouvé le dernier point du bassin en montant, lorsqu'après avoir pris une hauteur sur le point I, par exemple, on aura rencontré le point de niveau sur la rivière au point D; c'est-à-dire que, si l'on envoyait la mire au-delà, en montant le cours de l'eau, le point de mire serait plus élevé que le rayon visuel: c'est donc à ce point que se termine le niveau; alors il faudra revenir du côté de A, en cherchant avec le niveau les points K, F, H, etc.

Si, en formant la ligne de niveau GEID, on peut apercevoir l'autre rive du bassin, il faudrait, si cela était possible, déterminer en même temps les points **K**, **F**, **H**, ce qui avancerait plus rapidement l'ouvrage.

On remarquera que si l'on fait le tour de l'étang, après avoir fait planter le piquet **H**, on placera le niveau entre ce dernier point et le point **A**, et que si l'on a bien opéré, ces deux points de mire se rencontreront précisément dans le prolongement du même rayon visuel : c'est ce qu'on appelle *se fermer au niveau.*

Voici la manière de vérifier cette opération. On placera un niveau à peu près au milieu de l'espace renfermé entre les piquets, et, après avoir pris une hauteur sur l'un de ces piquets, on fera poser la mire sur tous ceux qu'on apercevra ; et si le point de mire se rencontre dans les prolongemens des rayons visuels, ce sera une preuve de l'exactitude de l'opération. Alors on lèvera le plan des piquets, qui sera aussi celui du bassin proposé.

Il est évident que la figure du bassin et sa superficie dépendent de la hauteur donnée à la chaussée. Mais pour obtenir un résultat satisfaisant, il faut déterminer un grand nombre de points à droite et à gauche de la rivière, surtout dans les enfoncemens du terrain : c'est alors qu'on pourra figurer avec assez d'exactitude la ligne de niveau. Enfin il faudrait, pour que l'opération fût parfaite, que, la chaussée étant construite, la surface de l'eau fût la même que celle déterminée par les piquets.

Nota. Dans cet exemple on n'a marqué

qu'un petit nombre de points, pour ne pas trop charger la figure.

Voici un cas qui peut souvent se présenter.

Le propriétaire d'un étang desséché est en discussion contre ses voisins de propriété, et il s'agit de retrouver les limites de cet étang : il suffira seulement de reconnaître quelques-uns des points de la chaussée, afin d'être à même de pouvoir déterminer tous les autres par le procédé indiqué pour la figure 125.

C'est aussi par le nivellement qu'on détermine la hauteur des vannes d'un moulin ou d'une usine. Les ingénieurs sont ordinairement chargés de faire ces sortes d'opérations. On est dans l'usage de comparer cette hauteur avec un objet stable, comme un arbre, le mur d'une maison, etc., où l'on fait une marque; et l'on dresse procès-verbal de cette opération.

On fait aussi usage du nivellement pour tracer les routes: car on joint ordinairement aux plans des directions qu'on se propose de donner aux grands chemins, les profils du terrain, afin d'être à même de juger de la pente, et d'adopter la direction la plus convenable.

Supposons qu'on ait fait le nivellement AG, *fig.* 124 *bis,* sur l'axe d'une route, et qu'ensuite on ait fait les nivellemens en travers A, B, C, D, en assez grand nombre pour qu'on puisse regarder le terrain comme uniforme d'un profil à l'autre ;

On rapportera, 1.º le profil AG, comme pour la figure 121, après avoir calculé les *ordonnées*

déterminées par les coups *arrière* et *avant* ; 2.º
les profils en travers, qui sont ordinairement faits
perpendiculairement sur les lignes de première
opération, en observant les distances proportionnelles qu'on aura cotées pendant le cours du
nivellement. On rapporte les *ordonnées* sur de
grandes échelles, pour pouvoir y écrire les différentes cotes dont on a besoin. 3.º On rédige
aussi le plan géométrique, sur lequel on trace les
directions en longueur et en travers, sur lesquelles on a opéré le nivellement; on leur assigne
aussi des lettres qu'on rapporte aux profils, et
qui font connaître leur concordance avec le plan.

Par exemple, les profils en travers **A, B, C,
D**, ont été déterminés des mêmes points marqués
sur le nivellement ou le profil de la route. Ils
se construisent dans le plan des perpendiculaires abaissées de chacun des points respectifs
marqués et cotés sur la ligne horizontale qui
aura servi à faire le profil de la route. Le plan
géométrique fait donc connaître les directions ou
les angles de la route, et les nivellemens en long.
et en travers déterminent sa pente, et peuvent
servir à calculer les *déblais* et *remblais* que
l'ingénieur jugerait être utiles pour la confection
de la route, soit pour niveler le terrain, soit pour
lui donner une rampe douce et régulière pour la
facilité du roulage, l'écoulement des eaux, etc.

L'ingénieur règle ordinairement les pentes et
les parties du niveau de manière que les remblais compensent les déblais, où à peu près. Le

projet se trace en lignes rouges sur le plan en noir, afin qu'elles soient plus distinctes.

Nota. Pour connaître la pente par mètre, ou en général la pente par unité, il faut diviser la pente absolue par la projection ou la longueur horizontale de cette rampe, ainsi que cela se pratique ordinairement.

Supposons qu'après avoir rapporté le profil de la figure 139 bis comparativement à la ligne horizontale AB, on ait déterminé la ligne de projection BD, qui est la pente qu'il convient de donner au terrain dont on a fait le nivellement. A l'inspection de la figure on voit qu'il faudrait déblayer la partie CDE, et remblayer l'autre partie BFG. EF se trouve dans le plan de la ligne DB. Dans cet exemple les remblais compenseraient à peu près les déblais, ce qu'il faut toujours faire si cela est possible. Ou bien l'on pourrait abaisser le point B, et rehausser le point D, pour diminuer la rampe, suivant le cas et l'objet qu'on se propose.

Il sera toujours facile de calculer les remblais et les déblais et de se rendre compte des différentes élévations du terrain en faisant un plan coté, parce que, connaissant la figure par le plan, et les différentes dimensions par les mesures cotées, on pourra toujours calculer les cubes à extraire ou à remblayer.

Nous terminons ici ce Traité du nivellement, les bornes que nous nous sommes prescrites dans cet abrégé ne nous permettant pas de donner plus d'étendue à cette partie de notre ouvrage;

mais nous n'y avons rien omis de ce qu'il est essentiel de connaître pour être en état de faire toutes sortes d'opérations de nivellement, quelque compliquées ou considérables qu'elles puissent être, en se rendant raison desdites opérations par l'explication des principes. Cependant nous donnerons quelques exemples de calculs concernant les terrassemens, dans le traité des solides, dont ils font plus essentiellement partie.

SIXIÈME PARTIE.

DES SOLIDES.

NOTIONS GÉNÉRALES SUR LES SOLIDES.

CETTE matière exigerait au moins un volume : aussi ne nous sommes-nous pas proposé dans cet *abrégé* de traiter cette science dans toutes ses parties, mais seulement d'indiquer la manière de *cuber* une pièce de bois d'un volume quelconque, de connaître la quantité cubique de liquide contenue dans une cuve, un vase, etc., la quantité de mètres cubes de terre extraite d'un fossé, d'un puits, etc.

Comme toutes les opérations de calcul reposent sur des principes, nous allons exposer seulement *ceux dont nous ferons les applications à la pratique.*

1.º Nous avons nommé *solide, corps,* ou *volume* (page **11**), tout ce qui a les trois dimensions, *longueur, largeur,* et *épaisseur* ou *profondeur.*

On distingue deux espèces de solides : ceux

qui sont terminés par des surfaces planes, et ceux qui sont renfermés par des surfaces courbes.

2.º Les solides se distinguent en général par le nombre ou la figure des plans qui les renferment. Ces plans doivent être au moins au nombre de quatre.

Parmi ceux qui sont terminés par des surfaces planes, nous ne parlerons que des *prismes droits* ; et parmi ceux qui sont renfermés par des surfaces courbes, nous ne parlerons que du *cylindre droit.*

3.º Un solide dont deux faces opposées sont deux plans égaux et parallèles, et dont toutes les autres faces sont des parallélogrammes, s'appelle en général *un prisme , figures* 128 , 129 , 130.

4.º Les deux plans parallèles se nomment les *bases* du prisme, et la perpendiculaire **EF** *fig.* 129, menée d'un point de l'une des bases sur l'autre base, se nomme *la hauteur.*

5.º Il suit de ce qu'on vient de dire, qu'à quelque endroit qu'on coupe un prisme par un plan parallèle à sa base, la section sera toujours un plan parfaitement égal à sa base.

6.º Les lignes, telles que **AC, BD,** *fig.* 128, qui sont les rencontres de deux parallélogrammes consécutifs, sont nommées *les arétes* du prisme.

7.º Le prisme est *droit* lorsque ses arêtes sont perpendiculaires à la base: alors elles sont toutes égales à sa hauteur, *fig.* 129 et 130.

8.º Au contraire, le prisme est *oblique* lorsque ses arêtes inclinent sur sa base, *fig.* 128.

9.º Les prismes se distinguent par le nombre des côtés de leur base : si la base est un triangle, le prisme est dit *prisme triangulaire*, *fig.* 128; si la base est un quadrilatère, on l'appelle *prisme quadrangulaire*, *fig.* 129, et ainsi de suite.

Parmi les prismes quadrangulaires on distingue plus particulièrement le *parallélipipède* et le *cube*.

10.º Le *parallélipipède* est un prisme quadrangulaire dont les bases, et par conséquent toutes les faces, sont des parallélogrammes; et lorsque le parallélogramme qui lui sert de base est un rectangle, et qu'en même temps le prisme est droit, on l'appelle *parallélipipède rectangle* (voyez *fig.* 129).

11.º Le parallélipipède rectangle prend le nom de *cube* lorsque sa base est un carré, et que l'arête **CG**, *fig.* 130, est égale au côté de ce carré.

12.º Le cube est donc un solide compris sous six carrés égaux. C'est avec ce solide qu'on mesure tous les autres, comme nous le verrons dans peu.

13.º Le cylindre est le solide compris entre deux cercles égaux et parallèles et la surface que tracerait une ligne **AB**, *fig.* 131, qui glisserait parallèlement à elle-même le long des deux circonférences. Le cylindre est *droit* quand la ligne **CF**, *fig.* 131, qui joint les centres des deux bases opposées, est perpendiculaire à ces cercles

13

cette ligne CF s'appelle *l'axe* du cylindre; et le cylindre est *oblique* quand cette même ligne CF incline sur la base.

« 14.º Le cône est un solide qui a pour base
» un cercle, et dont les lignes élevées au-dessus
» aboutissent toutes à un même point, comme
» C, qu'on nomme *sommet, fig.* 140.

» 15.º Si l'on retranche une partie du cône,
» *fig.* 141, par une section parallèle à la base,
» le restant ABCD s'appelle *cône tronqué*,
» même figure.

» 16.º La *sphère* ou *globe, figure* 142, est
» un solide terminé par une surface arrondie
» dont tous les points sont également éloignés
» d'un point intérieur E, qu'on appelle *centre*.

» On peut considérer la sphère comme formée
» par le mouvement d'un *demi-cercle* qui tourne
» autour de son diamètre immobile AC.

» Le *rayon* de la *sphère* est la ligne ou *de-*
» *mi-diamètre* AE, ou EC, qui part du centre
» E de la sphère, et va aboutir à un point de sa
» surface.

» *L'axe* de la sphère est le diamètre qui,
» passant par le centre, va aboutir de part et
» d'autre à la-surface.

» Toute *section* ou *coupe* de la sphère faite
» par un plan (*surface unie*), est un cercle.
» La section qui passe par le centre, s'appelle
» *grand cercle;* et l'on appelle *petit cercle*
» toute section qui ne passe pas par le centre.

» Les *pôles* d'un cercle de la sphère sont les
» deux points qui terminent *l'axe* ou le *dia-*

» *mètre* ; et tout cercle, grand ou petit, a tou-
» jours deux pôles. »

Nous avons emprunté ces dernières définitions du *Traité pratique,* etc., de M. Chenu, institu-teur-géomètre (*Paris,* 1811), comme étant claires et précises.

17.º *La surface d'un prisme quelconque (en n'y comprenant point les deux bases) est égale au produit de l'une des arêtes de ce prisme, par le contour d'une section* bcd, *fig.* 128, *faite par un plan auquel cette arête se-rait perpendiculaire.* (Bezout.)

18.º Quand le prisme est droit, la section, *fig.* 129, ne diffère pas de la base **KIHG**, et l'a-rête [**DK**], ou la perpendiculaire **EF**, est alors la hauteur du prisme : donc *la surface d'un prisme droit,* en n'y comprenant *point les deux bases, est égale au produit du contour de la base multiplié par la hauteur.*

On a vu (page 206) qu'on pouvait considérer le cercle comme un polygone d'une infinité de côtés : donc le cylindre peut être regardé comme un prisme dont le nombre des parallélogrammes qui composent la surface serait infini.

19.º *La surface d'un cylindre quelconque est égale au produit de la hauteur du cylindre par la circonférence de sa base.*

20.º *Le cône,* fig. 140, *se mesure comme un cylindre dont la hauteur serait égale au tiers de celle du cône, et le diamètre semblable à celui de la base.*

21.º *Un cône tronqué se mesure comme un*

*cylindre de même hauteur, ayant pour dia-
mètre la demi-somme des diamètres supérieur
et inférieur du cóne,* fig. 141.

22.º *Le volume d'une sphère est égal au
produit de sa surface multipliée par le tiers
du rayon,* fig. 142.

23.º *Une pyramide quelconque est le tiers
d'un prisme qui aurait même base et même
hauteur que cette pyramide ,* fig. 143.

Nous allons actuellement nous occuper de la
mesure de ces solides.

MESURER LES CAPACITÉS OU SOLIDES POUR LES USAGES ORDINAIRES.

Mesurer la solidité des corps, c'est chercher à
déterminer combien de fois le corps dont il s'a-
git contient un autre corps connu. Par exemple,
quand on veut mesurer le parallélipipède rectangle ABCDEFGH, *fig.* 132, on a pour objet de connaître combien ce parallélipipède contient de cubes tels que le cube connu *x :* c'est
ordinairement par ces mesures cubiques qu'on
évalue la solidité des corps.

Pour connaître la solidité du parallélipipède
rectangle, *fig.* 132, il faut chercher combien sa
base EFGH contient de parties carrées telles que
efgh; chercher pareillement combien la hauteur
AH contient de fois la hauteur *ah;* et, multipliant le nombre des parties carrées de EFGH,
par le nombre des parties de AH, le produit exprimera combien le parallélipipède proposé contient de cubes tels que *x,* c'est-à-dire combien

il contient de pieds cubes ou de mètres cubes, si le côté *ah* du cube *x* est d'un pied ou d'un mètre, etc.

Il est démontré dans Bezout (tome 2, page 171) que *les prismes et les cylindres de même base et de même hauteur, ou de bases égales et de hauteurs égales, sont égaux en solidité, quelque différentes que soient les figures des bases.*

Il suit de cette proposition et de ce qui précède que, pour obtenir les mesures cubiques que renferme un prisme quelconque ABCDGHIK, *fig.* 129, il faut évaluer sa base KGHI en mesures carrées, et sa hauteur EF en parties égales au côté du cube qu'on a pris pour mesure, et multiplier le nombre des mesures carrées qu'on aura trouvées dans sa base par le nombre des mesures linéaires de la hauteur; ce qui s'exprime ordinairement en disant : *La solidité d'un prisme quelconque est égale au produit de la surface de la base par la hauteur de ce prisme.*

Exemple. Supposez que KI soit de 2 mètres 12 centimètres, IH de 3 mètres 22 centimètres, et EF, sa hauteur, de 6 mètres 35 centimètres.

Multipliez d'abord 2 mètres 12 centimètres par 3 mètres 22 centimètres : vous aurez pour produit 6 mètres 8264 dix-millièmes pour la surface GKHI, que vous multiplierez par 6 mètres 35 centimètres, hauteur EF, et vous aurez 43 mètres cubes 34 centièmes pour résultat.

Pour avoir la solidité d'un cylindre droit

*ou oblique, il faut multiplier la surface de
sa base par la hauteur de ce cylindre.*

Exemple. On donne 2 mètres 60 centimètres
pour la circonférence de la figure 131, et 6 mètres 24 centimètres pour sa hauteur **CF.** On fera
d'abord la proportion suivante pour connaître le
diamètre:

22 : 7 :: 2 mèt. 60 cent. : $x =$ 0 mèt. 8272

Puis multipliant la circonférence 2 mètres 60
centimètres par le quart du rayon, ou 0 mètre
2068, on obtient 0 mèt. 53768 pour la surface
du cercle; laquelle étant multipliée par la hauteur 6 mètres 24 centimèt., donne pour résultat
3 mètres cubes 355 millièmes, qui est le cube
cherché.

Puisque la surface de la sphère est quadruple
de celle d'un de ses grands cercles, et que pour
avoir la surface d'un cercle il faut multiplier la
circonférence par la moitié du rayon (ainsi qu'on
l'a vu en son lieu), *pour avoir celle de la
sphère, il faut multiplier la circonférence
par le diamètre.*

Exemple. Si le diamètre **AC** ou **BD** de la
sphère, *fig.* 142, est de 35 centimètres, on aura
la surface de cette sphère en disant :

7 : 22 :: 35 : $x =$ 110 cent.

pour la circonférence d'un de ses grands cercles.

Multipliant cette circonférence 110 centimètres par le diamètre 35 centimètres, on a

pour la surface de la sphère 3850 centimètres carrés.

Multipliant ensuite cette dernière quantité par 5 centimètres 833, le sixième du diamètre 35, le résultat sera 22458 centimètres cubes pour la solidité de la sphère (les 22458 centimètres cubes valent 22 décimètres cubes 458 millièmes). [Voyez la note pag. 316.]

Pour avoir la solidité d'une *pyramide* ou d'un *cône* quelconque, *fig.* 143, il faut multiplier la surface de sa base ABCD par le tiers de la hauteur EH, ou, ce qui revient au même, multiplier le tiers de la surface de sa base par la hauteur.

On a vu, page 291 (20.°), comment on doit s'y prendre pour obtenir la solidité d'un *cône*.

Pour obtenir *la solidité d'un cône tronqué*, figure 141, il faut chercher le diamètre moyen (21.°); et, après avoir trouvé la circonférence moyenne, on multiplie ensuite la moitié par le rayon : le produit donne la surface moyenne, que l'on multiplie encore par la hauteur DC, et ce dernier résultat sera la solidité cherchée.

Pour trouver la solidité de la sphère ou *globe, il faut multiplier sa surface par le tiers du rayon,* page 292 (22.°).

Voici quelques détails sur les mesures de *solidité* qui, dans le système métrique, servent de base à tous les calculs.

La mesure fondamentale, l'élément de toutes celles dont on fait usage, se nomme *mètre*. (C'est la dix-millionième partie de la distance du pôle à l'équateur). Sa longueur exacte est de 3 pieds 11 lignes et $\frac{296}{1000}$ de ligne.

Le mètre a été divisé, de dix en dix parties, jusqu'à l'infini, en parties égales, afin d'obtenir des dimensions de plus en plus petites : ces subdivisions ont reçu des noms différens qui s'appliquent à toutes les mesures.

Ces mesures ont été rangées en cinq classes, savoir :

1.º Mesures linéaires, ou de longueur.

2.º Mesures de superficie, ou carrées.

3.º Mesures de solidité, ou cubiques.

4.º Mesures de capacité, ou de contenance.

5.º Mesures de pesanteur, ou poids.

Nous avons traité, dans le cours de cet ouvrage, des deux premières espèces de mesures: nous allons actuellement nous occuper des mesures de *solidité*, ou *cubiques*.

MESURES DE SOLIDITÉ.

Ces mesures ont pour objet de faire connaître le cube des corps.

Pour ne point confondre le mètre linéaire et le mètre superficiel avec le mètre *cube*, on a nommé ce dernier *stère*.

Le *stère* ou *mètre cube* est donc une mesure ou un corps cubique, *fig.* 130, qui représente un solide en forme de dé, dont les côtés ont un mètre de hauteur, de largeur et d'épaisseur, ou un parallélipipède rectangle (11.º) d'un mètre carré de base sur un mètre de hauteur, et compris sous six carrés d'un mètre de chaque face.

Ou autrement encore, c'est un prisme quadrangulaire (10.°) dont les trois dimensions, longueur, largeur, et épaisseur, ont chacune 3 pieds
11 lignes et $\frac{296}{1000}$ de ligne.

. Le stère, unité générique des mesures de solidité, se divise en 10 *décistères*, le décistère en
10 *centistères*, le centistère en 10 *millistères*,
etc., de même que le *mètre*, mesure de longueur, se divise en 10 *dixièmes*, le dixième en
10 *centièmes*, le centième en 10 *millièmes*, etc.

Avant l'introduction du système métrique,
l'unité de mesure pour le toisé des bois (surtout pour les bois carrés ou de charpente) va-
riait dans chaque province, et recevait diverses
dénominations; mais aujourd'hui les bois se
mesurent, dans toute l'étendue du royaume,
en *mètres* et parties décimales du mètre. Tout
est simple, et ramené à une même expression,
puisque ces mesures partent toutes d'une même
base.

Actuellement que nous avons fait connaître
les principes sur lesquels reposent le toisé des
surfaces, celui des cubes, et les élémens des mesures nouvelles pour déterminer les longueurs,
les superficies, et les solides, nous allons donner
la manière de *cuber* (*) une pièce de bois carrée
ou solive.

Pour obtenir le cube d'une pièce de bois car-

(*) Ce qu'on appelle *cuber un solide*, est la manière de faire
les calculs nécessaires pour connaître combien ce solide contient
de mètres cubes et de parties du mètre cube, ou seulement de parties du mètre cube s'il ne contient pas cette unité de mesure.

13*

rée, il faut multiplier la longueur de cette pièce par sa largeur, ce qui donne la surface, et le produit de cette multiplication par l'épaisseur. Le résultat de ces deux opérations donnera le *cube* cherché de la pièce; mais il faut avoir soin de séparer par une virgule, dans le produit des multiplications, autant de chiffres décimaux qu'il y en a dans l'un et l'autre facteurs, ainsi qu'il est en usage dans l'arithmétique décimale : car nous avons suivi ce système dans cet ouvrage, comme étant le plus simple et le plus prompt, et celui qui devrait être mis en usage dans toute la France.

CUBER UNE PIÈCE DE BOIS OU SOLIVE.

I.er EXEMPLE.

Quel est le cube d'une pièce de bois carrée de 12 mètres 6 décimètres de longueur sur 38 centimètres de largeur, et 46 centimètres d'épaisseur ?

Opération.

Multipliez 12,6
par   0,38
───────
1 008
3 78
───────
1.er produit 4,788 qu'il faut multiplier
par   0,46
───────
28728
1 9152
───────
2.me produit 2,20248 qui es t le cube de la pièce.

Donc 12,6 $\times$ 0,38 $\times$ 0,46 = 2,20248, cube cherché, ou deux stères 202 millistères. Le reste peut être négligé; et même on se contente ordinairement des centistères, en ajoutant 1 de plus au second chiffre vers la droite, si celui qui le suit immédiatement (ou le troisième à droite en partant de la virgule) passe 5; et, comme dans cet exemple le troisième chiffre est 2, on n'énoncera que 2 *stères* 20 *centistères,* ou, ce qui est la même chose, 2 *mètres* 20 *centièmes de mètre cube.*

II.ᵉ EXEMPLE.

Soit une pièce de bois carrée de 23 mètres 34 centimètres de longueur, sur 35 centimètres de largeur, et 45 centimètres d'épaisseur.

Opération.

23,34 longueur
0,35 largeur

---

1 1670
7 002

1.ᵉʳ produit 8,169 qu'il faut multiplier
par 0,45 épaisseur.

40845
3 2676

2.ᵉ produit 3,67605 qui est celui de la pièce, qu'on énoncera ainsi : 3 stères 68 centistères, d'après ce que nous avons dit ci-dessus (le troisième chiffre à droite de la virgule passant 5).

III.ᵉ EXEMPLE.

On désire connaître le cube d'une planche de 2 mètres 98 centimètres de longueur, sur 340 millimètres de largeur, et 47 millimètres d'épaisseur.

Opération.

2,98 longueur
0,340 largeur
_____

11920
894
_____

1.ᵉʳ produit   1,01320   qu'il faut   multiplier
par   0,047 épaisseur
_____

709240
405280
_____

2.ᵐᵉ produit 0,04762040 qui est le cube de la pièce, qu'on énoncera ainsi : 476 *dix-milli-stères,* en supprimant les quatre chiffres vers la droite.

Remarque sur le toisé des bois de charpente.

On est dans l'usage, lorsqu'il y a plusieurs pièces de même grosseur, de mesurer sépa-rément la longueur de chacune d'elles, de multiplier la somme totale des longueurs par la largeur, et ce dernier produit par l'épais-seur. Cette seconde opération donne le cube des pièces de bois réunies. Ce procédé est sans doute le plus prompt, et donne le même résultat que si l'on faisait les cubes partiels de chaque pièce de bois, ce qui multiplierait beaucoup les calculs pour parvenir à un même but.

CUBER LES BOIS RONDS.

Pour obtenir la solidité ou le cube d'un corps cylindrique, il faut multiplier la surface de sa base par la hauteur, page 293. Donc, si l'on avait à mesurer une pièce de bois rond de la longueur de 18 mètres 4 centimètres, sur une circonférence moyenne (*) de 1 mètre 38 centimètres, on opèrerait de la manière suivante. Le rapport de la circonférence au diamètre étant comme 22 est à 7, on a cette proportion :

$$22 : 7 :: 1,38 : x = 0,43999.$$

Le diamètre de la pièce de bois rond ayant été trouvé de 0,43999, on en prendra *le quart* (voyez page 206, article : *Mesurer la surface d'un cercle*), 0,109998, qu'il faut multiplier par 1,38 circonférence moyenne, puis le produit de cette multiplication par 18,4 longueur

(*) Si l'on pouvait mesurer le diamètre et la circonférence, il ne resterait plus qu'à multiplier la circonférence par le quart du diamètre, (ou le demi-rayon), et ce dernier résultat par la longueur. Mais dans le cas le plus ordinaire on ne connaît que la circonférence.

Lorsque la pièce varie en grosseur, on prend la circonférence moyenne, qu'on mesure au milieu de sa longueur; ou, l'ayant mesurée aux deux bouts, on ajoute les grandeurs trouvées, et l'on prend moitié du tout.

du bois. Ce second produit sera alors le cube de la pièce de bois rond proposée que nous avons pour exemple.

Voici deux autres manières d'obtenir la surface d'un cercle.

PREMIÈRE MANIÈRE. Je suppose pour exemple un cercle d'un diamètre de 6 mètres.
Je le multiplie par 6, j'ai.......... 36

Je prends moitié, j'ai.............. 18
Ensuite la moitié de ce nombre, j'ai... 9
Et enfin le 7.me de ce dernier, j'ai..... 1,222

Surface du cercle....... 28^{m}222

DEUXIÈME MANIÈRE. La surface d'un cercle est au carré de son diamètre comme 7,85 est à 10, c'est-à-dire qu'un cercle inscrit dans un carré de même base et de même hauteur que son diamètre, contient 7 dixièmes et 85 millièmes de la surface de ce carré.

Remarque sur la solidité du bois équarri contenu dans un arbre en grume.

Le bois en grume se mesure ordinairement comme le bois carré, c'est-à-dire en compensant la perte que doit occasioner l'équarrissage, qu'on ne doit point compter dans la solidité des bois de charpente.

L'expérience a fait connaître que *chaque côté d'un arbre équarri est égal en étendue au 5.e de la circonférence* (moyenne) *du même arbre en grume.* Donc on ne doit compter que le

carré inscrit dans cette circonférence, ou, ce
qui revient au même, la surface d'une circonférence moins grande *d'un cinquième* que
celle de l'arbre mesuré au milieu de sa longueur.

Après avoir cherché la circonférence moyenne
ainsi que nous l'avons indiqué (à la note de la
page 301), on en prendra le $\frac{1}{5}$, qu'on multipliera par lui-même. Ce produit étant multiplié
par la longueur de l'arbre, on obtiendra la solidité du bois équarri qu'on pourrait tirer du bois
en grume.

Exemple. Supposons un bois en grume qui
aurait 3 mètres 45 centimètres de circonférence
moyenne (c'est-à-dire mesurée au milieu de
la longueur de l'arbre), et 12 mètres de longueur.

Prenez le cinquième de $3^m,45$, qui est de
$0^m,69 \times 0^m,69 \times 12^m$: vous aurez pour produit
$5^m,7132$ cubes.

S'il s'agissait de mesurer la solidité de l'espèce
de pyramide tronquée fig. 146, voici le procédé
qu'on pourrait employer :

Multipliez la surface de la base inférieure
par la surface de la base supérieure : la racine
carrée du produit donnera la surface moyenne,
qu'il faut ajouter aux deux autres. Multipliant
ensuite leur somme par le tiers de l'axe (ou
de la longueur), le produit sera la solidité de
cette pyramide tronquée.

Exemple.

Surfaces.

Base inférieure $=3^m,50 \times 3^m, 50 = 12^m, 25^c$.
Base supérieure $=2, 70 \times 2, 70 = 7 \quad 29$

$$
\begin{array}{ll}
1 & 1025 \\
2 & 450 \\
85 & 75
\end{array}
$$

Produit de la multiplication
   des deux bases $89^m,3025$
dont la racine carrée est de $9^m\ 45^c$, qui sera la
surface moyenne, qu'il faut ajouter aux deux
autres $12^m\ 25^c$ et $7^m\ 29^c$: leur somme sera
$28^m\ 99^c$ qu'on multipliera par $4^m, 333$, le tiers de
l'axe, (supposé ici de 13^m), et le produit donnera
125 mètres 614 millièmes cubes.

Voici une méthode employée par les char-
pentiers et entrepreneurs de bâtimens, etc. :
nous la faisons connaître comme étant plus
expéditive, quoiqu'elle soit cependant un peu
moins rigoureuse.

Nous prendrons pour exemple la même figure
146. D'après ce dernier procédé, on opèrerait
ainsi qu'il suit :

$$\frac{AD+BC}{2} = 3^m 10 \times 3^m 10 \times AB = 13^m = 124^m 93$$

    ou 124 mètres 93 centièmes cubes.

On voit que, d'après ce procédé, $3^m,10$ serait
le côté du carré moyen entre les deux carrés
ADEF et BCGH, lequel côté, étant mul-

tiplié par lui-même, donnerait la surface d'un carré moyen entre les deux ci-dessus. Ce dernier résultat, étant multiplié par la longueur AB ou 13^m, donnerait le cube de la pyramide tronquée dont il s'agit.

Car il nous semble que, puisqu'on mesure la circonférence moyenne au milieu de la longueur du bois en grume, on pourrait de même mesurer le côté du bois équarri *au milieu de sa longueur*. On opèrerait ensuite comme on l'a indiqué pour obtenir la solidité du bois équarri contenu dans un arbre en grume, ce qui éviterait des calculs pénibles, et serait beaucoup plus expéditif, ce principe, d'ailleurs, étant analogue à celui qu'on emploie pour le toisé des bois en grume (pag. 302 et 303).

Les deux résultats ci-dessus obtenus pour la même pièce de bois équarri, font connaître la différence qui existe dans l'emploi des deux méthodes que nous venons de développer; mais nous pensons que la première est la meilleure.

CUBER UN BLOC DE PIERRE OU MOELLON, UNE MASSE QUELCONQUE.

Soit une certaine quantité de matériaux qu'il s'agit de cuber. Voici la manière qui nous semble la plus avantageuse pour obtenir un prompt résultat. Formez de ces matériaux un prisme régulier ou rectangulaire, puis évaluez le cube de cette figure par la méthode ordinaire.

Prenons pour exemple un prisme rectangu‑
laire de 12 mètres 36 centimètres de longueur,
9 mètres 24 centimètres de largeur, et 6 mètres
30 centimètres de hauteur; on aurait :

$$12,36 \times 9,24 \times 6,30 = 719,5$$

c'est‑à‑dire que le parallélipipède dont il s'agit
contient 719 mètres 5 dixièmes de mètre cube,
ou 719 stères 5 décistères.

On cube de même une pierre de taille, un
banc, etc., par la connaissance des trois dimen‑
sions que nous avons fait connaître.

CONNAITRE LA QUANTITÉ DE MÈTRES CUBES DE TERRE EXTRAITE D'UN FOSSÉ OU CANAL.

Il est certain que si l'on connaissait la lar‑
geur, la profondeur (ou la hauteur) et la lon‑
gueur d'un fossé ou canal, il serait facile de
calculer la quantité de mètres cubes de terre
qu'on en aurait extraite, puisqu'il ne s'agirait
dans ce cas que de multiplier la largeur par
la profondeur, et ce premier produit par la lon‑
gueur.

Exemple. Supposons qu'un canal dont la
coupe (ou profil) ABCD est représentée par la
fig. 133, ait 10 mètres AB de largeur au‑dessus,
4 mètres CD de largeur au fond, 4^m,5 *gh* de
profondeur, et 100 mètres de longueur. On cal‑
culera, 1.º *l'aire* ou la surface ABCD en multi‑
pliant la largeur moyenne 7 mètres *ef*, par la
profondeur 4^m,5 *gh*; et 2.º on multipliera ce

premier produit par la longueur 100 mètres; on aura donc :

$$7 \times 4,5 \times 100 = 3150$$

mètres cubes : donc on a extrait 3150 mètres cubes de terre, qu'on doit payer à tant le mètre cube, etc.

S'il s'agissait d'un fossé dont la *coupe* est représentée par la figure 134, et dont la longueur supposée serait de 100 mètres, comme dans l'exemple précédent, il faudrait multiplier AB ou 8 mètres par la moitié de CE ou par 2 mètres, pour obtenir l'aire du triangle ACB; puis multiplier ce résultat par la longueur 100 mètres; on aura :

$$8 \times 2 \times 100 = 1600 \text{ mètres cubes}$$

Lorsque l'on confectionne un canal, on doit suivre les lignes de direction indiquées par les plans et profils dressés par l'ingénieur, et la profondeur des fouilles doit être en rapport avec le projet qu'on se propose. Cette profondeur varie donc en raison de l'élévation et de l'abaissement du terrain : c'est pourquoi l'on doit déterminer des mesures moyennes pour obtenir la solidité des matériaux à extraire; quelquefois aussi, lorsque le terrain est trop bas, on est obligé de remblayer.

Voici un exemple qui indiquera la manière de faire ces sortes de calculs.

Supposons, 1.º que le profil ABCD, *fig* 133, d'un canal ait les dimensions suivantes : AB, 15 mètres; CD, 12 mètres; *hg*, 1^m,70^c; 2.º qu'un autre profil opposé ait les mêmes dimensions **AB, CD** (dans un canal le dessus et le fond conservent leurs dimensions respectives), mais que *hg*, la hauteur, ne soit que de 98 centimètres, et qu'il existe entre ces deux profils une longueur de 100 mètres. Pour avoir le cube, il faut additionner **AB** et **CD** ou 15 + 12 = 27, dont vous prendrez la moitié 13 mèt. 50 centimètres pour la largeur moyenne, et vous additionnerez de même les deux hauteurs $1^m,70^c + 98^c$, dont vous prendrez la moitié $1^m,34^c$ pour la hauteur moyenne. Vous aurez $13^m,50^c \times 1^m,34^c = 18^m,09$ pour la surface du profil réduit, qu'il faut multiplier par 150 mètres, longueur entre les deux profils; et le résultat 2713 mèt 50 centièmes, ou 2713 mètres cubes $\frac{1}{2}$, serait l'expression de la quantité de matériaux qui aurait été extraite.

Si l'on a à toiser un chantier dont le terrain soit fort inégal en hauteur, comme cela arrive souvent, il faut prendre plusieurs hauteurs comparées.

On fera aussi observer qu'il faut avoir égard à la nature des matériaux extraits : par exemple, si le terrain présente des roches, il faudra, 1.º faire le cube des pierres extraites, et 2.º, après avoir trouvé le cube total comme nous venons de l'indiquer, on en retranchera le cube de pierres, et le reste sera la quantité de terre qui aura été extraite.

Il faut aussi avoir égard aux roulages, c'est-à-dire aux distances où les matériaux sont transportés, et que l'on paie à *tant* le mètre cube, dans la proportion des distances; mais, avant que de nous occuper de cette matière, nous allons encore donner quelques exemples de calculs cubiques tels qu'ils se pratiquent au canal de Bourgogne.

Exemple. On paie 5 francs 60 centimes le mètre cube de taille de pierre : combien en doit-on payer pour la taille des pierres dont les dimensions suivent :

La première a 1 mètre 32 centimètres de longueur, 0 mètre 45 centimètres de largeur, et 0 mètre 30 centimètres d'épaisseur.

La deuxième a 0 mètre 80 centimètres de longueur, 0 mètre 40 centimètres de largeur, et 0 mètre 35 centimètres d'épaisseur.

La troisième a 1 mètre 25 centimètres de longueur, 0 mètre 52 centimètres de largeur, et 0 mètre 36 centimètres d'épaisseur.

Combien doit-on payer au tailleur de pierre?

Opération.

1.re   1^m,32 longueur
0^m,45 largeur
_____
660
528
_____

Surface   0^m,5949 dix-millièmes.
0^m,32 centimètres épaisseur.
_____
1188
1692
_____
0^m, 18108 cubes, qu'on peut

énoncer en disant: 18 centièmes, en supprimant les trois chiffres à droite; mais il faut rapporter le résultat rigoureux aux totaux.

Résultats.

Pour la 1.re on a... 0^m18108
Poúr la 2.e.......0 11200
Pour la 3.e.......0 21600

_____

Totaux.... ,.... 0^m50908 qu'on peut énoncer en disant : 51 centièmes cubes (en augmentant le second chiffre d'une unité de centièmes, et supprimant les trois chiffres à droite, comme étant de peu de valeur). Ensuite, multipliant 0 mètre 51 centièmes par 5 francs 6 décimes, on a 2 francs 856 millimes, ou simplement 2 francs 86 centimes; en augmentant le second chiffre décimal d'une unité de centième, le troisième surpassant 5.

2.e *Exemple.* Combien doit-on payer pour 25 mètres et 42 centièmes de mètre cube, à raison de 5 francs 6 décimes le mètre?

Multipliant 25 mètres 42 par 5 francs 6 décimes, on a 142 francs 35 centimes pour réponse.

On suppose actuellement qu'on ait fait accord avec un voiturier pour conduire des pierres au prix de 2 francs 48 centimes le mètre cube, et par kilomètre (mille mètres) de distance : combien doit-on payer pour 24 mètres et 57 centièmes de mètre cube, conduits à 2680 mètres de distance?

Il faut d'abord déterminer la valeur du mètre cube relativement à la distance, et ensuite multiplier le nombre de mètres par le prix proportionnel du mètre cube.

Pour répondre à la question proposée, il faut d'abord multiplier les 2680 mètres de distance par 2 francs 48 centimes, et ensuite diviser le résultat par 1000. On obtiendra 6 francs 75 centimes pour la valeur proportionnelle du mètre cube : car, ce résultat étant mille fois trop grand, vous le rendez ce qu'il doit être, en le divisant par mille, ce qui se fait en avançant la virgule décimale de trois places vers la gauche.

EXEMPLE.

2680 mètres de distance.

2^f, 48 prix du mètre cube par kilomètre.

$$21440$$
$$1\ 0720$$
$$5\ 360$$
_____
$$6^f,64640$$

On retranchera d'abord deux chiffres sur la droite pour les deux chiffres décimaux 48 centimes du multiplicande; et, divisant le reste par 1000, ce qui se fait en transportant la virgule à la troisième place à gauche, on a 6 francs 646 millimes, ou simplement 6 fr. 65 centimes, pour le prix proportionnel du mètre cube conduit à 2680 mètres de distance. Puis, multipliant les

24 mètres et 57 centièmes de mètre cube par 6 francs 65 centimes, on a 163 francs 39 centimes pour réponse.

OPÉRATION.

24^{mèt. cub.}	57^{centièmes}
6^{francs}	65

1 2285

14 742

147 42

163^f,3905

(Il faut, dans cet exemple, séparer quatre chiffres à droite, à cause des quatre chiffres décimaux du multiplicande et du multiplicateur. On ne conserve ordinairement que les deux chiffres à droite de la virgule, et l'on énonce 163 francs 39 centimes.)

Si l'on n'avait eu qu'un mètre conduit à 2680 mètres de distance, on n'aurait payé que 6 fr. 65 centimes; mais si l'on n'avait eu, par exemple, que 65 centièmes de mètre cube conduits à la même distance, on aurait opéré comme il suit :

Après avoir déterminé la valeur proportionnelle du mètre cube ainsi qu'on vient de l'indiquer, on multipliera les 0^m,65 centièmes de mètre cube par 6 francs 65 centimes.

Opération.

0^m, 65 centièmes de mètre cube.
6^f, 65 prix du mètre cube.

325

390

390

4,3225 prix des 65 centièmes de mètre cube, ou 4 f. 32 c.

Toutes ces opérations étant basées sur les principes de l'arithmétique décimale, nous espérons que l'élève, auquel nous supposons des connaissances sur cette matière, n'éprouvera aucune difficulté pour résoudre ces sortes de questions.

CONNAITRE LA QUANTITÉ DE DÉBLAIS QU'IL A FALLU EXTRAIRE POUR CREUSER UN PUITS D'UN DIAMÈTRE ET D'UNE PROFONDEUR DÉTERMINÉS.

Soit un puits circulaire de 1 mètre 70 centimètres de diamètre, et de 14 mètres 30 centimètres de profondeur. Il faut déterminer la circonférence, la multiplier par le quart du diamètre (ou le demi-rayon), puis multiplier ce produit (qui donne la surface du cercle) par la profondeur.

Dans cet exemple on opèrera comme il suit :

Opération.

$7 : 22 :: 1,7 : x = 5,3429$ circonférence.

14

On aura donc :

$$\frac{1,7}{4}\ (^*) \times 5,3429 \times 14,3 = 32,47$$

ou 32 stères 47 centistères (à moins d'un mil-
listère, qu'on peut négliger).

DES MESURES DE CAPACITÉ OU DE CONTENANCE.

Elles ont pour objet de faire connaître la quantité de matières sèches ou liquides contenues dans
des corps creux et cylindriques qu'on appelle mesures.

Ces mesures sont des cubes, puisque les corps
qui les renferment sont semblables à ceux que
nous venons d'examiner, comme nous allons le
faire voir. La manière d'opérer pour déterminer
les capacités, est donc la même que celle dont
nous avons fait usage pour les cubes.

Le mot générique annexé à cette espèce de
mesure est *litre*.

Le litre, ainsi que le mètre, a ses multiples et
sous-multiples.

Multiples... { Le décalitre vaut 10 litres.
L'hectolitre vaut 100 litres.
Le kilolitre vaut 1000 litres, etc.

Sous-mult... { Le litre vaut 10 décilitres.
Le décilit. est la 10.e partie du lit.
Le centil. est la 100.e p. du lit., etc.

(*) $\frac{1^m,7}{4}$ $=0^m,425 \times 5^m,3429$ circonférence $\times 14^m,3$ haut. Produit $= 32^m,47$.

L'unité étant le mètre, nous obtiendrons des *mètres cubes*. Nous indiquerons à la page suivante une manière prompte et commode pour les convertir en *litres*.

CONNAITRE LA QUANTITÉ DE MÈTRES CUBES DE VIN CONTENUE DANS UNE CUVE.

Soit une cuve, *fig*. 135, dont le diamètre AB est de 3ᵐ 50ᶜ, et EF de 3ᵐ 24ᶜ, et sa hauteur CD de 1ᵐ 86ᶜ. On demande combien cette cuve contient de mètres cubes.

Pour résoudre ce problème, on opèrerait comme dans l'exemple précédent, c'est-à-dire qu'on aurait d'abord la proportion suivante pour déterminer la circonférence moyenne :

7 : 22 :: 3,37 (diamètre moyen) : $x = 10,5914$ circonférence moyenne.

Ensuite $\dfrac{3,37}{4} \times 10,5914 \times 1,86 = 16,60$

Le résultat est donc 16 mètres cubes et 6 dixièmes de mètre cube, ou 16 stères 6 décistères.

S'il s'agissait d'une cuve *elliptique*, il faudrait d'abord calculer sa surface suivant la méthode indiquée page 206, puis multiplier le résultat par la hauteur.

On peut dire aussi que la surface d'une ellipse est égale à l'un de ses axes multiplié par l'autre, et divisé par 1,273.

Pour réduire les mètres cubes et parties du mètre cube en litres, on remarquera que, un mètre cube valant 1000 litres, un dixième de mè-

tre cube 100 litres, un centième de mètre cube
10 litres, et un millième de mètre cube 1 litre,
il sera très-facile d'opérer la réduction dont il
s'agit.

Dans l'exemple ci-dessus ou aura 16,600
litres, ou 16 kilolitres et 6 hectolitres; ou, en
énonçant le tout en hectolitres, on aura 166 hectolitres.

S'il s'agissait d'exprimer en litres le résultat
de l'article suivant, 151 mètres 25 centièmes de
mètre cube, on aurait 151,250 litres, ou 151
kilolitres 2 hectolitres et 50 litres; ou, en énonçant les hectolitres, 1512 hectolitres et 50 litres.
(On remarquera que les 25 centièmes de mètre
cube valent 250 litres, ou le $\frac{1}{4}$ de mille litres,
valeur du mètre cube [*]).

CONNAITRE LA CAPACITÉ D'UNE AUGE QUELCONQUE.

Pour connaître la capacité de l'auge fig. 145,

(*) Il faut 1000 décimètres cubes pour un mètre cube : car, un
mètre de longueur valant 10 décimètres, on a 10 × 10 × 10 =
1000.

De même, il faudrait un million de centimètres cubes pour un
mètre cube : car on aurait 100 × 100 × 100 = 1000000.

En suivant cette marche, on verrait qu'il faut un milliard de
millimètres cubes pour un mètre cube.

Il faut aussi 1000 centimètres cubes pour un décimètre cube : car,
un décimètre de longueur valant 10 centimètres, on a (comme
pour la division du mètre) 10 × 10 × 10 = 1000.

De même, il faut 1000 millimètres cubes pour un centimètre
cube, etc.

L'expression que nous avons employée dans ce livre est plus
simple, et donne un semblable résultat : car les 25 centièmes, dans
l'exemple ci-dessus, qui représentent 250 décimètres cubes, ne valent réellement pas plus que *le quart* d'un mètre cube, puisqu'il
faut 1000 décimètres cubes pour faire 1 mètre cube, et que les 25
centièmes d'un mètre cube en sont également *le quart*.

mesurez sa largeur intérieure *ab*, et sa longueur *ac*, en supposant que la première soit de 1 mètre 25 centimètres, et la seconde de 1 mètre 98 centimètres.

Multipliez l'une par l'autre : vous aurez 2 mètres 4750 dix-millièmes carrés. Mesurez également la hauteur de l'auge, qu'on suppose, dans cet exemple, être de 80 centimètres. Le résultat sera 1 mètre 980000 millionièmes, ou simplement 1 mètre cube ou stère et 98 centièmes de mètre cube, ou 1 stère et 98 centièmes, ou, si l'on veut encore, 1980 litres.

Voici une manière pour obtenir de suite des litres pour résultat.

1.º Réduisez (dans cet exemple) 1 mètre 25 centimètres en millimètres, vous aurez 1250 millimètres; faites de même pour les 1 mètre 98 centimètres, il viendra 1980 millimètres : lesquels nombres étant multipliés l'un par l'autre donnent 2475000 millimètres carrés, que vous multiplierez par 800 millimètres (ou par les 80 centimètres réduits en millimètres): le résultat sera 1980000000 millimètres cubes. Et, observant qu'il faut un million de millimètres cubes pour un litre (qui est la millième partie du mètre cube), il ne s'agira que de séparer six chiffres sur la droite de ce nombre, et vous aurez 1980 litres, ou 19 hectolitres 80 litres, ou bien encore 1 mètre 98 centièmes cubes, résultat semblable au précédent.

CONNAITRE LA QUANTITÉ EXTRAITE D'UNE FOSSE D'AISANCE, PUITS-PERDU, ETC.

On suppose une fosse d'aisance qui aurait $8^m,5$ de longueur, $6^m,2$ de largeur, et que la matière à extraire ait 2 mètres 87 centimètres de profondeur : on demande combien il faudra extraire de mètres cubes pour la vider.

C'est comme si l'on avait un parallélipipède qui aurait les mêmes dimensions, en changeant le mot *profondeur* en celui de *hauteur;* donc on aurait :

$$8^m,5 \times 6^m,2 = 52^m,7 \; (\text{l'aire})$$
$$\times \; 2^m,87 = 151^m,25 \; \text{cubes}$$

ou 151 mètres et 25 centièmes de mètre cube.

JAUGER UN TONNEAU.

Les tonneaux ne présentant pas une forme parfaitement cylindrique, il fallait d'abord établir un rapport entre leurs diamètres; et ce rapport a été fixé par l'instruction du ministre de l'intérieur en pluviôse an **VII**. D'après cette instruction, *les tonneaux* doivent être calculés comme un cylindre qui aurait pour hauteur la longueur interne de la futaille, et pour diamètre celui du bouge (ou du milieu) moins le tiers de la différence qui se trouve entre ce diamètre et celui des fonds.

Voici la manière la plus simple, employée parmi les jaugeurs, pour obtenir ce diamètre réduit :

Doubler le diamètre du bouge, ajouter celui du fond, et prendre le tiers.

Exemple. On demande quelle est la capacité d'un tonneau, *fig.* 136, dont la longueur intérieure ou la hauteur GH soit de 0 mètre 735 millimètres, le diamètre du bouge EF de 0 mètre 626 millimètres, et celui des fonds AB ou CD de 0 mètre 554 millimètres.

Le diamètre moyen est de 0 mètre 602, d'après lequel il faut chercher la circonférence, puis la surface du cercle, ainsi que nous l'avons indiqué page 204. Cette surface est $0^m,284749$, laquelle, étant multipliée par $0^m,735$, longueur du tonneau, donne 0 mètre 20922831 millimètres cubes, ou, en ne conservant que les trois premiers chiffres à droite du zéro, 209 millièmes de mètre cube, ou 209 litres. (Le tonneau de Dijon doit contenir 228 litres).

Voici une autre manière d'après laquelle on peut obtenir à peu de chose près la capacité du tonneau.

Mesurez les diamètres intérieurs AB, EF; et, après avoir calculé séparément les aires de leurs cercles, prenez moitié de leur somme réunie, laquelle vous multiplierez par la longueur intérieure GH.

La première manière est la plus usitée, et conforme à l'instruction que le ministre de l'intérieur a fait publier en l'an VII.

MESURER LA SOLIDITÉ DES CORPS IRRÉGULIERS.

S'il s'agissait de connaître le volume de

corps très-irréguliers, comme des fruits, des cailloux, etc. , il faudrait mettre le solide proposé dans un vase régulier qu'on remplirait d'eau; et, après l'avoir retiré du vase, on mesurerait la partie vide : ce volume sera, à très-peu de chose près, égal au solide qu'on aura plongé dans le vase.

Nous pensons que ce que nous avons dit sur les mesures cubiques et de capacité, peut suffire pour résoudre les problèmes qui se présentent le plus fréquemment dans la pratique, et c'est aussi ce que nous nous sommes proposé dans cet abrégé. Nous ajouterons seulement que si l'on avait pris les dimensions en anciennes mesures, il faudrait, pour faciliter les calculs, convertir ces mesures en mètres et parties de cette unité principale. Ces réductions se feront commodément au moyen de la table n.º 1.er

Exemple. Nous supposerons qu'après avoir pris les mesures d'une pièce de bois, on ait obtenu celles-ci.

Longueur.... 16 pieds 4 pouces 6 lignes,
Largeur..... 0   8   5
Epaisseur.... 0   6   2

En se servant de la table n.º 1.er, on opèrerait ainsi qu'il suit :

Pour 16 pieds.... 5 mètres 197 millimèt.
Pour 4 pouces... 0   108
Pour 6 lignes 0   014

Total de la long. 5 mètres 319 millimèt.

Pour 8 pouces... 0 mètre 217 millimètres.
Pour 5 lignes.... 0   011

Total de la largeur.. 0 mètre 228 millimètres.

Pour 6 pouces... 0 mètre 162 millimètres.
Pour 2 lignes.... 0 mètre 005 millimètres.

Total de l'épaisseur 0 mètre 167 millimètres.

Ayant ainsi réduit toutes les dimensions, on opèrera comme ci-devant.

Cependant si l'on avait fait les calculs en anciennes mesures, il faudrait en réduire le résultat de la manière suivante :

Exemple. On a obtenu pour résultat d'une opération cubique, 17 pieds 6 pouces 10 lignes cubes, qu'il s'agit de convertir d'après la base du nouveau système. En se servant de la table n.º 2, on opèrerait ainsi qu'il suit :

	mètre cub.	décim. cub.	centim. cub.		
Pour 17 pieds cubes	0	582	713		
Pour 6 pouc. cubes	0	000	119	018 mill. cub.	
Pour 10 lignes cubes	0	000	000	114	794 fr. déc.

Total...... 0ᵐ 582   852 132 794

qu'on énoncerait en disant : 582 décimètres cubes, 852 centimètres cubes, et 132 millimètres cubes (un peu moins que 583 décimètres cubes).

14*

On peut négliger l'expression fractionnaire 794, comme étant au-dessous d'un millimètre cube.

Le mètre cube ou stère vaut 29 pieds cubes 300 pouces cubes et 755 lignes cubes.

Donc les 17 pieds 6 pouces 4 lignes cubes ci-dessus sont plus d'un demi-mètre cube ; et l'on voit aussi qu'ils valent presque 83 décimètres cubes de plus que 500 décimètres cubes, qui sont la valeur d'un demi-mètre cube [page 316, note (*)].

Cet exemple suffira sans doute pour indiquer la manière de faire commodément ces sortes de réductions.

Nous avons aussi calculé la table n.° 3 comme pouvant être d'un usage fort étendu dans l'arpentage, où l'on est souvent obligé de vérifier avec une chaîne métrique des mesures énoncées en perches linéaires de 9 pieds et demi.

Exemple. On suppose qu'une ligne soit indiquée être de 174 perches 7 dixièmes, qu'il s'agit de réduire en mètres et décimètres ; on opèrerait ainsi qu'il suit :

Pour 100 perches .... 308 mèt. 600 millim.
Pour 70 perches 216   020
Pour   4 perches 12   344
Pour   7 dixièmes.... 2   152

Total........ 539 mèt. 116 millim.

Nota. Pour prendre les sept dixièmes d'une perche, on remarquera d'abord que, la perche valant 3 mètres 086 millimètres, le dixième sera de 0 mètre 3086, qui, multipliés par 7, donnent 2 mètres 152 millimètres.

Voici une méthode plus expéditive pour convertir les perches linéaires en mètres de longueur : nous prendrons pour exemple les 174 perches 7 dixièmes cités à la page 322.

Il suffit de multiplier le nombre de perches proposé, par le rapport du mètre à la perche, qui est de $3^m,086$ (moins une petite fraction décimale).

Supposons que la longueur d'un champ soit indiquée devoir être de 174 perches $\frac{7}{10}$ et qu'on veuille vérifier cette grandeur avec une chaîne métrique : il convient d'abord de convertir la longueur ci-dessus en mètres linéaires, pour pouvoir faire, après le mesurage, la comparaison ou vérification demandée.

Opération pour réduire les 174 perches $\frac{7}{10}$ en mètres :

A réduire 174,7
Rap. du mèt. à la perche   3,086

```
        1 0482
       13 976
       524 1
     _____
     539,1242 =539ᵐ
```

$$539,1242 = 539^m \frac{12}{100}$$

TABLE N.º 1.er

RÉDUCTION					
DES LIGNES, POUCES ET PIEDS (anc.), EN MÈTRES ET PARTIES DÉCIMALES DU MÈTRE.					
lignes.	mèt.	mill.	pieds.	mèt.	mill.
1 vaut	0	002	6 valent	1	949
2	0	005	7	2	274
3	0	007	8	2	599
4	0	009	9	2	924
5	0	011	10	3	248
6	0	014	11	3	573
7	0	016	12	3	898
8	0	018	13	4	223
9	0	020	14	4	548
10	0	023	15	4	873
11	0	025	16	5	197
pouces.			17	5	522
1 vaut	0	027	18	5	847
2	0	054	19	6	171
3	0	081	20	6	497
4	0	108	21	6	822
5	0	135	22	7	146
6	0	162	23	7	471
7	0	189	24	7	796
8	0	217	25	8	121
9	0	244	26	8	446
10	0	271	27	8	771
11	0	298	28	9	096
pieds.			29	9	420
1 vaut	0	325	30	9	745
2	0	650	40	12	994
3	0	975	50	16	242
4	1	299	60	19	490
5	1	625	70	22	739

TABLE N.° 2.

RÉDUCTION Des lignes et pouces cubes en millimètres et centimètres cubes.			RÉDUCTION Des pieds cubes en centimètres et décimètres cubes.			

lignes cubes.	millim. cubes.	frac. décim.	pieds cub.	mèt. cub.	déci. cub.	cent. cub.
1 vaut 11		479	1 vaut 0		34	277
10	114	794	2	0	68	555
50	573	969	3	0	102	832
100	1147	938	4	0	137	109
200	2295	877	5	0	171	386
300	3443	815	6	0	205	663
400	4591	753	7	0	239	941
500	5739	692	8	0	274	218
600	6887	630	9	0	308	495
700	8039	568	10	0	342	773
800	9183	507	11	0	377	050
900	10331	.445	12	0	411	327
			13	0	445	604
pouces cubes.	centim. cubes.	frac. décim.	14	0	479	882
			15	0	514	159
1 vaut 19		836	16	0	548	436
2	39	673	17	0	582	713
3	59	509	18	0	616	991
4	79	345	19	0	651	268
5	99	182	20	0	685	545
6	119	018	30	1	028	318
7	138	852	40	1	371	090
8	158	691	50	1	713	863
9	178	524	100	3	427	726
10	198	364	150	5	141	588
20	396	727	200	6	855	451
30	595	091	210	7	198	224
40	793	455	216	7	403	887

TABLE N.º 3.

RÉDUCTION DES PERCHES DE 9 PIEDS ½ EN MÈTRES.

perches.	mètres.	millimètres.
1 vaut	3	086
2	6	172
3	9	258
4	12	344
5	15	430
6	18	516
7	21	602
8	24	688
9	27	774
10	30	860
20	61	720
30	92	580
40	123	440
50	154	300
100	308	600

Afin de compléter cet ouvrage, et de le rendre d'une utilité plus générale, nous terminerons cette sixième partie, en donnant la mánière de faire différens toisés dont l'application journalière devient aussi indispensable que ceux que nous venons d'exposer.

TOISER UN MUR.

Lorsqu'un mur n'a qu'une épaisseur ordinaire, on le mesure à la toise carrée ou au mètre carré. Mais s'il s'agissait de murs qui doivent soutenir des terres ou autres fardeaux, et dont l'é.

paisseur par conséquent doit être en raison avec le poids qu'ils doivent supporter, alors on les mesure à la toise cube ou au mètre cube.

Premier exemple. Quel est le nombre de toises carrées d'un mur qui aurait 60 *pieds de longueur , 7 pieds de hauteur perpendiculaire , et* 3 *pieds de fondations ?* Ajoutez la hauteur du mur 7 pieds avec celle des fondations 3 pieds, ce qui fera **10** pieds, lesquels multipliés par la longueur 60, donneront 600 pieds carrés pour résultat, ou **10** toises et 7 dixièmes.

Nota. La toise de maçonnerie (de 7 pieds ⅓ de longueur) est de 56 pieds carrés. On aura donc dans cet exemple : 600 pieds divisés par **56**, donnent le résultat ci-dessus.

Afin d'obtenir un résultat métrique, il n'y a qu'à réduire les pieds en mètres, et opérer comme à l'ordinaire.

Deuxième exemple. On demande le résultat en mètres cubes d'une muraille dont la longueur est de 120 mètres; la hauteur, y compris les fondations, de 3 mètres 50 centimètres; et l'épaisseur, de 1 mètre 40 centimètres. On a :

$$120 \times 3^m 50^c \times 1^m 40^c = 588 \text{ mètres cubes}$$

qui répondent à la question proposée.

Nota. Afin d'avoir égard à l'épaisseur des murs, il faut mesurer leur longueur intérieure et extérieure, et prendre la moitié des deux résultats.

OBSERVATION. Si l'on demandait le résultat en

toises carrées d'une clôture dont la profondeur
des fondations varierait ainsi que les hauteurs
des murs, il faudrait faire des calculs partiels
pour chaque hauteur respective; ensuite, réunissant le nombre des pieds carrés, et divisant par
56, le quotient répondrait à la question proposée.

TOISER DES COUVERTURES.

Les toits des maisons, quelle que soit leur inclinaison, se mesurent à la toise carrée ou au
mètre carré. Ils présentent différentes figures,
telles que rectangles, parallélogrammes, triangles, trapèzes, etc. Comme nous avons indiqué
(page 198 et suivantes) la manière d'obtenir les
surfaces de ces figures, nous ne grossirons pas
inutilement cet article : nous dirons seulement
qu'il faut dans ces toisés suivre les différens
usages, que la pratique seule peut faire connaître. Cependant nous dirons que les couver-
tures se mesurent comme si elles étaient pleines,
sans rien diminuer pour la place des lucarnes
et autres ouvertures.

S'il s'agissait de toiser la façade d'une maison,
on la mesurerait comme un mur, *tant plein
que vide*. On pourrait, pour faciliter les calculs, la décomposer en triangles, parallélogrammes, carrés, etc., puisque les maisons sont ordinairement composées de toutes ces sortes de
figures.

TOISER L'INTÉRIEUR D'UN PUITS.

Afin de trouver la quantité de toises carrées

ou de mètres carrés de maçonnerie d'un puits,
il faut, 1.º ajouter l'épaisseur du mur circulaire
au diamètre intérieur, ce qui donnera le diamètre moyen; 2.º multiplier ce diamètre par 3
et $\frac{1}{7}$, (rapport de la circonférence au diamètre):
le produit donnera la circonférence moyenne;
3.º multiplier ce produit par la profondeur du
puits.

Exemple. On demande quelle est la quantité de mètres carrés de maçonnerie d'un puits
dont le diamètre intérieur serait de 1 mètre 30
centimètres, la profondeur de 17 mètres, et
l'épaisseur du mur de 0 mètre 92 centimètres.

Pour répondre à cette question, il faut ajouter l'épaisseur du mur 0 mètre 92 centimètres
avec le diamètre intérieur 1 mètre 30 centimètres, ce qui donnera 2 mètres 22 centimètres
pour le diamètre moyen; multiplier ce nombre
par 3 et $\frac{1}{7}$ ou (la fraction étant réduite en décimales à moins d'un dix-millième) par 3
mètres 142 dix-millièmes : il viendra 6 mètres
97524; et multiplier encore ce dernier résultat
par la profondeur 17 mètres : et l'on obtiendra
118 mètres carrés et 58 centièmes, qui sera la
réponse à la question proposée.

Pour obtenir la quantité de mètres cubes de
la fouille faite pour un puits quelconque, il faut
d'abord chercher la circonférence au moyen du
diamètre, comme nous l'avons déjà fait connaître.
Cette circonférence étant connue, on en prendra
la moitié, qu'on multipliera par la moitié du dia-

mètre pour avoir la surface de la fouille; ensuite, multipliant cette surface par la profondeur, ce dernier produit sera le volume ou la quantité de terre extraite pour faire ce puits, soit en pieds ou mètres cubes, etc., selon l'espèce d'unité qu'on aura employée dans l'opération.

TOISÉ OU MÉTRAGE DES VOUTES EN MAÇONNERIE.

Nous ne parlerons ici que des voûtes de caves, comme étant celles le plus en usage (*).

Les voûtes de caves se font ordinairement en berceau ou plein-cintre surbaissé on surmonté.

EXEMPLE D'UNE VOUTE PLEIN-CINTRE.

Pour toiser les voûtes de caves, *fig.* 137, et autres faites en berceau ou plein-cintre, l'usage est de prendre la largeur ou diamètre dans-œuvre de la voûte, auquel on ajoute la hauteur perpendiculaire depuis la naissance de la voûte jusque sous la clef, et l'on y joint le septième de la hauteur, ce qu'on prend pour la circonférence. Cette circonférence est multipliée par la longueur de la même voûte, et l'on a par ce moyen les mètres carrés requis. Par exemple, si, le berceau ABC ayant 6 mètres de diamètre, sa hauteur BD est de 3 mètres, ce qui fait ensemble, y compris le septième de la montée, 9 mètres 428 millimètres pour la circonférence

(*) Il y a encore des voûtes en arètes, en arc de cloître, à ogives, des voûtes en trompe, etc. On peut consulter, pour la manière de toiser ces sortes de voûtes, RONDELET, *Traité de l'Art de bâtir.*

ABC, que l'on multiplie par la longueur de la voûte, que je suppose 12 mètres ; on aura 113 mètres 136 millimètres carrés pour la superficie de la voûte ; à cette quantité il faut ajouter le tiers pour les reins, qui est de 37 mètres 711 millimètres : en sorte que toute la voûte, y compris les reins, contiendra 150 mètres 845 millimètres de superficie. Voilà l'usage ordinaire.

Ce tiers que l'on accorde pour les reins, c'est à condition qu'ils seront en bonne maçonnerie de moellons posés à bain de mortier.

TOISER UNE VOUTE SURBAISSÉE.

Quand les voûtes sont surbaissées, *fig.* 138, ce que l'on appelle *anse de panier,* ou *demi-ovale,* l'usage est encore de les toiser comme celles qui sont en plein-cintre, en contournant le pourtour intérieur d'une naissance à l'autre, et l'on ajoute, comme ci-dessus, le tiers pour les reins.

Le bourgeois est dupe de cet usage, parce que les reins d'une voûte surbaissée sont moins considérables que dans une voûte en plein-cintre. Aussi y a-t-il des architectes, tels que *Le Camus de Mézières,* qui n'accordent que le quart si le cintre est seulement surbaissé.

TOISER UNE VOUTE SURMONTÉE.

Dans une voûte surmontée, *fig.* 139, le tiers pour les reins n'est pas suffisant, et l'entrepreneur est ici dupe de l'usage ; mais telle est la coutume.

La meilleure méthode est celle d'évaluer les voûtes de maçonnerie d'après leur cube, et non pas d'après leur superficie, ainsi que le dit M. Rondelet dans son excellent traité théorique et pratique de *l'Art de bâtir ;* mais cette méthode n'est connue que des ingénieurs et architectes, et nullement des ouvriers et bourgeois, qui ne connaissent que la coutume.

Nous terminons ici ces toisés, qui, avec ceux qui font la matière de la quatrième partie de ce livre, pourront suffire pour les usages ordinaires. Ceux qui voudraient connaître les différens détails qui entrent dans la construction des bâtimens, etc., peuvent consulter *l'Art de bâtir* par Rondelet. D'ailleurs cette matière pourrait être l'objet de plusieurs volumes, et ne doit être qu'un accessoire à *l'Art de lever les Plans,* qui semble devoir être plus particulièrement consacré à la matière que son titre annonce; et nous dépasserions les limites que nous nous sommes prescrites dans cet ouvrage, déjà suffisamment complet sur toutes les matières qu'il renferme.

SEPTIÈME PARTIE.

DU LAVIS DES PLANS.

RÉFLEXIONS PRÉLIMINAIRES.

Si la science de la géométrie enseigne les méthodes nécessaires pour obtenir les dimensions
d'un pays, on peut, pour ainsi dire, exprimer
sa figure par le *lavis;* on parviendrait, en
quelque sorte, à imiter la nature dans ses formes et ses couleurs. Nous pensons donc que les
connaissances mathématiques et celles dans l'art
du lavis des plans sont presque également indispensables à ceux qui, par état, sont dans le
cas de lever et dessiner des plans et des cartes
sur de grandes échelles.

Car, ainsi que les géomètres, ils doivent représenter les différentes parties du terrain suivant les rapports de son étendue et de ses détails,
et, comme dessinateurs, donner aux objets de la
carte qu'on veut laver les couleurs et les ombres
que la nature indique.

Les cartes topographiques et les plans géométriques en général, d'ailleurs levés avec toute

l'exactitude possible, n'offrent pas précisément *le modèle du terrain* : c'est parce que le géomètre ne porte son attention *exclusivement* qu'à obtenir en masse les dimensions géométriques du pays dont il fait la carte, sans s'occuper s'il résultera de leur ensemble la *vraie figure du terrain.* Il faudrait donc, d'après notre façon de penser, pour obtenir un résultat vraiment satisfaisant, que l'on reconnût, à l'inspection d'un plan, le pays dont il doit être l'image ; il pourrait alors prendre le nom de *paysage-plan.*

Pour atteindre ce but, il ne suffit pas de savoir tracer et mesurer des lignes et des angles : il faut encore que le géomètre sache dessiner, et ait acquis beaucoup d'usage à *figurer* le terrain, et à bien exprimer ses formes et ses contours. Il ne doit non plus omettre aucun détail : tel qu'un arbre situé au coude d'une rivière ou d'un chemin ; un buisson remarquable ; le commencement, l'interruption et la fin d'une haie vive ou morte ; les fossés, et s'ils sont bordés d'arbres, il faut les figurer sur le plan avec leur nombre et leur espace (il doit en être de même pour les routes, canaux, etc.). Les ponts et aqueducs, les ruisseaux et ravins, doivent être figurés avec toutes leurs sinuosités (on sent qu'il faut encore moins omettre les sinuosités des rivières et canaux) ; on dessinera aussi les monticules, etc., etc., et en général tout ce qui peut concourir à exprimer la figure du terrain. Il est bien entendu que tous ces objets doivent être placés dans leur situation respective (*), en les subordonnant à l'échelle du plan. Tous ces petits détails, qui pourraient paraître minutieux à quelques personnes, concourent beaucoup à faire *reconnaître les lieux* représentés par le plan géométrique; et si le géomètre joint aux connaissances mathématiques l'art du lavis des plans, il exprimera sur le papier, comme nous l'avons dit, le *modèle du terrain.*

Laver un plan est donner aux objets qu'il représente la couleur ou la teinte de ceux du terrain, en prenant la nature pour modèle. En effet, un artiste habile qui réunirait aux connaissances mathématiques l'art du lavis des plans, pourrait, en imitant la nature au moment où elle se revêt de sa plus brillante parure, au printemps, offrir un tableau gracieux (sans cependant altérer les dimensions géométriques), qui aurait toute la fraîcheur et le coloris qu'on admire dans le *grand modèle :* on y remarquerait les ondulations des rivières; la surface unie des étangs; la transparence des eaux, dont les parties déliées réfléchissent la couleur des objets qui les environnent; la chute des cascades; le mou-

(*) Si l'on se sert d'une planchette, tous ces détails pourront être exprimés sur le plan avec beaucoup plus d'exactitude que si l'on faisait usage de tout autre instrument: car ils seront dessinés sur les lieux, et sans les perdre de vue, avec toutes leurs dimensions géométriques et leurs contours (voyez l'article *Usage de la planchette,* pag. 126), surtout si, comme nous l'avons dit, le géomètre a un coup d'œil juste, et a acquis l'usage de figurer le terrain. On pourrait alors obtenir (du moins autant qu'il est possible de le faire) le *modèle proportionnel* du terrain, et par le lavis en faire un paysage-plan.

vement précipité des torrens, dont les eaux tur-
bulentes s'échappent à travers les rochers, et
prolongent souvent leur cours sur des cailloux et
sur des pentes plus ou moins rapides, qui pourraient indiquer à l'artiste les différens degrés
d'agitation des eaux. La verdure des bois et des
bosquets, l'émail des prés et des jardins, les vi-
gnobles, les terres labourables et incultes, s'y
distingueraient par des touches plus ou moins
fortes, et des nuances toujours analogues aux
couleurs locales ; les collines et les montagnes
s'y représenteraient telles qu'elles sont dans la
nature, couronnées de forêts ou dépouillées de
verdure; les rochers, les précipices, les escar-
pemens, y seraient représentés avec leurs formes
diverses et tous les accidens qui les accompagnent
ordinairement.

Pour compléter ce tableau, et ajouter à l'illu-
sion, l'artiste le couvrira d'un ton local et aérien,
afin d'adoucir le paysage, et de concourir à l'har-
monie de la nature. Il fera aussi ressortir chacune des parties de ce paysage-plan, par des
touches savantes qui rendront sensibles les effets
de la lumière et des ombres.

Mais, la nature variant ses formes à l'infini,
les différens effets de la lumière et des ombres,
qui sont le principe des couleurs, exigeraient
une étude et une application sérieuses, et un
tact qu'on ne peut obtenir que par une expérience consommée dans l'art (encore si peu
connu) d'imiter la nature : ainsi, pour laver
un plan dans la perfection de l'art, il faudrait

donc connaître les effets plus ou moins sensibles de la réflexion des rayons de lumière (*) et la science de l'optique (laquelle se divise encore en plusieurs branches), qui est, en quelque sorte, la racine de toutes les branches d'imitations visuelles, et principalement de la perspective. On voit qu'on pourrait écrire plusieurs volumes sur ces matières : aussi nous bornerons-nous, dans ce court abrégé, à indiquer seulement la manière de *laver un Plan,* en renvoyant le lecteur aux ouvrages qui traitent particulièrement de l'art du lavis (**).

Nous avons divisé cette matière en deux articles. Dans le premier nous parlerons de la mise au trait; et le lavis sera l'objet du deuxième.

ARTICLE PREMIER.

MISE AU TRAIT.

Nous supposerons pour exemple le plan d'une commune. Ce plan, étant rapporté et dessiné au crayon d'abord, offrira toutes les masses et les différentes natures de propriétés de la commune; il s'agit actuellement de le mettre au trait (***). Le premier trait sera toujours très-

---

(*) C'est ce qu'on appelle le clair-obscur.

(**) On peut consulter avec confiance l'ouvrage intitulé : *Traité du lavis des plans,* par M. L.-N. LESPINASSE; à Paris, chez *Magimel,* libraire, quai des Augustins, n.º 73, près le pont-Neuf, an 1801.

La *Perspective aérienne,* par SAINT-MORIEN, est aussi un ouvrage recommandable.

(***) Lorsque le plan ne doit pas être lavé, toutes ses parties sont dessinées au trait plein, au tire-ligne et à la plume (suivant que les figures sont en lignes droites, ou présentent des contours); et l'on écrit dans chaque parcelle la nature du terrain, ou bien l'on

15

léger, afin de pouvoir, par un nouveau trait ferme
et arrêté, donner à l'ensemble des masses les
formes les plus propres à les exprimer comme il
convient, ayant égard aux parties éclairées et
obscures, comme nous l'avons dit dans notre
préliminaire.

Cette première opération doit annoncer l'effet
de l'ensemble général, qui consiste dans la liaison
de toutes les parties du dessin; mais pour obtenir ce résultat, il faut avec l'art et l'intelligence
joindre l'expérience, qui ne s'acquiert que par
l'usage, le jugement et le goût.

On peut arrêter le trait au crayon, au tire-
ligne, à la plume, et au pinceau. On se sert ordinairement du tire-ligne pour tracer les lignes du
plan; mais la plume et le pinceau sont employés
dans tous les genres de dessin. Chaque dessina-
teur ayant des moyens qui lui sont plus fami-
liers, nous ne prononcerons pas sur le choix de
ces deux derniers procédés. Cependant, comme
dans les cartes et les plans il y a plusieurs parties qui semblent nécessiter plutôt l'emploi de
la plume que celui du pinceau, nous ferons
usage des deux procédés, et nous les appliquerons
aux parties auxquelles ils conviendront le mieux.

En général, toutes les figures qui présentent
des courbes, telles que les îles, les étangs, les
bois et les marais, les sinuosités des rivières, des

---

y affecte un numéro ou bulletin qu'on rapporte dans un état général
des propriétés de la commune, avec l'indication des contenances,
etc. : c'est un terrier, ou la matrice des rôles d'une commune; tel
est l'objet que se propose le cadastre.

ruisseaux, des ravins, des chemins, canaux·, etc. , seront tracées plus sûrement et plus nettement à la plume qu'au pinceau.

Le plan de la commune étant dessiné au crayon, comme nous l'avons d'abord supposé, on y indiquera la place ou le contour des montagnes ou des vallons, par un trait léger au crayon, qu'on arrêtera avec un pinceau chargé d'un peu d'encre de Chine et de carmin. Les parties élevées du plan, étant ainsi préparées, seront mieux disposées à recevoir les teintes du lavis.

Les arbres, les haies, et les buissons, seront arrêtés légèrement à la plume.

Dans les parties boisées des cartes et des plans on dispose ordinairement les arbres par groupes jetés avec goût, et l'on dessine quelques buissons pour faire remplissage et liaison.

Les jardins, parcs, parterres, etc., seront arrêtés au pinceau pour ce qui concerne leurs distributions et compartimens; et les arbres, les bosquets, les charmilles, les vergers, etc. , seront arrêtés légèrement à la plume.

Les échalas des vignes se font à la plume, très-petits, droits, ou perpendiculaires à la base du plan, et l'on dessine autour une espèce de serpentin. On les dispose arbitrairement par pièces un peu espacées, et l'on dessine entre leur espace des arbres qui peuvent représenter des pêchers, cerisiers, pommiers, poiriers, etc.

Les échalas des houblons se font comme ceux des vignes, mais beaucoup plus grands.

Les plans des bâtimens en général seront tracés à la règle et au tire-ligne, et toujours noirs.
« On distingue ensuite par le lavis chaque na-
» ture d'ouvrage. Tout ce qui est en maçonnerie,
» est lavé en rouge, et les autres objets de la
» couleur qui leur convient. S'ils ne sont qu'un
» projet, on les lave en jaune, de quelque na-
» ture qu'ils soient; et si le projet est irrésolu,
» les lignes seront ponctuées.

» Les ouvrages de maçonnerie qui ont été dé-
» truits, seront ponctués en rouge; ceux de
» terre également détruits, le seront en noir.

» On exprime aussi par des lignes ponctuées
» les ouvrages souterrains, les canaux, les tuyaux
» de conduite des eaux.

» En mettant au trait les plans des ouvrages
» que nous venons de désigner, on fera sentir
» le côté éclairé et le côté ombré. Pour cela, les
» lignes du côté qui reçoit la lumière seront
» déliées; celles du côté qui en sera privé, se-
» ront plus grosses. Cette grosseur sera plus ou
» moins forte, à raison du plus ou moins de re-
» lief qu'on voudra donner au plan, lequel est
» toujours supposé coupé horizontalement, à
» quelques mètres ou pieds au-dessus du niveau
» du terrain.

» On est convenu généralement que le jour
» serait supposé venir de gauche à droite, à 45
» degrés de déclinaison, ou à 45 degrés d'incli-
» naison. La première partie de cette supposi-
» tion porte les ombres vers la base du plan, et
» la seconde les rend égales à la hauteur des

» corps qui les produisent. » (*Traité du lavis des Plans, Par* M. L.-N. LESPINASSE, 1818.)

ARTICLE DEUXIÈME.

DU LAVIS.

On est convenu de distinguer neuf sortes de couleurs, qu'on a rangées en cet ordre:

1. Blanc, 2. rouge, 3. orangé, 4. jaune, 5. vert, 6. bleu, 7. indigo, 8. violet, 9. noir. Les sept couleurs intermédiaires sont nommées primitives, comme pouvant être produites par la réfraction d'un rayon du soleil. Lorsqu'un rayon du soleil n'est pas réfracté, il ne produit aucune des sept couleurs primitives, mais seulement le blanc; le noir n'est que l'absence de la lumière.

Les couleurs propres à toute espèce de lavis, d'après l'auteur du traité cité, consistent dans *l'encre de Chine, le carmin, la gomme gutte, l'indigo,* et *le bistre.*

MÉLANGES DES COULEURS.

Cet article, étant traité *à fond,* nous conduirait au-delà des bornes que nous nous sommes prescrites dans cet abrégé: c'est pourquoi nous ne ferons qu'indiquer les principaux mélanges des couleurs.

Le vert s'obtient en mêlant du jaune avec du bleu; le vert d'eau, le bleu de Prusse et la gomme gutte, mêlés au degré convenable, donnent un très-beau vert pour les bois, les bosquets, les charmilles, les haies, etc.

L'indigo et le carmin donnent un assez beau violet; l'orangé se fait en mêlant de la gomme gutte et du carmin; la terre d'ombre se compose avec du bistre, du carmin, de la gomme gutte, et, si l'on veut, avec un peu d'encre de Chine.

Lorsque le plan sera tracé sur une feuille de papier comme on l'a expliqué, on lavera légèrement le revers du papier avec une éponge imprégnée d'un peu d'eau, puis on le collera (avec de la colle à bouche) sur une planche très-unie; ensuite on procèdera au lavis.

L'effet du lavis, pour être harmonieux, ne s'obtient que par une marche progressive et mesurée.

Pour laver un plan suivant l'art, il faut, en résumé, 1.º faire une ébauche qui doit annoncer toutes les parties qui concourent à l'effet général; 2.º donner des teintes au degré convenable, et toujours en conservant le ton local; 3.º distribuer les ombres d'après les principes qu'on a fait connaître; 4.º faire ressortir les détails par des touches et par des teintes plus ou moins fortes. Le degré de force de ces teintes doit être en raison de l'éloignement des objets de la base du plan. Il faut aussi détailler les masses d'ombres par de secondes teintes, en ménageant les parties reflétées de ces masses : cette observation est particulièrement relative aux montagnes; 5.º donner les coups de force pour rendre certains détails plus sensibles et plus décidés, en les faisant paraître sous le jour qui leur convient, et toujours en raison des effets du clair-obscur; 6.º distribuer les teintes coloriées sur toutes les parties du plan, en conservant le ton et la couleur locale relatifs à chaque objet; 7.º enfin, imiter la nature, qui doit servir de modèle à tous les artistes.

Il est certain que chacun de ces articles exigerait des explications particulières et des détails dans lesquels nous ne pouvons pas entrer, par les raisons que nous avons exposées, et aussi parce que notre but n'a été principalement que d'enseigner dans cet ouvrage la pratique de l'arpentage, du nivellement, et du toisé; d'ailleurs, comme plusieurs de ces articles ne peuvent être basés sur des règles bien précises, ils doivent être réservés au jugement et à l'expérience de l'artiste.

Nous avons dû faire connaître la théorie de l'art du lavis des plans, parce qu'un livre doit être écrit d'après les principes; mais un instituteur, un fermier, un propriétaire quelconque, se trouveront rarement dans le cas de laver le plan d'une commune, mais seulement celui d'une propriété particulière, tel que les plans *d'un bois, d'une vigne, d'un marais ou étang, d'un pré, d'une terre labourée, etc.*

Voici un procédé facile, qui exige peu de travail, et qui est presque toujours suffisant : après avoir préparé le papier comme nous l'avons indiqué (page 342), ainsi que les couleurs qui conviennent à chaque nature de terrain, on se servira de deux pinceaux, dont l'un sera empreint de couleur, et l'autre d'eau ; on étendra la couleur sur les bords intérieurs du plan et sans les dépasser, et toujours en ayant égard aux parties éclairées et obscures, ainsi que nous l'avons dit (page 341); ensuite, avec l'autre pinceau, on affaiblira la teinte en mourant, jusque sur la base opposée, et qui indique la partie éclairée du plan.

Nous ferons seulement observer que, pour obtenir un effet satisfaisant, il ne faut pas laisser sécher la première distribution de couleur avant de l'étendre : car sans cette attention l'on ne pourrait atteindre le but qu'on se propose. Nous avons rédigé cet article pour l'agrément des personnes qui, ne pouvant consacrer beaucoup de temps à l'étude de la matière qui nous occupe (et c'est le plus grand nombre), se contenteraient d'une méthode qui, exigeant peu de préparation, sera par conséquent plus facile dans son exécution.

Nous allons actuellement donner l'explication de la planche lavée.

EXPLICATION DE LA PLANCHE LAVÉE.

N.º 1.er *Pièce de terre* lavée d'après le procédé indiqué page 340.

N.º 2. *Plusieurs pièces de terre nuancées de diverses couleurs locales.* On fera toujours un fond comme au n.º 1.er

N.º 3. *Pièce de terre avec allées d'arbres, et séparée par une haie vive.*

N.º 4. *Vigne.* Le plan préparé comme on l'indique à *l'article* 1.er; un peu de vert sur les serpentins.

N.º 5. *Charmille.*

N.º 6. *Pièce d'eau.*

N.º 7. *Gazon.* Teinte verte légère.

N.º 8. *Allée de jardin.*

N.º 9. *Jardin anglais.*

N.º 10. *Ronds de verdure, et jardins nuan-cés de diverses couleurs.*

·N.º 11. *Pré coupé par des allées emplantées d'arbres.*

N.º 12. *Verger.* Teinte légère de vert pour faire ressortir les arbres.

N.º 13. *Quai.* Nuance légère de bistre ou de couleur de terre, mêlée avec un peu de carmin et d'encre de Chine.

N.º 14. *Pré* lavé d'après le procédé indiqué à la page 340.

N.º 15. *Pré.* -

N.º 16. *Bois.* On étend sur le plan une légère teinte de vert, de carmin et de jaune (le vert dominant) avant d'y figurer les arbres, qu'on dessinera en masse et irrégulièrement. On fera les ombres avec un peu d'encre de Chine, et l'on mettra une couche de vert par-dessus, plus forte que le fond. Il faudra laisser sécher chaque couche, pour éviter la confusion, en observant que les couleurs ne soient point trop chargées. Afin de rendre le coup d'œil plus agréable, on nuance quelquefois le fond du bois, et même les arbres, d'un peu de jaune (gomme gutte). Au reste, toutes ces différentes nuances sont réservées au goût de l'artiste, qui doit juger de l'effet de l'ensemble et des détails de la carte ou du plan qu'il a à laver.   15 *

N.º 17. *Chemin avec levée.* Le chemin de même couleur que le quai, ainsi que les allées des jardins (dans les plans rédigés sur de grandes échelles on représente les allées sablées). On donne une teinte d'encre de Chine pour indiquer l'élévation des terres de chaque côté de la *levée,* ensuite une légère couleur de terre.

N.º 18. *Marécages.* Un peu de bleu sur les bords; par-dessus, une teinte légère de couleur de terre. Dessiner à la plume quelques herbages ou joncs, sur lesquels on mettra un peu de vert.

N.º 19. *Rochers sur le bord de l'eau.* On fera ressortir les ombres par des teintes d'encre de Chine, on étendra une couleur de bistre, et l'on nuancera le dessin de jaune, de rouge, etc., toujours en imitant la nature.

N.º 20. *Rocher à fleur d'eau.*

N.º 21. *Marais.* Comme le n.º 18; seulement on fera de petits traits horizontaux sur l'eau, pour indiquer qu'elle est stagnante.

N.º 22. *Banc de sable découvert.*

N.º 23. *Sable.* Le fond couleur orangée faible; par-dessus, un petit pointillé à la plume avec la même couleur mêlée à un peu d'encre de Chine.

N.º 24. *Rivière* lavée d'après le procédé indiqué à la page 341.

N.º 25. *Étang, mare d'eau, etc.*

N.º 26. *Banc de sable recouvert par les eaux.*

N.º 27. *Glacis.* La flèche indique la direction du cours de l'eau.

N.º 28. *Pont.*

FIN.

TABLE DES MATIÈRES.

Article II.

PROBLÈME XVII.

PROBLÈME XVIII.

Article III.

Troisième Partie.

Quatrième Partie.

Cinquième Partie.

Trouver de combien un point du niveau

Sixième Partie.

Septième Partie.

Article I.er

Article II.

GUIDE GÉNÉRAL EN AFFAIRES, ou *Recueil le plus complet* DES MODÈLES *de tous les Actes que l'on peut passer sous seing privé, mis en concordance avec la Législation actuelle ;* PAR UNE SOCIÉTÉ DE GENS DE LOI. Ouvrage utile à toutes les classes de la société, et à l'aide duquel chacun peut soi-même gérer ses affaires, tant à la ville qu'à la campagne ; 1834 , *QUA-TRIÈME ÉDITION,* revue, corrigée, et augmentée du TARIF ou PRIX des divers ouvrages et matériaux employés dans la construction des bâtimens, et des défauts signalés dans leurs matières ou constructions, provenant soit de l'épargne des entrepreneurs, soit de l'ignorance ou de la négligence des ouvriers :

Un fort volume in-12, imprimé sur beau papier, avec couverture imprimée : broché, 4 francs; cartonné à la Bradel, 4 fr. 75 cent.; rel. pleine, 5 fr.

Cet ouvrage est divisé en trois parties :

LA PREMIÈRE CONTENANT LES MODÈLES D'ACTES CIVILS, tels que : Obligations, Cautions, Solidarités, Conventions, Engagemens, Expertises, Arbitrages, Transactions, Nantissemens, Gages, Antichrèses, Prêts, Dépôts et Séquestres, Reconnaissances, Contrats de rente à prix d'argent et viagère, Procurations, Ventes, Transports ou Cessions, Échanges, Baux, Devis et Marchés, Contrats de société, Comptes de tutèle, de communauté, Lots et Partages, Testamens olographes, Liquidations, Quittances, Reçus, Récépissés, Décharges, Procès-Verbaux de bornage, Délits ruraux et forestiers, Procès-Verbaux de Gardes-

Forestiers, de Gardes-Champêtres, de Gardes-Chasse, de Gardes-Pêche, etc., etc.

LA SECONDE CONTENANT LES MODÈLES D'ACTES DE COMMERCE, tels que : Procurations, Livres de commerce, Livre-journal, Billets simples, Billets à ordre, Lettres de change, Mandats, Modèles de vente de marchandises, de fonds de commerce, d'accusé de réception, d'arrêté de compte, Actes de société, Arbitrages, Compromis, Jugemens rendus par les arbitres, Requêtes, Commissions, Lettres de voiture, Bilan, Accords, Atermoiement, Cession de biens, etc., etc.

LA TROISIÈME CONTENANT LES FORMULES DE PLACETS ET PÉTITIONS au Roi, à la Reine, au Dauphin, à la Dauphine, à Monsieur, à Madame, aux Princes et Princesses de la Famille royale, au Chancelier de France, au Chancelier de la Légion d'Honneur, au Grand-Maître de France et Grand-Officier de la couronne, à un Maréchal de France, à un Pair de France, à la Chambre des Députés, au Conseil d'Etat, aux Ministres, au Garde des Sceaux, aux Ambassadeurs, à un Gouverneur, à un Général, à un Colonel, au Pape, à un Cardinal, au Nonce du Pape, à un Archevêque, à un Evêque, à une personne élevée en dignité, aux Directeurs des diverses Administrations, à un Premier Président, à un Procureur-Général, à un Procureur du Roi, à un Juge de Paix, à un Préfet, à un Sous-Préfet, à un Maire, aux Administrateurs des Hospices ou des Monts-de-Piété, etc., etc., etc.

Les *trois premières éditions* de cet utile ouvrage, quoique tirées à bon nombre, ont été épuisées en moins de quelques mois; et, comme on n'a cessé de toutes parts de nous adresser de nouvelles demandes, c'est pour répondre à l'empressement du Public, que nous avons mis en vente la QUATRIÈME ÉDITION que nous annonçons ici, avec toutes les corrections et les améliorations dont elle nous a paru susceptible. Nous osons donc espérer, d'après tous les soins que nous y avons apportés, que cette *quatrième édition* sera également accueillie du Public, et qu'elle n'aura pas un débit moins rapide que les premières.

NOELLAT,
Propriétaire-Éditeur.

CARTES GÉOGRAPHIQUES.

Remise extraordinaire de 50 *pour cent.*

L'auteur, par le prompt débit de ses *Cartes départementales*, étant rentré dans une partie de ses déboursés, est dans l'intention aujourd'hui de les répandre jusque dans les plus petites communes, où chaque Maire journellement peut avoir besoin de les consulter; désirant aussi en faire jouir toutes les classes de la société, qui, à cause du haut prix de ses cartes (relativement aux moyennes fortunes), n'avaient pu encore s'en procurer, il les vend, à partir de ce jour, avec une diminution de prix de moitié. Voici la description de ces cartes:

NOUVELLES CARTES TOPOGRAPHIQUES ET STATISTIQUES des départemens de la *Côte-d'Or*, de *Saône-et-Loire*, et du *Rhône*, réduites de la grande Carte de Cassini, *et dressées sur une très-grande échelle*, par J.-B. NOELLAT; *revues et corrigées sur les lieux par MM. les principaux Ingénieurs-Géographes et Géomètres du Cadastre.*

On a réuni sur ces trois CARTES, dans leurs positions respectives, non-seulement toutes les Villes, Bourgs, Villages, Hameaux, Fermes, Usines, Tuileries, Bois, Vignes, Marais, Etangs, qui composent la *grande Carte de Cassini*; mais, d'après les *renseignemens officiels* puisés aux chefs-lieux de préfecture, de sous-préfecture, et auprès des plus notables propriétaires de chaque Canton, ainsi qu'auprès de MM. les principaux Arpenteurs-Géomètres et Ingénieurs-Géographes de ces départemens, on y a encore ajouté les principaux Edifices, les Hameaux, les Fermes, les Usines, les Routes départementales et les Chemins vicinaux qui ont été construits depuis les dernières impressions des Cartes de *Cassini*, *Seguin* et *Monnier*.

NOUVELLE CARTE STATISTIQUE ET ROUTIÈRE des trois départemens de la *Côte-d'Or*, de *Saône-et-Loire*, et de la *Haute-Marne*, sur une seule feuille grand-aigle, formant le *ressort de la Cour royale de Dijon et celui de l'Académie royale universitaire de la même ville*, dressée sur les lieux par J.-B. NOELLAT, et gravée à Paris par M. Blondeau, graveur du Roi, professeur et premier graveur au Dépôt de la guerre.

Cette CARTE, sur laquelle on a réuni l'immensité de détails que comporterait une plus grande échelle, contient la circonscription exacte des *trois Départemens* qui la composent, et celle de leurs

Arrondissemens et de leurs *Cantons*. Elle offre en outre toutes les Villes, Bourgs et communes des trois Départemens, chacun dan leur position topographique, toutes les Routes royales de première, seconde et troisième classes, toutes les Routes départementales, les principaux chemins vicinaux, et sur lesquels, pour la rendre routière, sont indiquées les lieues de poste par de petits traits qui coupent les Routes d'une lieue à l'autre.

Le prix net de *chacune de ces quatre Cartes*, imprimées sur une feuille grand-aigle et sur une grande échelle, est ainsi fixé aujourd'hui : celles en noir, au lieu de 5 fr., 2 fr. 50 c.; celles coloriées, au lieu de 6 fr., 5 fr.; celles lavées et coloriées, au lieu de 7 fr., 3 fr. 50 c.; et celles sur pap. vélin grand-aigle superfin collé, lavées et coloriées soigneusement, premières épreuves, au lieu de 10 fr., 5 fr. En se procurant la *nouvelle Carte statistique et routière*, qui renferme trois départemens, on voit que chacun de cés trois départemens ne reviendra pas à un franc en noir, et que, colorié, il ne passera pas un franc.

LIVRES CLASSIQUES ÉLÉMENTAIRES.

BIBLE DE L'ENFANCE, ou abrégé de l'Histoire de l'ancien et du nouveau Testament, en gros caractères, à l'usage des Ecoles primaires des deux sexes. 1834, 4.e édition, un vol. in-18, couverture imprimée, 50 cent.

GRAMMAIRE FRANÇAISE (Elémens de la), par Lhomond, nouvelle édition revue avec soin, corrigée et augmentée, etc.; 1 vol. in-12, cartonné, 50 cent.

TRAITÉ DES TRAITÉS DES PARTICIPES FRANÇAIS, suivi de remarques sur les sentimens de quelques célèbres grammairiens qui ont traité cette matière, etc., à l'usage des Maisons d'éducation des deux sexes. 1834, un vol. in-12, broché, 1 fr. 25 cent.

GÉOGRAPHIE UNIVERSELLE, ANCIENNE ET MODERNE (Nouveaux élémens de), contenant en abrégé la Géographie astronomique, historique, politique et physique des cinq parties du Monde; rédigés sur un plan plus convenable à l'époque actuelle, et d'après les Traités de toutes les Puissances, ornés de 12 cartes. 1834, 1 fort volume in-12, couverture imprimée, broché, 4 fr.

GÉOGRAPHIE UNIVERSELLE (Précis ou Abrégé de), à l'usage des Ecoles primaires et des autres Ecoles des deux sexes. 1836, 1 vol. in-18, orné de 6 cartes, couverture imprimée, broché, 1 fr. 50 cent.

GÉOGRAPHIE DE LA FRANCE (Petite), à l'usage des Ecoles primaires et des autres Ecoles des deux sexes. 1835, 1 vol. in-18, couverture imprimée, broché, 60 cent.

Nota. Ces trois Géographies sont déjà adoptées par un grand nombre de Maisons d'éducation des deux sexes, et spécialement par le Petit-Séminaire de Dijon.

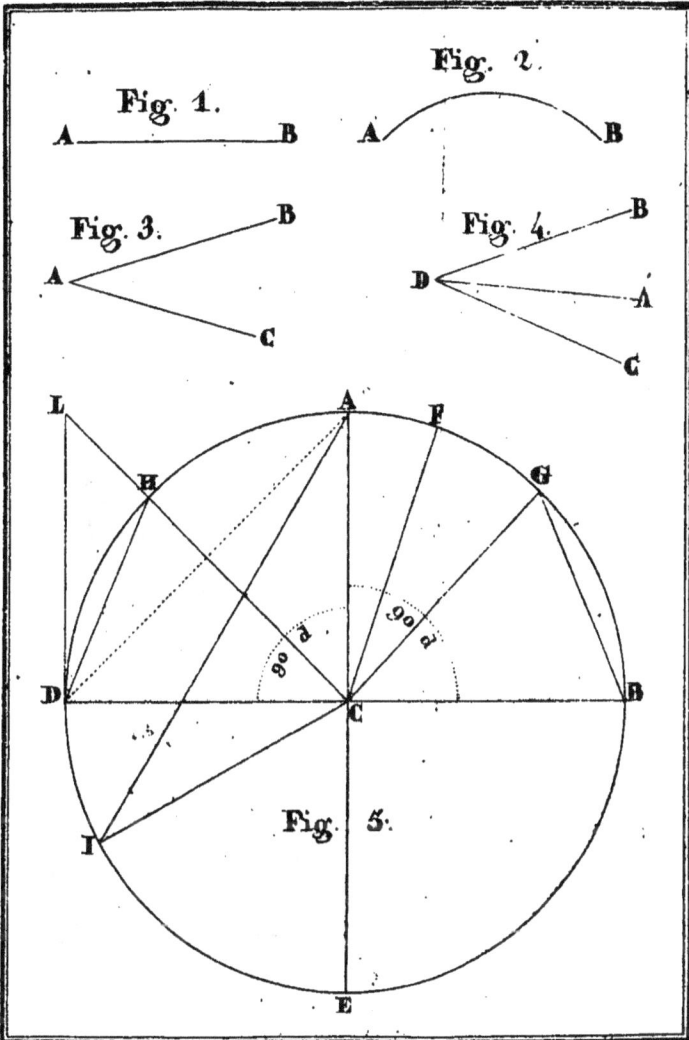

Fig. 1.

Fig. 2.

Fig. 3.

Fig. 4.

Fig. 5.

Dijon, Lithogr. de Douillers, 1825

Fig. 6.

A

B

Fig. 7.

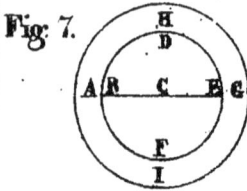

Fig. 8.

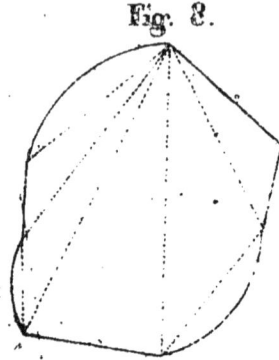

Fig. 9.

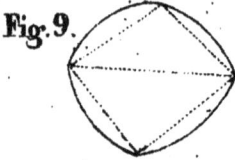

Fig. 10.

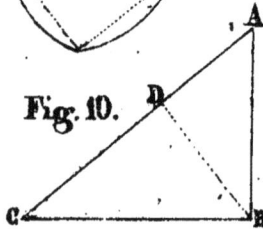

Fig. 11.

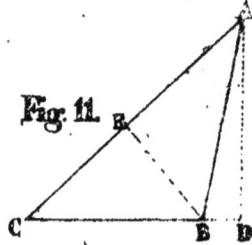

Fig. 12.

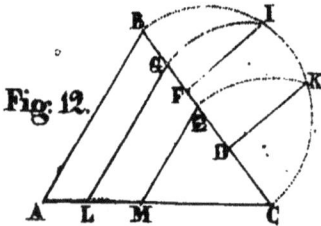

Fig. 13.

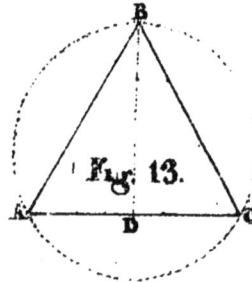

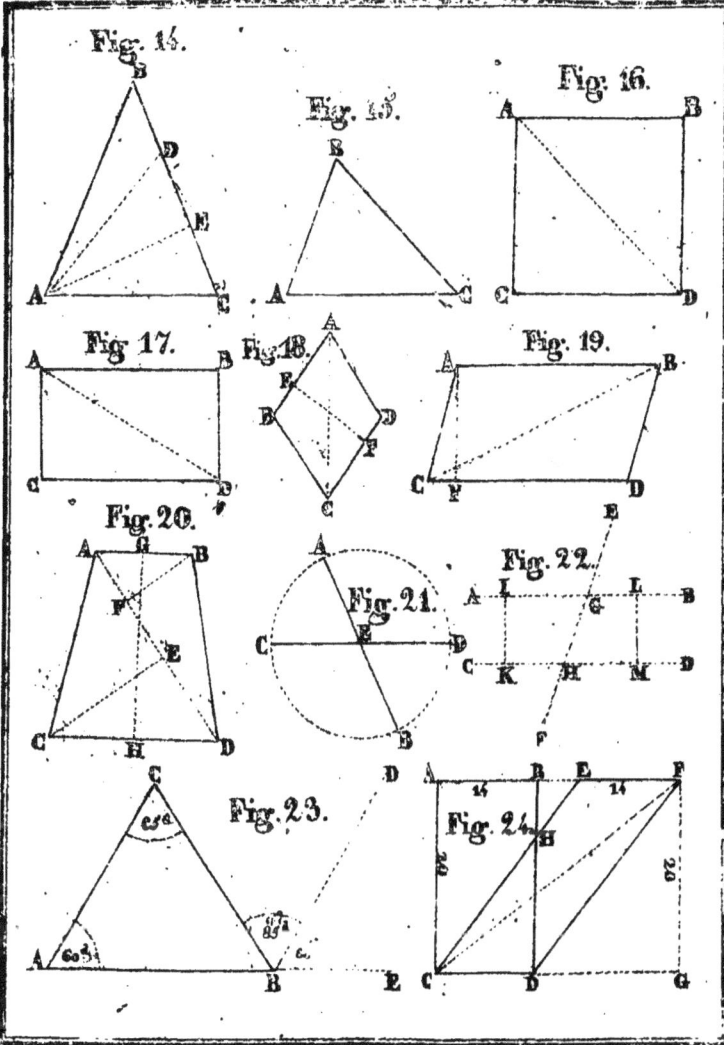

Fig. 14.

Fig. 15.

Fig. 16.

Fig. 17.

Fig. 18.

Fig. 19.

Fig. 20.

Fig. 21.

Fig. 22.

Fig. 23.

Fig. 24.

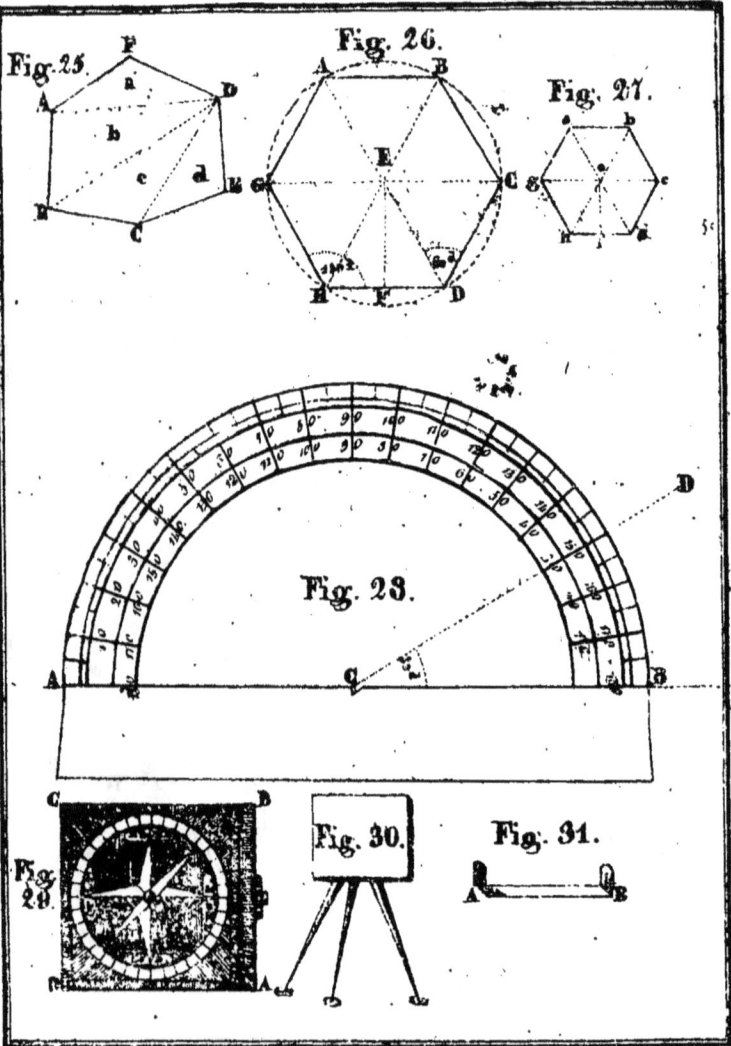

Planche IV.

Fig. 25. Fig. 26. Fig. 27.

Fig. 28.

Fig. 29. Fig. 30. Fig. 31.

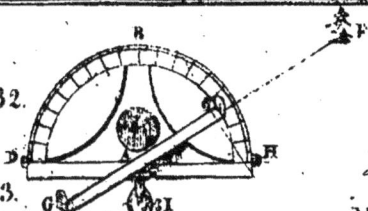

Fig. 32.

Fig. 33.

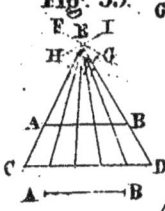

Fig. 34.

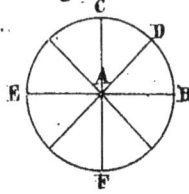

Fig. 35.

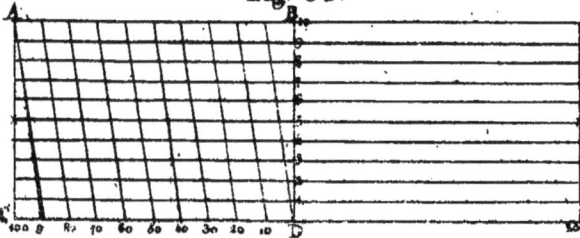

Fig. 36.

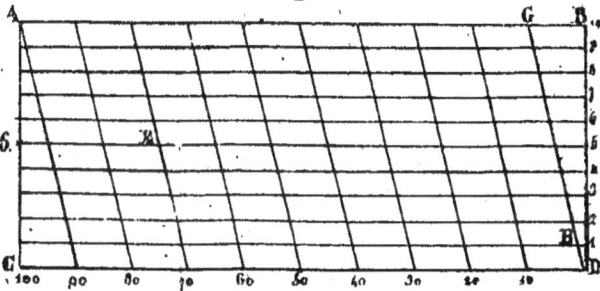

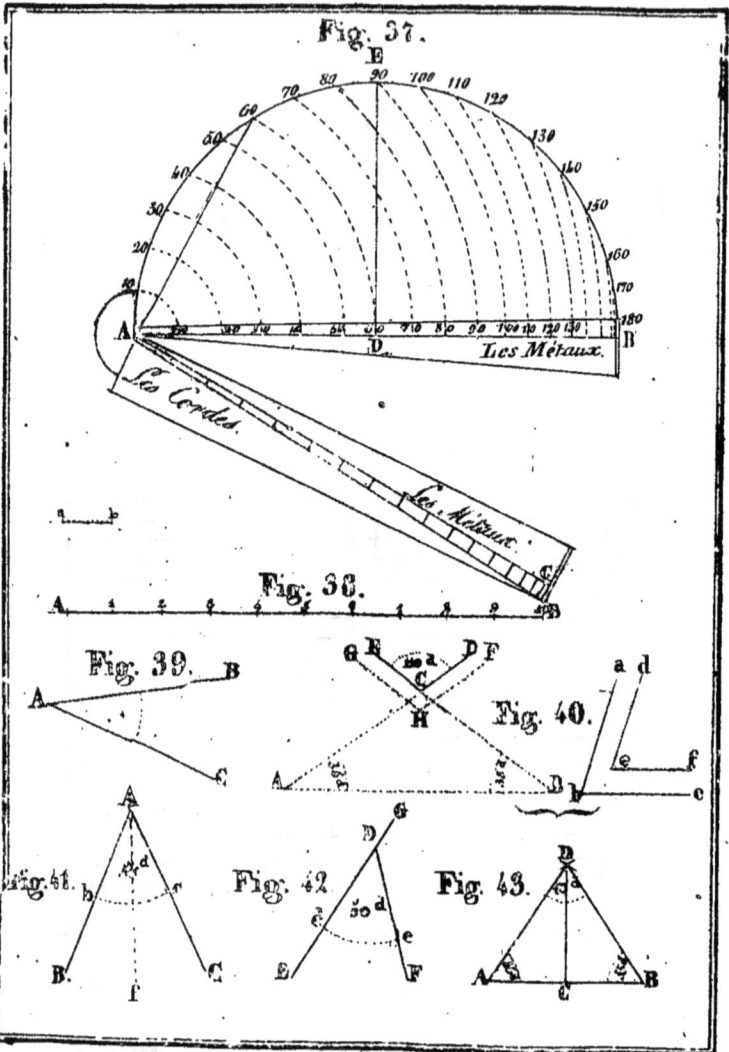

Fig. 37.

Fig. 38.

Fig. 39.

Fig. 40.

Fig. 41.

Fig. 42.

Fig. 43.

Fig. 44.

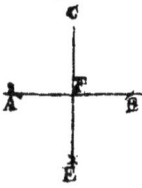

Fig. 44 bis

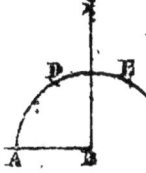

Fig. 45.

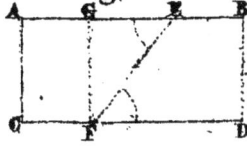

Fig. 46.

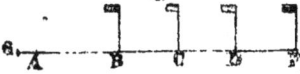

Fig. 47.

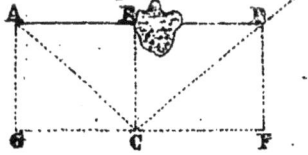

Fig. 48.

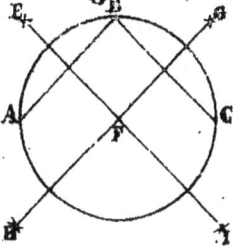

Fig. 49.

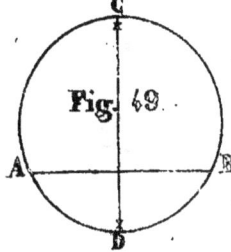

Fig. 50.

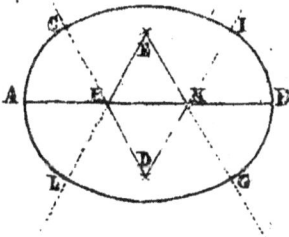

Fig. 51.

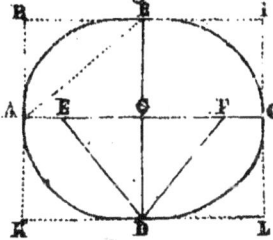

Fig. 52.

Fig. 53.

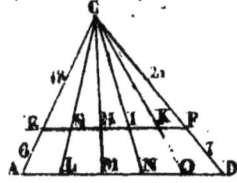

Fig. 54.

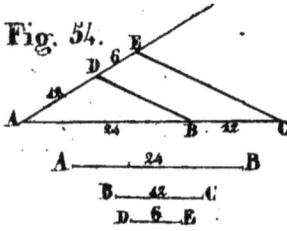

A———— 24 ————B

B— 12 —C
D 6 E

Fig. 55.

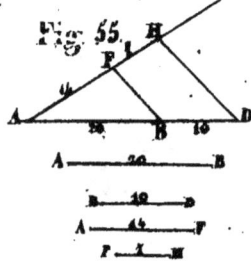

A———— 20 ————B

B— 10 —D
A——— 44 ——F
F— 1 —M

Fig. 56.

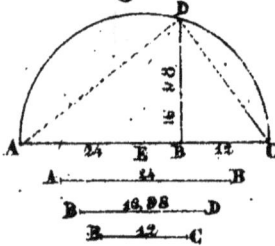

A———— 24 ————B

B— 16,98 —D
B— 12 —C

Fig. 57.

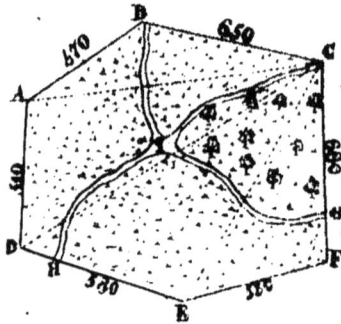

Fig. 58.

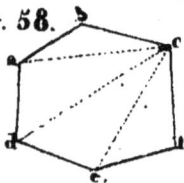

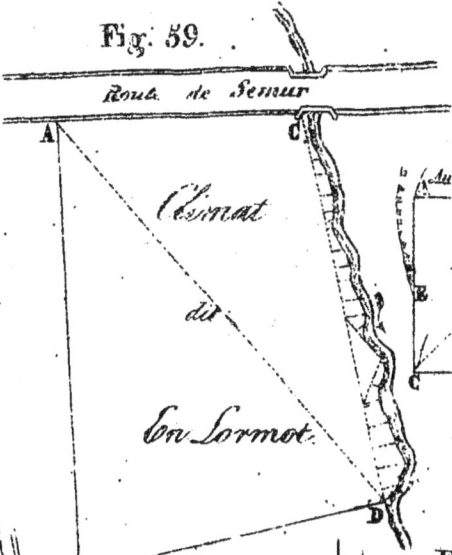

Fig. 59.

Route de Semur

Climat

dit

En Lormot

Au Champ au Chêne

Fig. 60.

N

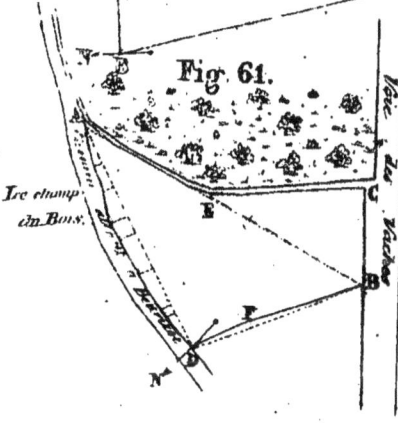

Fig. 61.

Voie des Vaches

Le champ
du Bois.

N

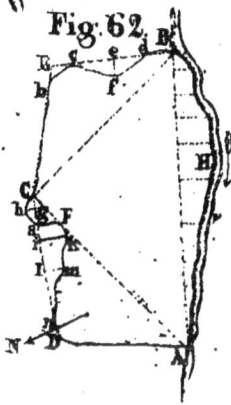

Fig. 62.

N

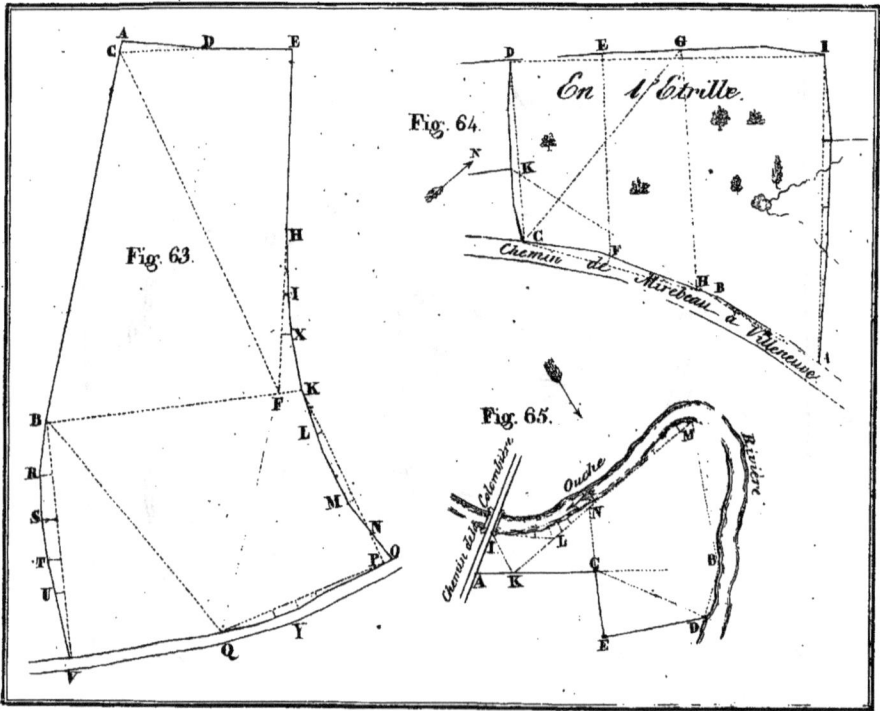

Fig. 63.

Fig. 64.

En l'Etrille.

Chemin de Mirebeau à Villeneuve.

Fig. 65.

Planche XI.

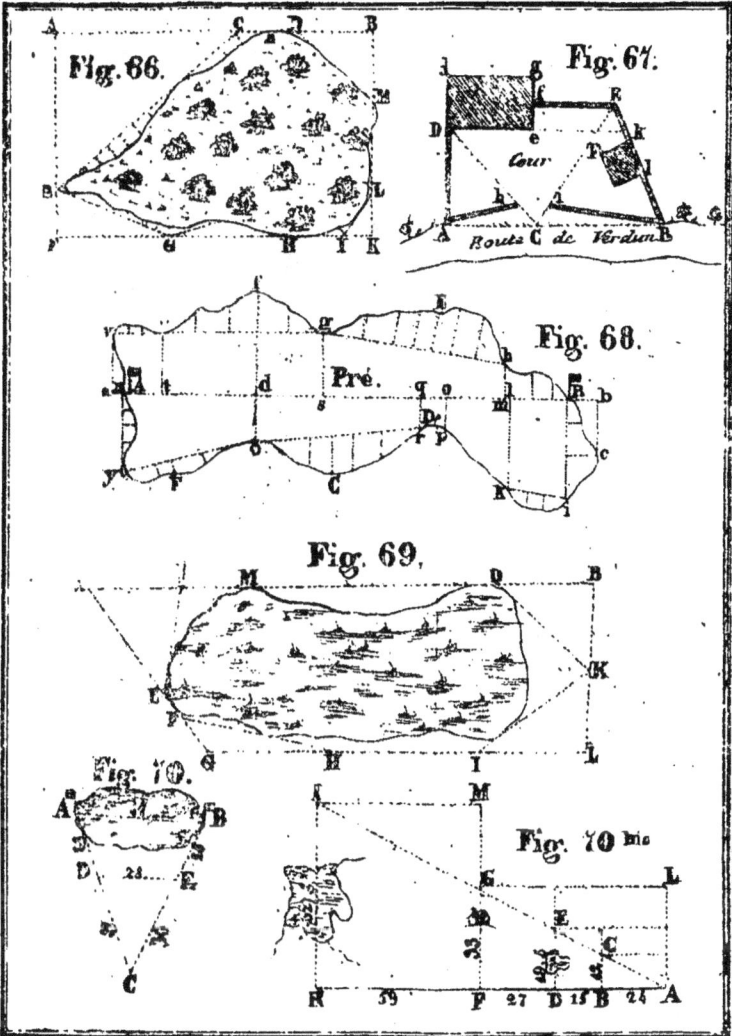

Fig. 66.

Fig. 67.

Cour

Route de Verdun

Fig. 68.

Pré.

Fig. 69.

Fig. 70.

Fig. 70 bis

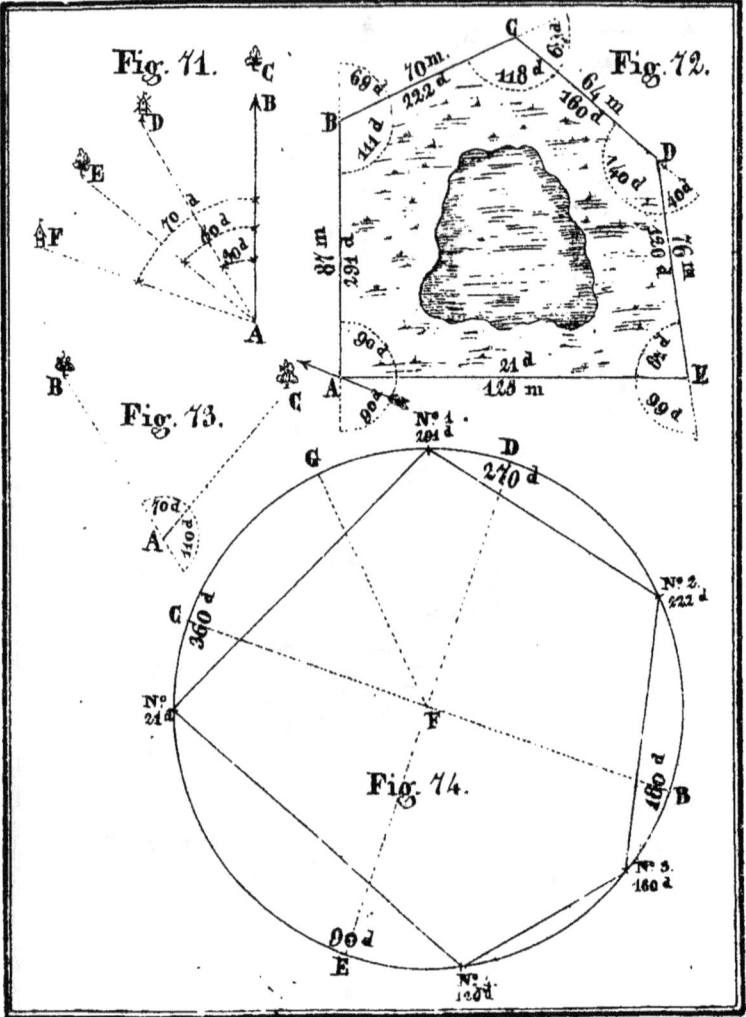

Fig. 71.

Fig. 72.

Fig. 73.

Fig. 74.

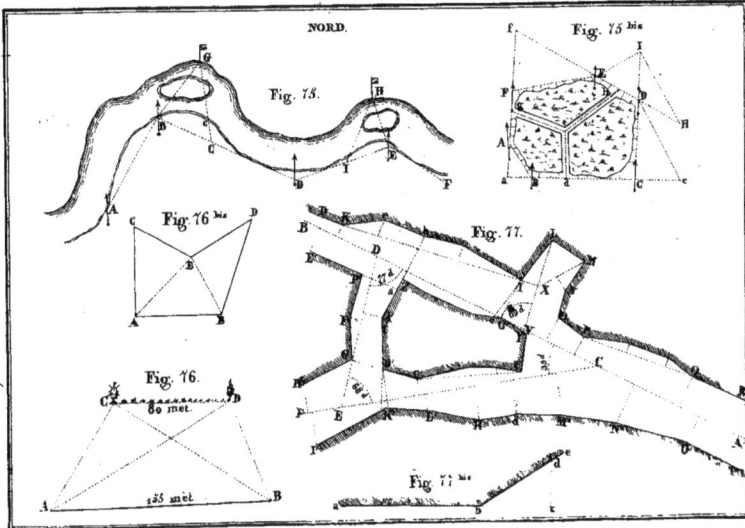

Planche XIII.

NORD.

Fig. 75.

Fig. 75 bis

Fig. 76 bis

Fig. 77.

Fig. 76.
80 met.

155 mét.

Fig. 77 bis

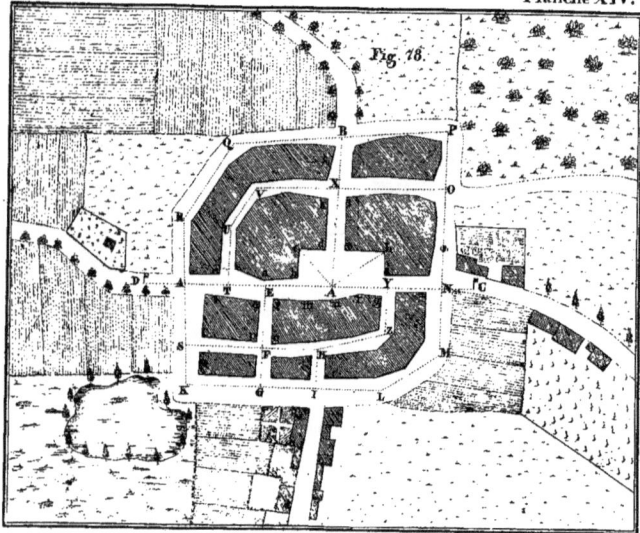

Fig. 78.

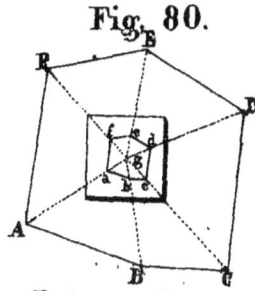

Fig. 80.

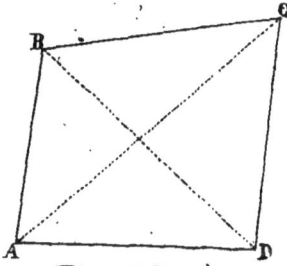

Fig. 79.

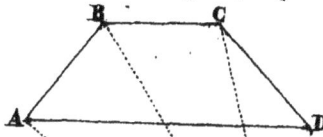

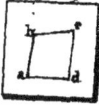

Fig. 81.

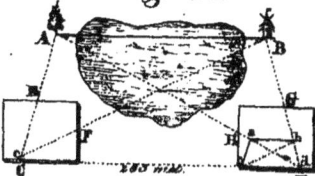

Fig. 82.

Fig. 83.

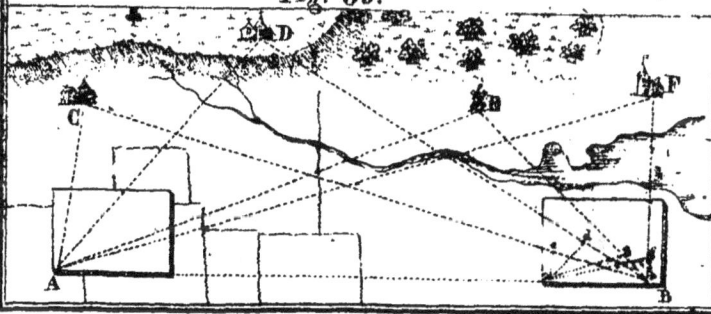

Fig. 84.

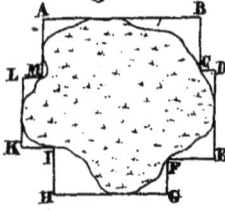

Fig. 85.

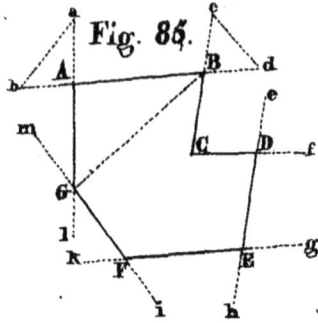

Fig. 86.

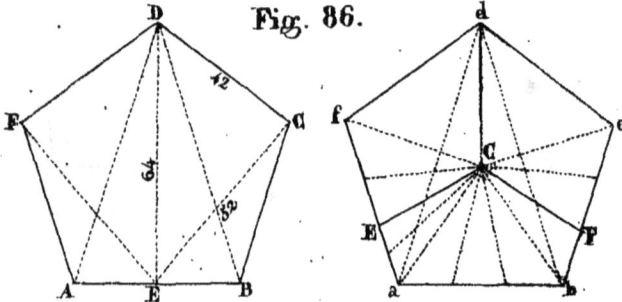

Fig. 87.

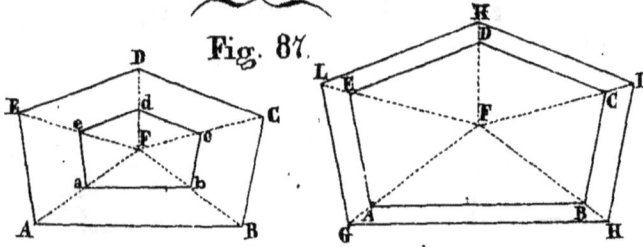

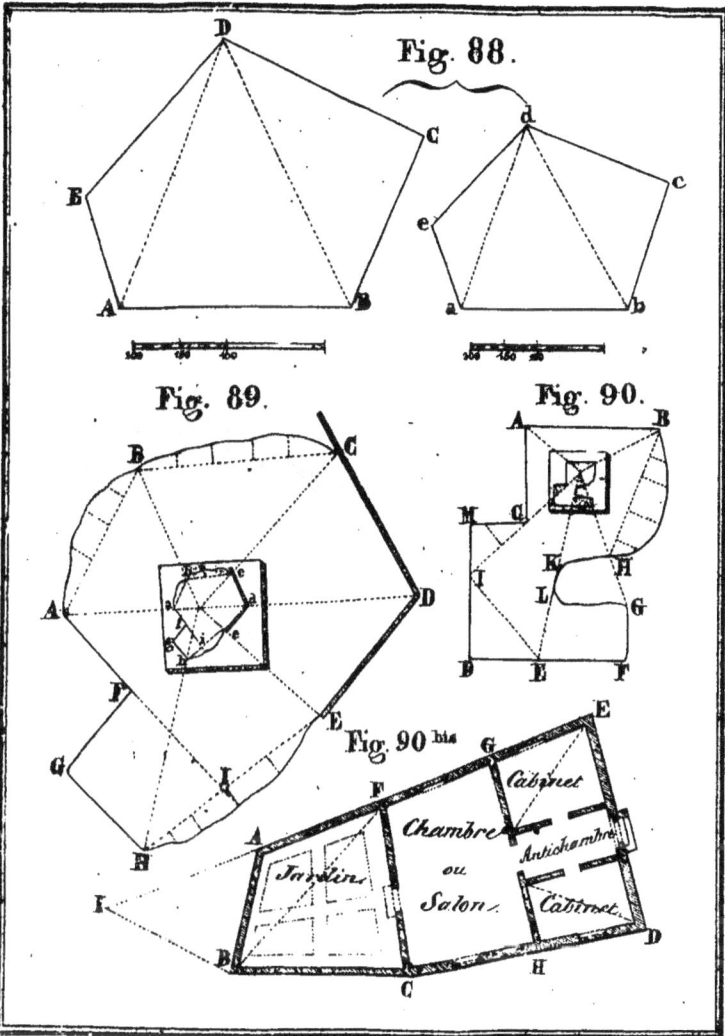

Planche XVII.

Fig. 88.

Fig. 89.

Fig. 90.

Fig. 90 bis

Jardin

Chambre ou Salon

Cabinet

Antichambre

Cabinet

N.º I. Fig. 91.

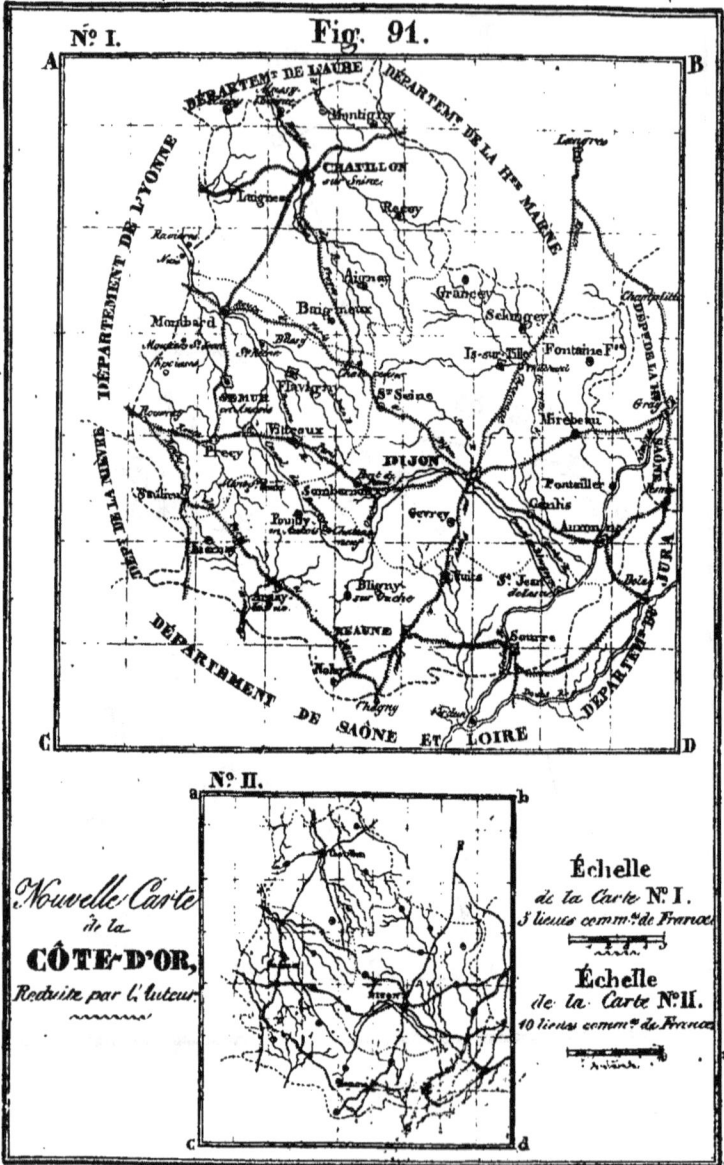

N.º II.

Nouvelle Carte
de la
CÔTE-D'OR,
Réduite par l'Auteur.

Échelle
de la Carte N.º I.
5 lieues comm.ᵉˢ de France

Échelle
de la Carte N.º II.
10 lieues comm.ᵉˢ de France

Fig. 92.

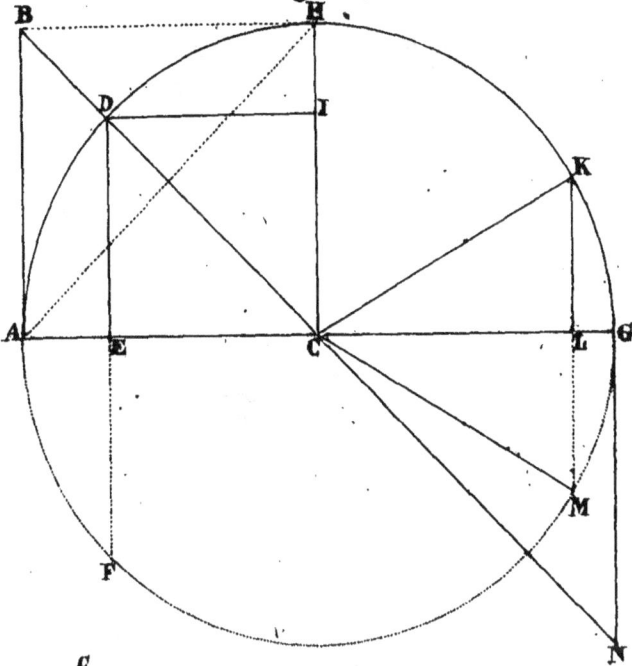

Fig. 93.

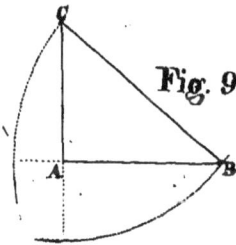

Fig. 94.

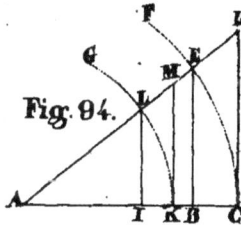

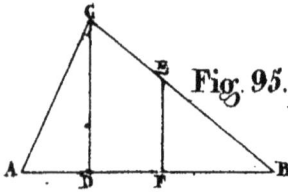

Fig. 95.

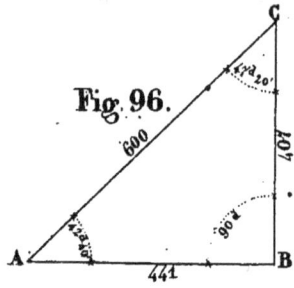

Fig. 96.

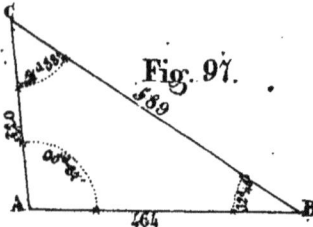

Fig. 97.

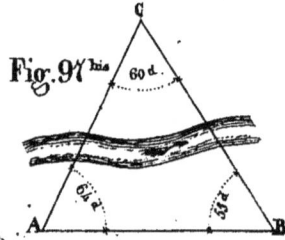

Fig. 97 bis.

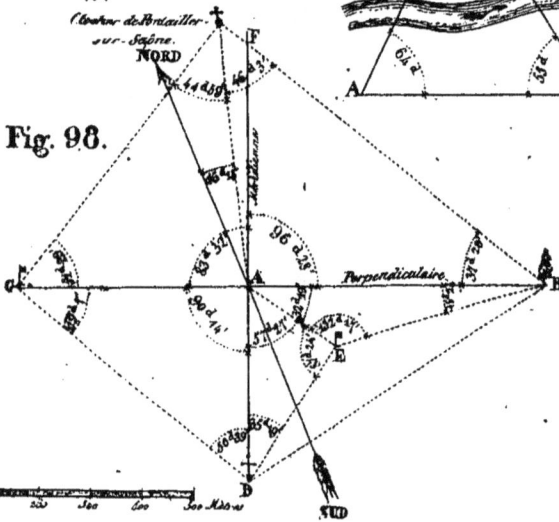

Fig. 98.

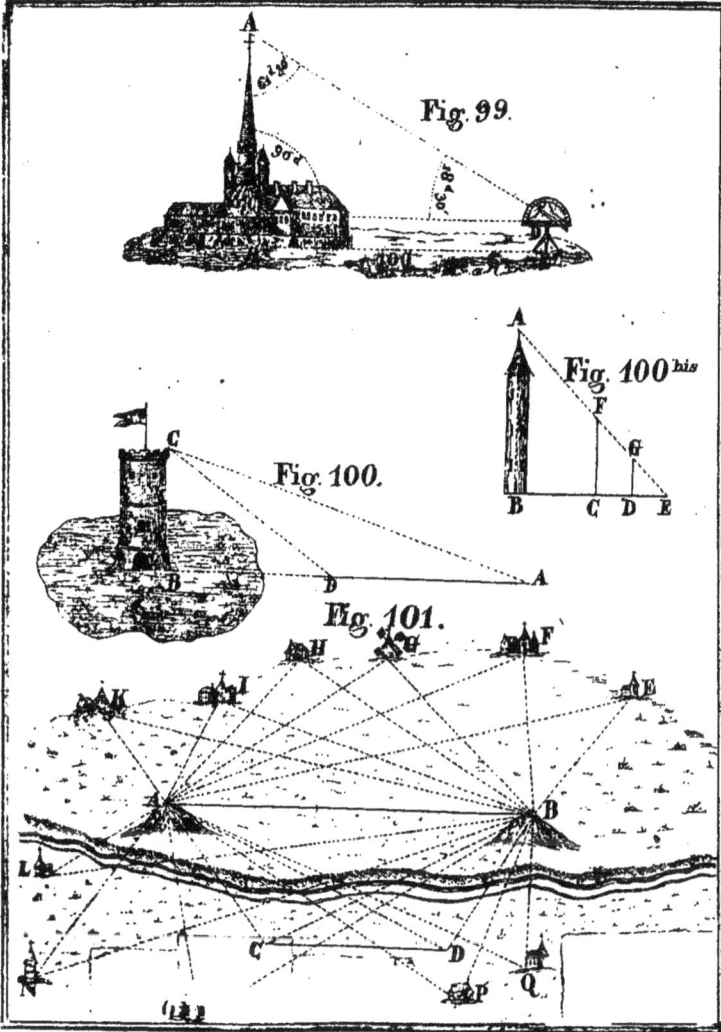

Fig. 99.

Fig. 100 his

Fig. 100.

Fig. 101.

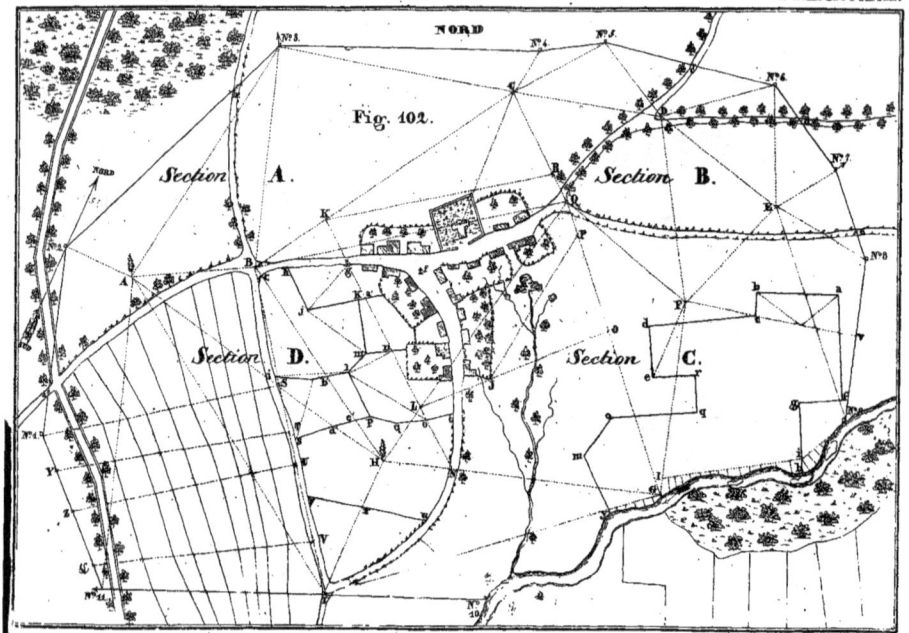

Planche XXII.

NORD

Fig. 102.

Section A.

Section B.

Section D.

Section C.

Fig. 103.

Fig. 104.

Fig. 105.

Fig. 106.

Fig. 107.

Fig. 108.

Fig. 109.

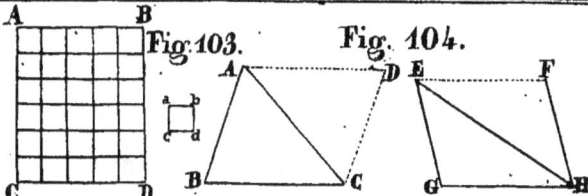

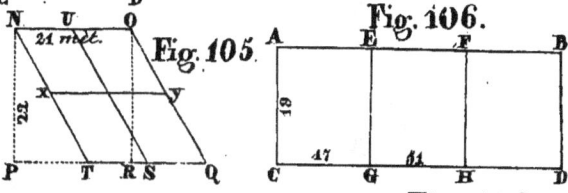

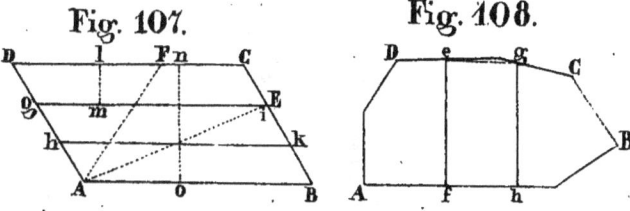

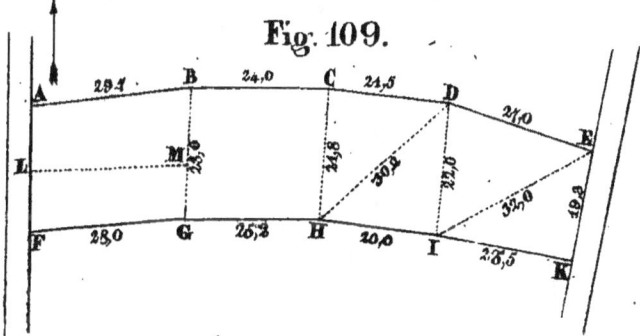

Échelle Fig. 36.

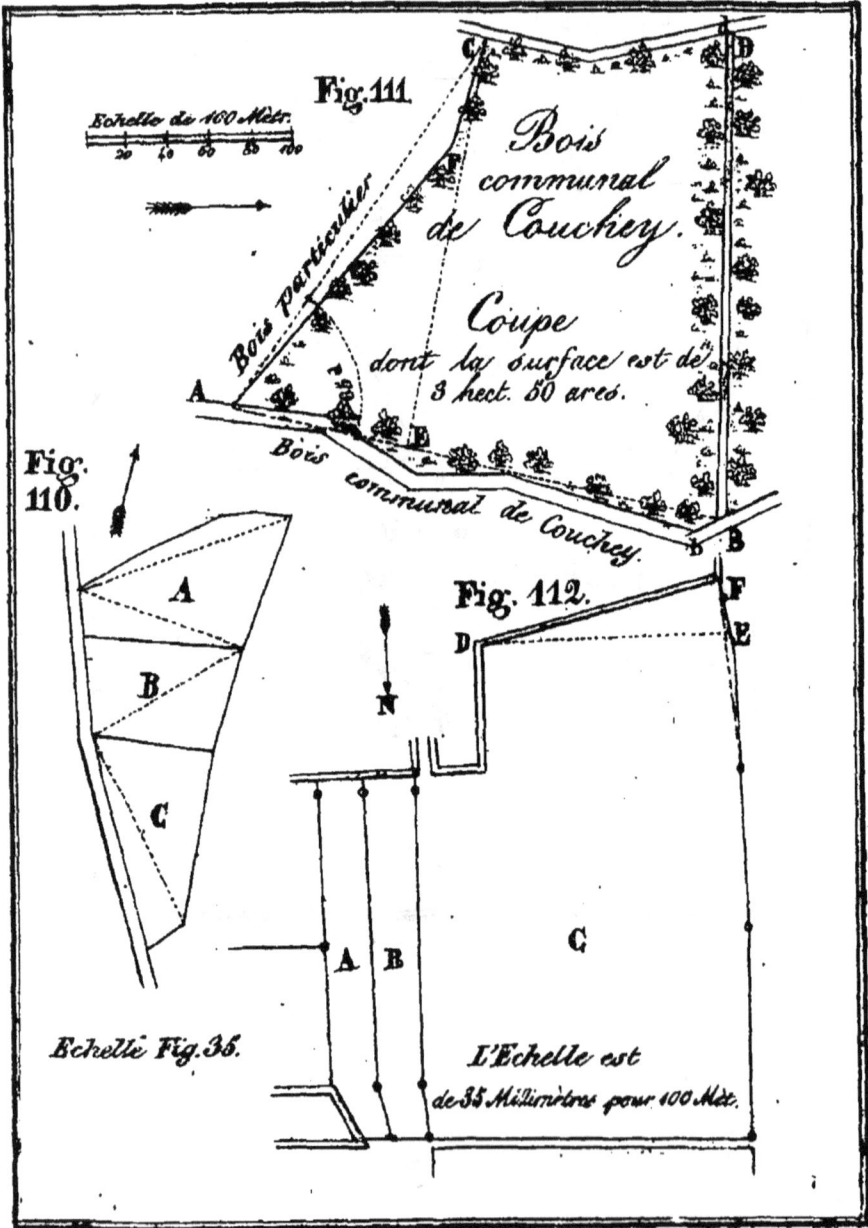

Planche XXIV.

Fig. 111.

Echelle de 100 Mèt.
20 40 60 80 100

Bois Particulier

Bois communal de Couchey.

Coupe dont la surface est de 3 hect. 50 ares.

Bois communal de Couchey.

Fig. 110.

A

B

C

Fig. 112.

N

D

F

E

C

A B

Echelle Fig. 35.

L'Echelle est de 35 Millimètres pour 100 Mèt.

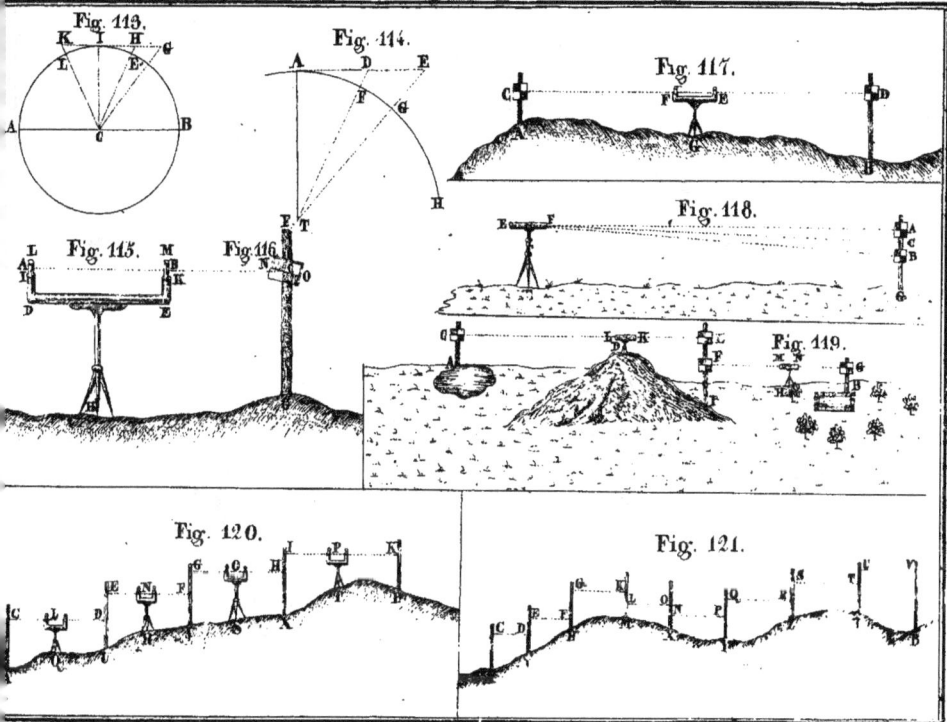

Fig. 113.

Fig. 114.

Fig. 117.

Fig. 115.

Fig. 116.

Fig. 118.

Fig. 119.

Fig. 120.

Fig. 121.

Plan d Profil de la Figure 120.

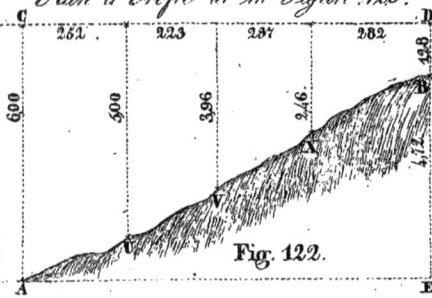

| 600 | 252 | 500 | 223 | 396 | 237 | 246 | 282 | 438 |

Fig. 122.

Plan et Profil de la Figure 121.

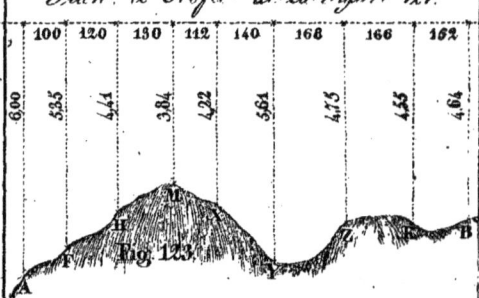

| 600 | 100 | 535 | 120 | 441 | 130 | 384 | 112 | 422 | 140 | 564 | 168 | 475 | 166 | 455 | 152 | 464 |

Fig. 123.

Profil d'une Montagne.

Fig. 124.

La Figure 124 bis
représente un nivellement dans la direction de l'axe d'une route et des profils faits en travers.

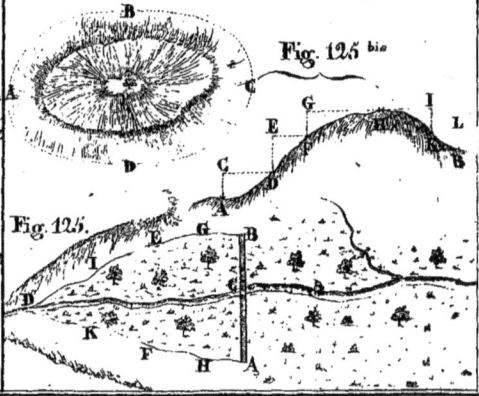

Fig. 125 bis

Fig. 125.

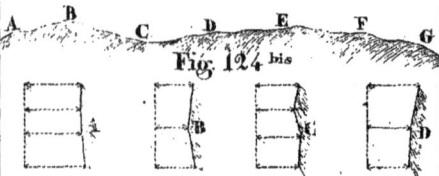

Fig. 124 bis

Planche XXVII.

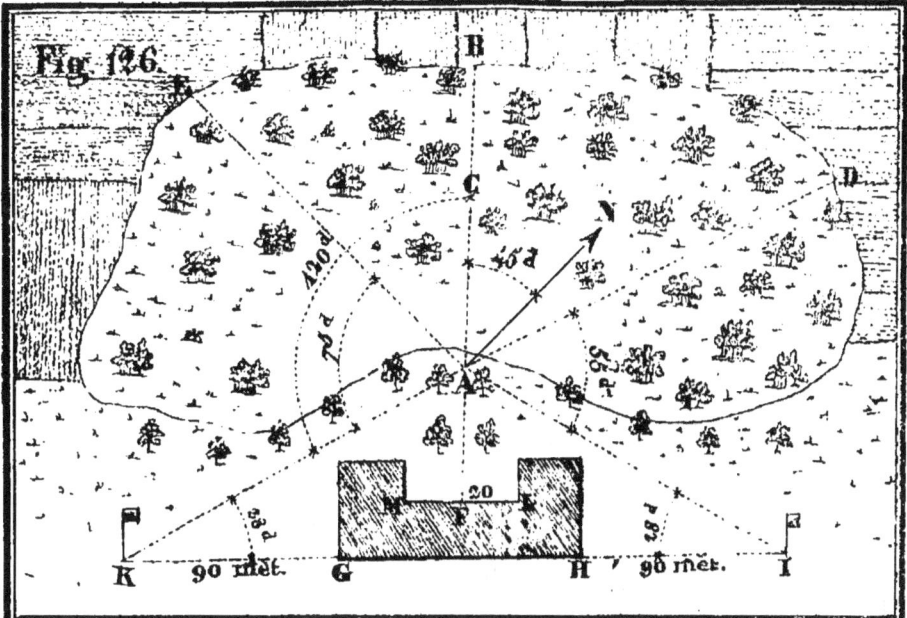

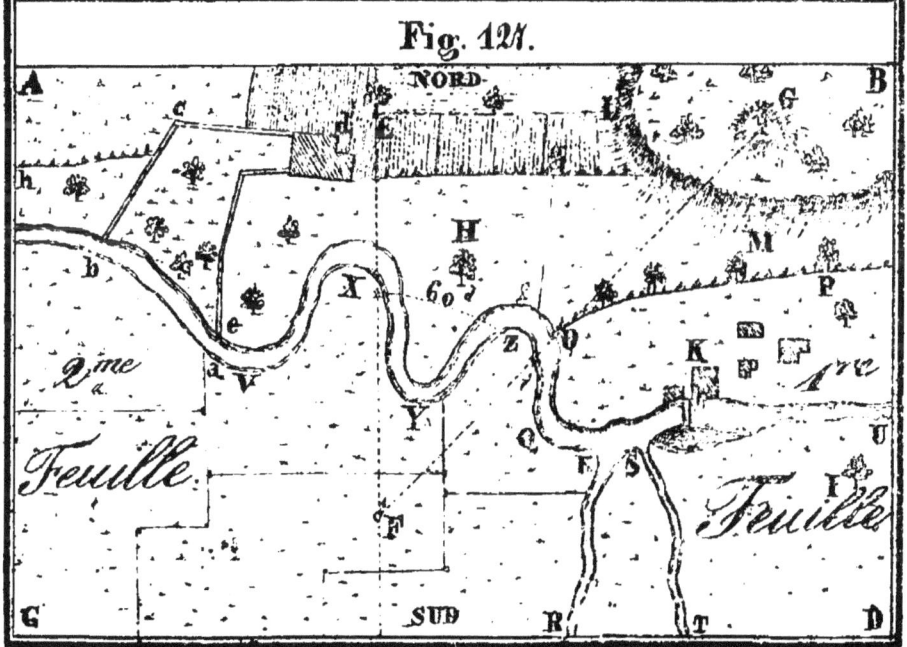

Fig. 126.

Fig. 127.

Fig. 128.

Fig. 129.

Fig. 130.

Fig. 131.

Fig. 132.

Fig. 133.

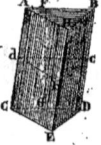

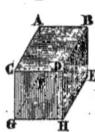

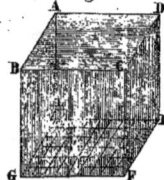

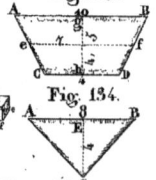

Fig. 134.

Fig. 135.

Fig. 136.

Fig. 137.

Fig. 138.

Fig. 139.

Fig. 139.bis

Fig. 140.

Fig. 141.

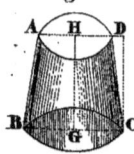

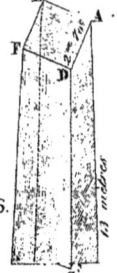

Fig. 142.

Fig. 143

Fig. 144.

Fig. 145.

Fig. 146.

www.ingramcontent.com/pod-product-compliance
Lightning Source LLC
Chambersburg PA
CBHW052106230326
41599CB00054B/4009